KB270174

공학기초수학

최영화 | 정세환 | 임헌욱 공저

세진사

머리말

　이 책은 대학의 공학계열 학과에서 공부하는 학생들이나 산업현장의 공학 관련 기술자들을 위하여 공학에 응용되는 기초수학을 다루고 있다.

　일반적으로 수학교재는 많이 출판되어 있으나 공학을 전공하는 학생들을 위한 수학교재는 충분하지 못하여 국내에 출판되어 있는 여러 수학서적을 기초로 하여 이 책을 편집하였다.

　이 책의 내용은 기존의 대학수학과는 차이를 보이고 있다. 국내 출판된 각종 대학수학 교재의 많은 내용들이 공학계열 학과에서는 그렇게 절실하게 필요하지 않으며, 교재 내용이 너무 깊게 다루어진 관계로 수학은 어렵다는 인식을 주는 것이 사실이다. 이에 저자는 약간의 수학적인 기본개념만 가지고 있으면 전공수업에 흥미를 가질 수 있다는 확신 하에 주요한 내용과 전체적인 흐름을 쉽고 간결하게 기술하려고 노력하였으며, 내용 중에 어려운 한자를 지양하고 분량을 최소화하였다. 또한, 전공의 각 분야별 예제를 통하여 현실감 있게 수학에 접근하는 것이 중요하다고 생각되어 전공시간에 수학적 또는 물리적으로 이해를 필요로 하는 것을 예제로 택하여 학생들로 하여금 전공수업에 흥미를 갖도록 하였다.

　이 책이 공학을 전공하는 학생들뿐만 아니라 공학 관련 실무에 종사하는 실무자에게도 좋은 지침서가 될 것을 기대하며, 앞으로도 부족한 점은 계속 수정·보완해 나갈 생각이다.

　끝으로 이 책이 출판되기까지 힘써 주신 도서출판 세진사 임직원 여러분과 편집부에 감사드립니다.

저자

차 례

제1장 수와 식

제2장 방정식과 부등식

제3장 도형의 방정식

제4장 함수

제5장 삼각함수

제6장 벡터

제7장 행렬

제8장 미분법

제9장　적분법

제1장

수와 식

제1장

수와 식

1. 실 수

유리수와 무리수를 통틀어 실수라고 한다. 일반적으로 실수를 분류하면 다음과 같다.

$$
\text{실수}
\begin{cases}
\text{유리수}
\begin{cases}
\text{정수}
\begin{cases}
\text{양의 정수(자연수)} : 1, 2, 3, \cdots \\
\text{영} : 0 \\
\text{음의 정수} : -1, -2, -3, \cdots
\end{cases} \\
\text{정수가 아닌 유리수}
\begin{cases}
\text{유한소수} : \dfrac{1}{2}, 0.12, \cdots \\
\text{순환소수} : \dfrac{1}{3}, 0.42424 \cdots \text{ 등}
\end{cases}
\end{cases} \\
\text{무리수} : \sqrt{2}, \sqrt{3}, \pi, e, \cdots \text{ 는 순환하지 않는 무한소수}
\end{cases}
$$

① 유리수

분자, 분모(단, 분모는 0이 아님)가 정수인 분수로 나타낼 수 있는 수를 유리수라고 한다.

$$
2 = \frac{2}{1} = \frac{4}{2}, \ \frac{2}{3}, \ \frac{17}{5}, \ -0.4 = -\frac{4}{10}
$$

유리수를 소수로 나타낼 때 소수점 아래의 0이 아닌 숫자가 유한개인 소수를 유한소수라 하고, 무한개(무한소수)이면서 일정한 숫자의 배열이 한없이 되풀이되는 소수를 순환소수라 한다.

이를테면 0.5, 0.12, 8.105 등은 유한소수이고, 0.333⋯, 0.424242⋯ 등은 무한소수이다.

예 $\dfrac{125}{10,000} = 0.0125, \ 0.003 = \dfrac{3}{1,000} = \dfrac{3}{10^3}$

② 무리수

순환하지 않는 무한소수를 무리수라고 하며, 유리수인 분수로 나타낼 수 없다.

$$\sqrt{2}=1.414213\cdots, \quad -\sqrt{5}=-2.2360679, \quad \pi=3.14159265 \cdots$$

> **주의** 근호($\sqrt{}$)가 있다고 해서 모두 무리수는 아니다.
>
> $\sqrt{4}=2, -\sqrt{9}=-3, \sqrt{100}=10$ 등은 유리수이다.

③ 실수의 연산법칙

1) 기본법칙

- 교환법칙 : $a+b=b+a, \ a\times b=b\times a$
- 결합법칙 : $(a+b)+c=a+(b+c), \ (a\times b)\times c=a\times(b\times c)$
- 분배법칙 : $a\times(b+c)=(a\times b)+(a\times c)$

【예제 1】

$3\div\left\{(-1)+(6-3\div\dfrac{1}{2})\times(-\dfrac{1}{3})\right\}$ 를 계산하라.

풀이 괄호 안을 먼저 계산한 다음, 나눗셈·곱셈을 먼저, 뺄셈·덧셈을 나중에 계산한다.

$$3\div\left\{(-1)+(6-3\div\tfrac{1}{2})\times(-\tfrac{1}{3})\right\}=3\div\left\{(-1)+(6-6)\times(-\tfrac{1}{3})\right\}=3\div\left\{(-1)+0\times(-\tfrac{1}{3})\right\}=3\div(-1)=-3$$

【예제 2】

벽면적 $4.8m^2$ 크기에 1.0B 두께로 벽돌을 쌓고자 할 때 벽돌 소요매수를 구하라.(단, $1m^2$의 소요 벽돌량(1.0B 쌓기)은 149매이며, 할증률은 4%이다.)

풀이 벽면적이 $4.8m^2$이므로 $4.8m^2\times149매/m^2=715매$

∴ 할증률이 4%이므로 $715매+(715매\times0.04)=715매\times(1+0.04)=744매$

【예제 3】

그림과 같은 철근콘크리트 보의 인장 철근비는 몇 %인가?

(단, 인장철근비 : $p_t = \dfrac{a_t}{b \times d}$, 인장철근은 하부근,

D19 1개의 단면적은 2.85cm²이다.)

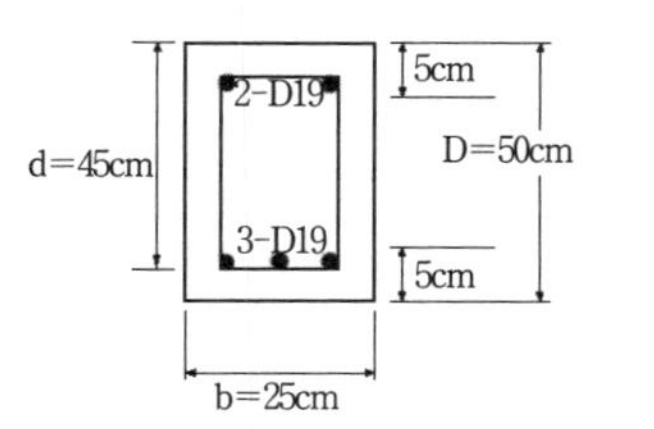

풀이 $p_t = \dfrac{a_t}{b \times d} = \dfrac{3 \times 2.85\text{cm}^2}{25\text{cm} \times 45\text{cm}} = 0.0076 \rightarrow 0.0076 \times 100 = 0.76\%$

2) 항등원, 역원

- 덧셈에 대한 항등원 : $a+0=a$
- 곱셈에 대한 항등원 : $a \times 1 = a$
- 덧셈에 대한 역원 : $a+(-a)=0$
- 곱셈에 대한 역원 : $a \times \dfrac{1}{a} = 1$

실수의 집합에서 덧셈에 대한 항등원은 0이고, 곱셈에 대한 항등원은 1이며,
실수 2의 덧셈에 대한 역원은 -2이고, 곱셈에 대한 역원은 $\dfrac{1}{2}$이다.

예 $-\dfrac{2}{3} \div (-\dfrac{1}{2}) = -\dfrac{2}{3} \times (-2) = \dfrac{4}{3}, \quad \dfrac{1}{2} \div \dfrac{2}{3} = \dfrac{1}{2} \times \dfrac{3}{2} = \dfrac{3}{4}$

④ 실수의 대소 관계

1) 절대 값

수직선 위에서 양수는 원점(0)의 오른쪽에, 음수는 원점의 왼쪽에 있는 점에 대
응된다.

$$2<5 \rightarrow -2>-5, \quad \dfrac{1}{2} > \dfrac{1}{5} \rightarrow -\dfrac{1}{2} < -\dfrac{1}{5}$$

- a>7(a는 7보다 크다. a는 7 초과이다.)
- a<7(a는 7보다 작다. a는 7 미만이다.)

· a≧7(a는 7보다 크거나 같다. a는 7 이상이다.)

· a≦7(a는 7보다 작거나 같다. a는 7 이하이다.)

수직선에서 −2, +2에 대응하는 점은 모두 원점에서의 거리가 2이다. 이 거리 2를 −2, +2의 절대 값이라 하고, $|-2|$, $|+2|$ 와 같이 나타낸다.

즉 $|-2|=|+2|=2$

2) 실수의 대소 관계

· $a-b>0 \Leftrightarrow a>b$

· $a>b,\ b>c \to a>c$

· $a>b \to a+c>b+c$

· $a>b,\ c>0 \to a\times c>b\times c$

· $a>b,\ c<0 \to a\times c<b\times c$

예 $5>2 \to 5\times4>2\times4,\ 5>2 \to 5\times(-4)<2\times(-4)$

【예제 4】

다음 식을 만족하는 실수 x의 값을 구하라.

(1) $|x|=5$ (2) $|2x-2|=8$

풀이 (1) $|x|=5$

$x \geqq 0$ 일 때 $|x|=x=5$ $\therefore x=5$

$x < 0$ 일 때 $|x|=-x=5$ $\therefore x=-5$

$\therefore x=5$ 또는 -5

(2) $|2x-2|=8$

$2x-2 \geqq 0$, 즉 $x \geqq 1$ 일 때

$|2x-2|=2x-2=8$ $\therefore x=5$

$2x-2 < 0$, 즉 $x < 1$ 일 때

$|2x-2|=-(2x-2)=8$ $\therefore x=-3$

$\therefore x=5$ 또는 -3

별해 $|A|=B$ 일 때 $A=\pm B$ 사용

2. 다항식

① 다항식의 연산

1) 단항식과 다항식

수 또는 문자의 곱으로 이루어진 식을 단항식이라 하고, 2개 이상의 단항식이 +, −로 이루어진 식을 다항식이라 한다.

단항식에서 문자 이외의 부분을 계수라 하고, 계수는 다르지만 문자 부분이 같은 항을 동류항이라 한다.

다항식에서 그 문자를 포함하지 않은 항을 상수항이라 하고, 그 문자에 대하여 다항식의 각 항의 차수 중 최대인 것을 그 다항식의 차수라고 한다.

예 다항식 $2x^3y^2 - 2y + 3$에 대한 차수와 상수항
- x에 대하여 : 3차식이고, 상수항은 $-2y + 3$
- y에 대하여 : 2차식이고, 상수항은 3

다항식을 차수가 높은 항부터 낮은 항의 순으로 쓰는 것을 내림차순, 차수가 낮은 항부터 높은 항의 순으로 쓰는 것을 오름차순으로 정리한다고 한다.

예 다항식 $3x^2y + y^3 - 5x + x^3 - 7$
- x에 대한 내림차순 정리 : $x^3 + 3yx^2 - 5x + (y^3 - 7)$
- y에 대한 오름차순 정리 : $(x^3 - 5x - 7) + 3x^2y + y^3$

2) 덧셈과 뺄셈

다항식 A, B의 덧셈은 식 A+B를 만들어 동류항을 정리하면 된다.

$$(3x^2 + 5y^2) - (4x^2 + 2xy - y^2)$$
$$= (3x^2 - 4x^2) - 2xy + (5y^2 + y^2)$$
$$= -x^2 - 2xy + 6y^2$$

$$\begin{array}{r} 3x^2 \qquad\quad + 5y^2 \\ -)\,4x^2 + 2xy - y^2 \\ \hline -x^2 - 2xy + 6y^2 \end{array}$$

- **다항식의 덧셈 기본법칙**
  - 교환법칙 : A+B=B+A
  - 결합법칙 : (A+B)+C=A+(B+C)

$$(2x+3y)+6x=(3y+2x)+6x=3y+(2x+6x)$$

교환   결합

주의 뺄셈에서는 교환법칙과 결합법칙이 성립하지 않는다.

$\text{A-B} \neq \text{B-A} \rightarrow 5x-2x \neq 2x-5x$

$(\text{A-B})\text{-C} \neq \text{A-}(\text{B-C}) \rightarrow (5x-2x)-x \neq 5x-(2x-x)$

3) 곱 셈

- 지수법칙(1)

  m, n이 양의 정수일 때

  $$a^m a^n = a^{m+n}, (a^m)^n = a^{mn}, (ab)^m = a^m b^m$$

  예 $a^5 \times a^2 = a^{5+2} = a^7, (a^5)^2 = a^{5 \times 2} = a^{10}, (ab)^5 = a^5 b^5$

  주의 $a^5 \times a^2 \neq a^{5 \times 2}, (a^5)^2 \neq a^{52}, (6a)^2 \neq 6a^2$

- 다항식의 곱셈 기본법칙

  · 교환법칙 : A×B=B×A

  · 결합법칙 : (A×B)×C=A×(B×C)

  · 분배법칙 : A×(B+C)=(A×B)+(A×C)

- 다항식의 곱을 계산하여 하나의 다항식으로 나타내는 것을 전개한다고 한다.

$$(2x+3)(x+5)$$
$$=(2x+3)x+(2x+3)5$$
$$=(2x^2+3x)+(10x+15)$$
$$=2x^2+13x+15$$

$$
\begin{array}{r}
2x+3 \\
\times)\ \underline{\quad x+5} \\
2x^2+3x \\
\underline{10x+15} \\
2x^2+13x+15
\end{array}
$$

다항식의 곱을 전개할 때, 곱셈식을 이용하면 편리하다.

- 곱셈공식

  ① $m(a+b) = ma+mb$

$$m(a-b)=ma-mb$$

② $(a+b)^2=a^2+2ab+b^2$

$(a-b)^2=a^2-2ab+b^2$

③ $(a+b)(a-b)=a^2-b^2$

④ $(x+a)(x+b)=x^2+(a+b)x+ab$

⑤ $(ax+b)(cx+d)=acx^2+(ad+bc)x+bd$

⑥ $(a+b)^3=a^3+3a^2b+3ab^2+b^3$

$(a-b)^3=a^3-3a^2b+3ab^2-b^3$

⑦ $(a+b)(a^2-ab+b^2)=a^3+b^3$

$(a-b)(a^2+ab+b^2)=a^3-b^3$

【예제 5】

$x+y=4$, $x^3+y^3=16$일 때, x^2+y^2의 값을 구하라.

풀이 (1) $x^3+y^3=(x+y)^3-3xy(x+y)$ 에서

$16=4^3-12xy$ $\qquad \therefore xy=4$

$\therefore x^2+y^2=(x+y)^2-2xy=4^2-2\times4=8$

【예제 6】

곱셈공식을 써서 다음 식을 전개하라.

(1) $(2x-3y)^2$ (2) $(-x+2y)(x+2y)$ (3) $(3x+5)(2x-3)$

풀이 (1) $(2x-3y)^2=(2x)^2-(2\times2x\times3y)+(3y)^2=4x^2-12xy+9y^2$

(2) $(-x+2y)(x+2y)=(2y-x)(2y+x)=(2y)^2-x^2=4y^2-x^2$

(3) $(3x+5)(2x-3)=(3x\times2x)+\{3x\times(-3)+(5\times2x)\}+5\times(-3)=6x^2+x-15$

4) 나눗셈

● 지수법칙(2)

m, n이 양의 정수이고, $a\neq0$일 때

$$a^m \div a^n = \begin{cases} a^{m-n} & (m > n) \\ 1 & (m = n) \\ \dfrac{1}{a^{n-m}} & (m < n) \end{cases}$$

예 $a^6 \div a^2 = a^{6-2} = a^4, \quad a^2 \div a^6 = \dfrac{1}{a^{6-2}} = \dfrac{1}{a^4} = a^{-4}$

주의 $a^6 \div a^2 \neq a^{6 \div 2}$

주의 나눗셈에서는 교환법칙, 결합법칙과 배분법칙이 성립하지 않는다.

$A \div B \neq B \div A \rightarrow 4x \div 2x \neq 2x \div 4x$

$(A \div B) \div C \neq A \div (B \div C) \rightarrow (4x^2 \div 2x^2) \div 2x \neq 4x^2 \div (2x^2 \div 2x)$

$M \div (A+B) \neq M \div A + M \div B \rightarrow 8x \div (2x+2x) \neq (8x \div 2x) + (8x \div 2x)$

주의 곱셈과 나눗셈만의 연산에서 나눗셈이 먼저 있고 곱셈이 뒤에 있는 경우에는 앞에서부터 순차적으로 계산한다.

$(A \div B) \times C \neq A \div (B \times C)$

$\{(3y^2)^3 \div y^2\} \times y^3 \neq (3y^2)^3 \div \{y^2 \times y^3\} \rightarrow 27y^7 \neq 27y$

··· **【예제 7】** ··

다음 식을 간단히 하라.

(1) $\dfrac{1}{4}xy^2 \times (\dfrac{2}{3}x^2y^2)^2 \div (-\dfrac{1}{3}xy)^3$

(2) $(\dfrac{1}{2}xy^2)^2 \div (xy^3)^2 \times (\dfrac{3}{4}y^2)^3$

풀이 (1) $(\dfrac{1}{4}xy^2 \times \dfrac{4}{9}x^4y^4) \div (-\dfrac{1}{27}x^3y^3) = \dfrac{1}{9}x^5y^6 \div (-\dfrac{1}{27}x^3y^3)$

$= \left\{\dfrac{1}{9} \times (-27)\right\} \times (x^5y^6 \div x^3y^3) = -3 \times (x^{5-3} \times y^{6-3}) = -3x^2y^3$

(2) $(\dfrac{1}{4}x^2y^4 \div x^2y^6) \times (\dfrac{27}{64}y^6) = (\dfrac{1}{4} \times x^{2-2} \times y^{4-6}) \times (\dfrac{27}{64}y^6) = (\dfrac{1}{4}y^{-2}) \times (\dfrac{27}{64}y^6)$

$= (\dfrac{1}{4} \times \dfrac{27}{64}) \times y^{-2+6} = \dfrac{27}{256}y^4$

(다항식)÷(단항식)의 꼴에서는 $(a+b) \div c = (a+b) \times \dfrac{1}{c} = \dfrac{a}{c} + \dfrac{b}{c}$ 와 같은 변형을 이용하면 되고, (다항식)÷(다항식)의 꼴에서는 내림차순으로 정리한 다음 정수의 나눗셈과 같은 방법으로 계산한다.

다항식 A를 다항식 $B(\neq 0)$로 나누었을 때의 몫을 Q, 나머지를 R이라고 하면 $A = BQ + R$과 같이 된다. 여기서 R의 차수는 B의 차수보다 낮다.

특히 $R=0$일 때 A는 B로 나누어떨어진다고 한다.

예 $(9x^2+6x) \div 3x = (9x^2+6x) \times \dfrac{1}{3x} = \dfrac{9x^2}{3x} + \dfrac{6x}{3x} = 3x+2$

예 $(1-5x+2x^3) \div (x^2-x-3)$

$$
\begin{array}{r}
2x+2 \\
x^2-x-3 \overline{)\,2x^3 + -5x+1} \\
\underline{2x^3-2x^2-6x} \\
2x^2+x+1 \\
\underline{2x^2-2x-6} \\
3x+7
\end{array}
$$

················· 계수가 0인 항을 비워두는 것에 주의

················· $(x^2-x-3) \times 2x$

················· $(x^2-x-3) \times 2$

몫 : $2x+2$, 나머지 : $3x+7$

② 항등식

문자에 어떠한 수를 대입하더라도 성립하는 등식을 항등식이라고 하고, 식 중의 문자가 특별한 값일 때만 성립하는 등식을 방정식이라 한다.

1) 항등식의 성질

x에 대하여

① $ax^2+bx+c=0$ 이 항등식 $\Leftrightarrow a=0, b=0, c=0$

② $ax^2+bx+c=a'x^2+b'x+c'$ 가 항등식 $\Leftrightarrow a=a', b=b', c=c'$

증명 $ax^2+bx+c=0$이 x에 대한 항등식이면 x에 어떤 값을 대입하여도 항상 성립한다.

$$
\left.
\begin{array}{l}
x=0 \quad \rightarrow \quad c=0 \\
x=-1 \quad \rightarrow \quad a-b+c=0 \\
x=1 \quad \rightarrow \quad a+b+c=0
\end{array}
\right\} \Rightarrow \ a=0, b=0, c=0
$$

역으로 $a=b=c=0$ 이면 모든 x에 대하여 등식 $ax^2+bx+c=0$은 항상 참이다.

2) 미정계수법

항등식의 성질을 이용하여 미지의 계수를 정하는 방법에는 다음 두 가지가 있다. 이것을 미정계수법이라 한다.

· 계수 비교법 : 항등식은 양변의 같은 차수의 항의 계수가 같다.

· 수치 대입법 : 항등식은 식 중의 문자에 어떤 값을 대입해도 항상 성립한다.

···【예제 8】···

등식 $2x-4=A(x+1)-B(x-1)$이 항등식이 되도록 A, B의 값을 정하라.

풀이 ① 계수 비교법

$$2x-4=(A-B)x+(A+B)$$

x의 계수가 같아야하므로 $2=A-B$
상수항이 같아야 하므로 $-4=A+B$ $\therefore A=-1,\ B=-3$

② 수치 대입법

양변에 $x=1$을 대입하면 2-4=A(1+1)-B(1-1) $\therefore A=-1$
양변에 $x=-1$을 대입하면 -2-4=A(-1+1)-B(-1-1) $\therefore B=-3$

···【예제 9】···

다음 등식이 항상 성립하도록 상수 a, b, c의 값을 구하라.

$$\frac{3x+2}{x(x+1)^2}=\frac{a}{x}+\frac{b}{x+1}+\frac{c}{(x+1)^2}$$

풀이 우변 통분하면

$$\frac{a}{x}+\frac{b}{x+1}+\frac{c}{(x+1)^2}=\frac{a(x+1)^2+bx(x+1)+cx}{x(x+1)^2}$$

$$=\frac{(a+b)x^2+(2a+b+c)x+a}{x(x+1)^2}$$

항상 성립하려면 분자가 같아야 하므로

$$3x+2=(a+b)x^2+(2a+b+c)x+a$$

$$a+b=0,\ 2a+b+c=3,\ a=2$$

$$\therefore a=2,\ b=-2,\ c=1$$

···【예제 10】···

$\dfrac{2x+a}{4x+1}$가 x에 관계없이 일정한 값을 가질 때, a의 값을 구하라.

풀이 $\dfrac{2x+a}{4x+1}=k$(일정)로 놓으면 $2x+a=k(4x+1)$에서 $(2-4k)x+a-k=0$

이 식은 x에 대한 항등식이므로 $2-4k=0,\ a-k=0$

$\therefore k=\dfrac{1}{2}$이므로 $a=k$에서 $a=\dfrac{1}{2}$

③ 나머지 정리

1) 나머지 정리

다항식의 나눗셈에 있어 나머지를 구하는 방법으로는 "나눗셈에 의한 방법, 나머지 정리의 이용, 조립제법의 이용"의 3가지 방법이 있다. 이 중 가장 간편한 방법은 나머지 정리를 이용하는 방법이지만 나머지 정리는 나머지만을 구할 때 이용되는 것이므로 몫도 구해야 할 때에는 조립제법 등을 이용할 수밖에 없다. 다만 나머지 정리나 조립제법은 일차식으로 나눌 때 쓰이는 것이고, 이차 이상의 다항식으로 나눌 때에는 나눗셈에 의한 방법을 따를 수밖에 없다.

- 나머지 정리

  다항식 $f(x)$를 x의 일차식 $x-\alpha$로 나누었을 때의 나머지는 $f(\alpha)$와 같다.

  $$f(x) = (x-\alpha)Q(x) + R \rightarrow f(\alpha) = R$$

【예제 11】

$f(x) = 2x^3 + 4x^2 - 3x + 9$ 를 일차식 $x-1$로 나눈 나머지(R)를 구하라.

풀이 $2x^3 + 4x^2 - 3x + 9 = (x-1)(ax^2 + bx + c) + R$

$f(1) = 2 \cdot 1^3 + 4 \cdot 1^2 - 3 \cdot 1 + 9 = 12 (R)$

【예제 12】

$x^3 + ax^2 + bx - 4$는 $x-1$로 나누어떨어지고, $x+1$로 나누면 나머지가 20이다.
이때 a, b의 값을 구하라.

풀이 $f(x) = x^3 + ax^2 + bx - 4$라 하면

$f(1) = 1 + a + b - 4 = 0 \quad a + b = 3$

$f(-1) = -1 + a - b - 4 = 2 \quad a - b = 7$

$\therefore a = 5 \quad b = -2$

2) 인수정리

다항식 $f(x)$ 가 x 의 일차식 $x-\alpha$ 로 나누어떨어지면 $f(\alpha)=0$ 이고, 역으로 $f(\alpha)=0$ 이면 $f(x)$ 는 일차식 $x-\alpha$ 로 나누어떨어진다.

즉, $f(x)=(x-a)\cdot Q(x)+R$ 에서 $R=0$ 이다.

【예제 13】

다항식 $3x^3-2x^2+x-2$ 는 $(x-1)$ 로 나누어떨어지는가?

풀이 $f(1)=3\cdot1^3-2\cdot1^2+1-2=0 \;\rightarrow\; f(1)=0$ 이므로 나누어떨어진다.

별해

$$
\begin{array}{r}
3x^2+x+2 \\
x-1\,)\overline{\,3x^3-2x^2+x-2\,} \\
\underline{3x^3-3x^2} \\
x^2+x-2 \\
\underline{x^2-x} \\
2x-2 \\
\underline{2x-2} \\
0
\end{array}
$$

【예제 14】

다항식 $f(x)=2x^3-4x^2+x-k$ 가 $x-2$ 를 인수로 가질 때, k의 값을 구하라.

풀이 $f(x)$ 가 $x-2$ 를 인수로 갖는다는 것은 $f(x)$ 가 $(x-2)$ 로 떨어진다는 뜻

즉, $f(x)=(x-2)\cdot Q(x)$

$x \rightarrow 2$ 대입

$f(2)=2\times2^3-4\times2^2+2-k=0$

$\therefore k=2$

3) 조립제법

조립제법은 다항식을 일차식으로 나누었을 때의 몫과 나머지를 구하는 간편한 방법이다.

$f(x)=a_o x^3+a_1 x^2+a_2 x+a_3$ 를 $x-\alpha$ 로 나누었을 때의 몫을

$Q(x)=b_o x^2+b_1 x+b_2$, 나머지를 R 이라 하면

$Q(x)$ 의 계수 b_o, b_1, b_2 와 R 을 다음과 같이 간단히 구할 수 있다.

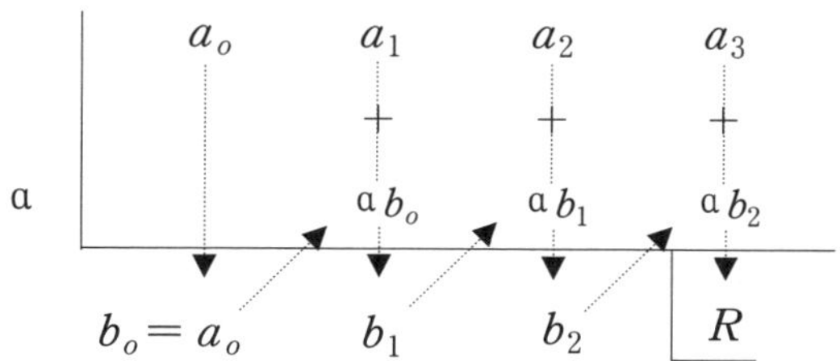

【예제 15】

$\dfrac{6x-2y}{2}=\dfrac{4y-2z}{3}=\dfrac{6x}{4}=\dfrac{6x+2y-4z}{a}$ 가 성립할 때, a의 값을 구하여라.

풀이 $\dfrac{6x-2y}{2}=\dfrac{4y-2z}{3}=\dfrac{6x}{4}=\dfrac{6x+2y-4z}{a}=k$라 하면

$6x-2y=2k,\ 4y-2z=3k,\ 6x=4k,\ 6x+2y-4z=ak$

$x=\dfrac{2}{3}k,\ y=k,\ z=\dfrac{1}{2}k$

$\dfrac{6x+2y-4z}{a}=\dfrac{4k+2k-2k}{a}=k$

$\therefore a=4$

【예제 16】

$2x^3+x^2-4$ 를 $x-3$ 으로 나눈 몫과 나머지를 구하라.

풀이

① 직접 나누는 방법

$$\begin{array}{r}
2x^2+7x+21 \leftarrow \text{몫} \\
x-3\,)\overline{\,2x^3+x^2-4\,} \\
\underline{2x^3-6x^2} \\
7x^2-4 \\
\underline{7x^2-21x} \\
21x-4 \\
\underline{21x-63} \\
59 \leftarrow \text{나머지}
\end{array}$$

② 조립제법

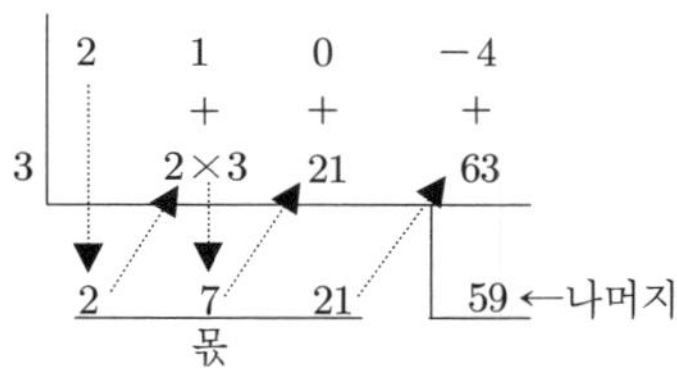

몫 : $2x^2+7x+21$

③ 나머지 정리법

$f(x)=2x^3+x^2-4=(x-3)(ax^2+bx+c)+R$

$f(3)=2\times3^3+3^2-4=R \qquad\qquad \therefore R=59$

따라서, $2x^3 + x^2 - 4 = (x-3)(ax^2 + bx + c) + 59$
$$= ax^3 + bx^2 + cx - 3ax^2 - 3bx - 3c + 59$$
$$= ax^3 + (b-3a)x^2 + (c-3b)x + (59-3c)$$
$$2 = a, \ 1 = b-3a, \ -4 = 59-3c$$
$$\therefore a = 2, \ b = 7, \ c = 21$$
몫 : $2x^2 + 7x + 21$, 나머지 : 59

【예제 17】

다음식을 (　)안의 식으로 나눌 때의 몫과 나머지를 구하시오.
$$2x^3 - 5x^2 + 5x + 3, \, (2x-3)$$

풀이

① 직접 나누는 방법

$$\begin{array}{r} x^2 - x + 1 \ \leftarrow \text{몫} \\ 2x-3 \overline{)\ 2x^3 - 5x^2 + 5x + 3} \\ \underline{2x^3 - 3x^2} \\ -2x^2 + 5x + 3 \\ \underline{-2x^2 + 3x} \\ 2x + 3 \\ \underline{2x - 3} \\ 6 \ \leftarrow \text{나머지} \end{array}$$

② 조립제법

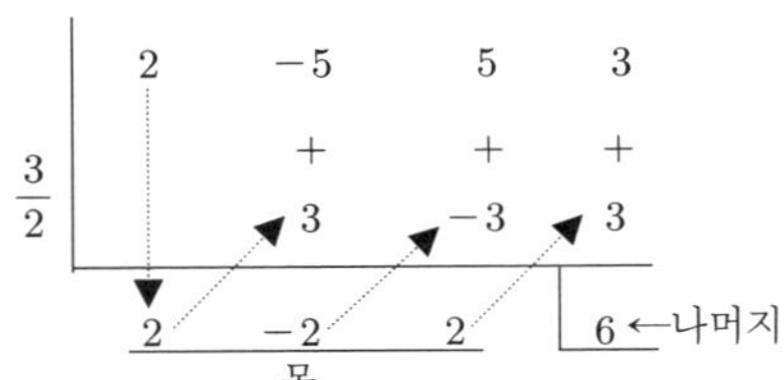

몫을 제수의 1차항 계수로 나누면
$$\frac{1}{2}(2x^2 - 2x + 2) = x^2 - x + 1$$

③ 나머지 정리법
$$f(x) = 2x^3 - 5x^2 + 5x + 3 = (2x-3)(ax^2 + bx + c) + R$$
$$f\left(\frac{3}{2}\right) = 2\left(\frac{3}{2}\right)^3 - 5\left(\frac{3}{2}\right)^2 + 5\left(\frac{3}{2}\right) + 3 = R$$
$$\therefore R = 6$$
따라서, $2x^3 - 5x^2 + 5x + 3 = 2ax^3 + 2bx^2 + 2cx - 3ax^2 - 3bx - 3c + 6$
$$= 2ax^3 + (2b-3a)x^2 + (2c-3b)x + (6-3c)$$
$$\therefore a = 1, \ b = -1, \ c = 1$$
몫 : $x^2 - x + 1$ 　　　　　 나머지 : 6

④ 인수분해

하나의 다항식을 두 개 이상의 다항식의 곱으로 나타낼 때, 그 다항식을 인수분해
한다고 하고, 곱의 각 식을 인수라고 한다.

인수분해의 공식은 곱셈공식을 역으로 이용하여 얻을 수 있다.

$$x^2+5x+6 \quad \begin{array}{c} \leftarrow \text{전 개} - \\ -\text{인수분해} \rightarrow \end{array} \quad (x+2)(x+3)$$

① $ma+mb=m(a+b)$

② $a^2+2ab+b^2=(a+b)^2$

$\quad a^2-2ab+b^2=(a-b)^2$

③ $a^2-b^2=(a+b)(a-b)$

④ $x^2+(a+b)x+ab=(x+a)(x+b)$

⑤ $acx^2+(ad+bc)x+bd=(ax+b)(cx+d)$

⑥ $a^3+b^3=(a+b)(a^2-ab+b^2)$

$\quad a^3-b^3=(a-b)(a^2+ab+b^2)$

⑦ $a^3+3a^2b+3ab^2+b^3=(a+b)^3$

$\quad a^3-3a^2b+3ab^2-b^3=(a-b)^3$

⑧ $a^2+b^2+c^2+2ab+2bc+2ca=(a+b+c)^2$

⑨ $a^4+a^2b^2+b^4=(a^2+ab+b^2)(a^2-ab+b^2)$

⑩ $(a+b+c)(ab+bc+ca)-abc=(a+b)(b+c)(c+a)$

⑪ $a^3+b^3+c^3-3abc=(a+b+c)(a^2+b^2+c^2-ab-bc-ca)$

$$=\frac{1}{2}(a+b+c)\{(a-b)^2+(b-c)^2+(c-a)^2\}$$

【예제 18】

다음 식을 인수 분해하라.

(1) x^2+6x+9 (2) $9x^2-4y^2$ (3) $x^2+6x-16$

(4) $6x^2+5x-6$ (5) $6x^2-4xy-2y^2$

풀이 (1) $x^2+6x+9=x^2+2\cdot3x+3^2=(x+3)^2$

(2) $9x^2-4y^2=(3x)^2-(2y)^2=(3x+2y)(3x-2y)$

(3) $x^2+6x-16=x^2+(8-2)x+8\times(-2)=(x+8)(x-2)$

$\qquad$ [합이 6, 곱이 -16인 두 수는 8과 -2]

(4) $6x^2+5x-6=(2x+3)(3x-2)$

$$
\begin{array}{lll}
2x & \diagdown\!\!\!\nearrow +3 & \cdots\!\!\!\longrightarrow \quad 9x \\
3x & \diagup\!\!\!\searrow -2 & \cdots\!\!\!\longrightarrow -4x \\
\hline
6x^2 & \quad -6 & \quad +5x
\end{array}
$$

(5) $6x^2 - 4xy - 2y^2 = (2x - 2y)(3x + y) = 2(x - y)(3x + y)$

$$
\begin{array}{lll}
2x & \diagdown\!\!\!\nearrow -2y & \cdots\!\!\!\longrightarrow -6xy \\
3x & \diagup\!\!\!\searrow \ y & \cdots\!\!\!\longrightarrow +2xy \\
\hline
6x^2 & \quad -2y^2 & \quad -4xy
\end{array}
$$

3. 유리식

① 약수와 배수

1) 최대 공약수와 최소 공배수

세 개의 정수 5, 7, 35 사이에 35=5×7인 관계가 있을 때, 35를 5, 7의 배수, 5와 7을 35의 약수라고 한다. 다항식에서도 세 개의 다항식 A, B, Q 사이에 A=B×Q 인 관계가 있을 때 B를 A의 약수, A를 B의 배수라 한다.

이를테면 $x^2 + 4x + 3 = (x+1)(x+3)$에서 $x+1$, $x+3$은 $x^2 + 4x + 3$의 약수이고, $x^2 + 4x + 3$은 $x+1$, $x+3$의 배수이다.

두 개 이상의 다항식의 공통인 약수를 그 다항식들의 공약수라 하고, 그 다항식들에 공통인 배수를 공배수라고 한다. 또, 공약수 중 차수가 가장 높은 것을 최대 공약수(G.C.M, Greatest Common Measure), 공배수 중 차수가 가장 낮은 것을 최소 공배수(L.C.M, Least Common Measure)라고 한다.

다항식을 인수분해 할 때, 더 이상 인수분해 되지 않는 인수를 소인수라고 하며, 두 다항식에 대하여 상수 이외의 공약수가 없을 때 그 두 다항식은 서로소라고 한다.

【예제 19】

다음 수와 식의 최대 공약수와 최소 공배수를 구하라.

(1) 144, 240

(2) $x^2 + 6x + 5$, $2x^2 + x - 1$

풀이 (1)

$$
\begin{array}{c|cc}
2 & 144 & 240 \\
2 & 72 & 120 \\
2 & 36 & 60 \\
2 & 18 & 30 \\
3 & 9 & 15 \\
\hline
 & 3 & 5
\end{array}
$$

최대 공약수 $= 2^4 \times 3 = 48$

최소 공배수 $= 2^4 \times 3^2 \times 5 = 720$

참고 $\dfrac{9}{240} + \dfrac{5}{144} = \dfrac{27}{720} + \dfrac{25}{720} = \dfrac{52}{720} = \dfrac{13}{180}, \ \dfrac{144}{240} = \dfrac{3 \times 48}{5 \times 48} = \dfrac{3}{5}$

(2) $x^2 + 6x + 5 = (x+1)(x+5), \ 2x^2 + x - 1 = (x+1)(2x-1)$

최대 공약수 $= (x+1)$, 최소 공배수 $= (x+1)(x+5)(2x-1)$

2) 유클리드 호제법의 원리

복잡한 수나 식에 있어서 최대 공약수를 구할 때는 유클리드 호제법의 원리를 이용하면 편리하다.

다항식 A를 다항식 B로 나눈 몫을 Q, 나머지를 R이라 하면

$$A = BQ + R$$

인 관계가 있다. 이 때 A, B의 최대 공약수는 B, R의 최대 공약수와 같다.

【예제 20】

다음 두 정수와 두 다항식의 최대 공약수를 구하라.

(1) 1,558과 3,854

(2) $x^4 + 3x^3 - 2x^2 - 3x - 5$와 $x^3 + 7x^2 + 7x + 6$

별해 (1) $3{,}854 = 1{,}558 \times 2 + 738$

$1{,}558 = 738 \times 2 + 82$

$738 = 82 \times 9 + 0$

풀이 (1) $3{,}854 = (1{,}558 \times 2) + 738$ … 3,854와 1,558의 GCM은 1,558과 738의 GCM과 같다.

$1{,}558 = (738 \times 2) + 82$ … 1,558과 738의 GCM은 738과 82의 GCM과 같다.

여기서 738은 82로 나누어떨어지므로 738과 82의 GCM은 82가 되고, 구하는 GCM은 82가 된다.

① 3,854÷1,558의 몫 → 2

③ 738÷82의 몫 → 9

$$
\begin{array}{c|c}
\boxed{3{,}854} & \boxed{1{,}558} \\
3{,}116 & 1{,}476 \\
\hline
\boxed{738} & 82 \\
738 & \uparrow \\
\hline
0 & \text{G.C.M}
\end{array}
$$

$2 \leftarrow 1{,}558÷738$의 몫 ②

(2) ① ⋯ x $\Big|$
$$x^4 + 3x^3 - 2x^2 - 3x - 5 \quad\Big|\quad x^3 + 7x^2 + 7x + 6 \quad\Big|\quad x \cdots ③$$

② ⋯ -4

$$
\begin{array}{l}
x^4 + 7x^3 + 7x^2 + 6x \\
\hline
-4x^3 - 9x^2 - 9x - 5 \\
-4x^3 - 28x^2 - 28x - 24 \\
\hline
19 \;)\,19x^2 + 19x + 19 \\
\hline
x^2 + x + 1 \;\leftarrow\; \text{G.C.M}
\end{array}
$$

$$
\begin{array}{l}
x^3 + x^2 + x \\
\hline
6x^2 + 6x + 6 \\
6x^2 + 6x + 6 \\
\hline
0
\end{array}
\qquad 6 \cdots ④
$$

다항식에서는 수의 계수는 무시해도 좋으므로 $19x^2 + 19x + 19 \to x^2 + x + 1$

별해 (2) $x^4 + 3x^3 - 2x^2 - 3x - 5 = (x^3 + 7x^2 + 7x + 6) \times x + R_1$

$$-\begin{array}{l} x^4 + 7x^3 + 7x^2 + 6x \\ \hline -4x^3 - 9x^2 - 9x - 5 \Rightarrow R_1 \end{array}$$

$$-4x^3 - 9x^2 - 9x - 5 = (x^3 + 7x^2 + 7x + 6) \times (-4) + R_2$$

$$\begin{array}{l} -4x^3 - 28x^2 - 28x - 24 \\ \hline 19x^2 + 19x + 19 \Rightarrow R_2 \end{array}$$

$$x^3 + 7x^2 + 7x + 6 = (19x^2 + 19x + 19) \times \frac{x}{19} + R_3$$

$$-\begin{array}{l} x^3 + x^2 + x \\ \hline 6x^2 + 6x + 6 \Rightarrow R_3 \end{array}$$

$19(x^2 + x + 1)$와 $6(x^2 + x + 1)$의 최대공약수

다항식에서는 수의 계수는 무시해도 좋으므로 $x^2 + x + 1$

··· 【예제 21】 ···

다음 식의 최대 공약수와 최소 공배수를 구하라.

$-x^3 y^2 z^2, \; x^2 y^3 z^3, \; x^2 y^4 z^4$

··

풀이
$$-14x^3 y^2 z^2 = -\; x\,x\,x\; y\,y\; z\,z$$
$$21x^2 y^3 z^3 = \; x\,x\; y\,y\,y\; z\,z\,z$$
$$35x^2 y^4 z^4 = \; x\,x\; y\,y\,y\,y\; z\,z\,z\,z$$

다항식의 계수 부호는 무시해도 좋으므로

∴ 최대 공약수 : $x^2 y^2 z^2$, 최소 공배수 : $x^3 y^4 z^4$

2 유리식의 계산

1) 약분과 통분

A가 다항식이고 B가 0이 아닌 다항식일 때, $\dfrac{A}{B}$의 꼴로 나타내어지는 식을 유리식 또는 분수식이라 하고, A를 분자, B를 분모라고 한다. 특히 분모 B가 상수이면 유리식 $\dfrac{A}{B}$는 다항식이다.

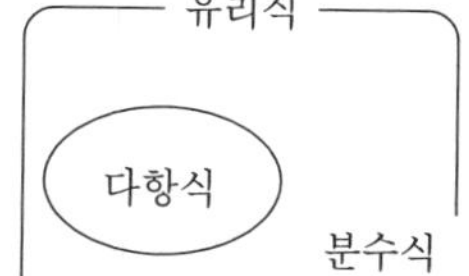

● 유리식의 성질

$$\frac{A}{B} = \frac{A \times C}{B \times C}, \quad \frac{A}{B} = \frac{A \div C}{B \div C} \ (C \neq 0)$$

이 성질로부터 유리식의 분모와 분자를 공약수로 나누어 유리식을 간단히 하는 것을 '약분한다'고 하고, 유리식의 분모, 분자에 공약수가 없을 때 이 유리식을 기약 분수식이라 한다.

유리식의 약분은 분자와 분모가 서로소가 되도록 분자와 분모를 그들의 최대공약수로 나누면 된다.

또, 두 개 이상의 유리식을 분모가 같은 식으로 고치는 것을 '통분한다'고 한다. 유리식의 통분은 각 분모의 최소공배수를 공통 분모로 하는 유리식으로 고치면 된다.

【예제 22】

다음 유리식을 (1)은 약분하고, (2)는 통분하라.

(1) $\dfrac{3x^2 - 4x - 4}{x^2 - 4}$

(2) $\dfrac{x-2}{x^2 + 3x - 4}, \ \dfrac{2x+1}{2x^2 + 7x - 4}$

풀이 (1) $\dfrac{3x^2 - 4x - 4}{x^2 - 4} = \dfrac{(3x+2)(x-2)}{(x+2)(x-2)} = \dfrac{(3x+2)}{(x+2)}$

(2) $\dfrac{x-2}{x^2 + 3x - 4} = \dfrac{x-2}{(x-1)(x+4)} = \dfrac{(x-2)(2x-1)}{(x-1)(x+4)(2x-1)}$

$\dfrac{2x+1}{2x^2 + 7x - 4} = \dfrac{2x+1}{(x+4)(2x-1)} = \dfrac{(2x+1)(x-1)}{(x-1)(x+4)(2x-1)}$

2) 유리식의 덧셈, 뺄셈

분모가 같을 때에는 $\dfrac{A}{D}+\dfrac{B}{D}-\dfrac{C}{D}=\dfrac{A+B-C}{D}$ 와 같이 간추리고, 분모가 다를 때에는 분모의 최소 공배수를 분모로 하는 분수를 통분해서 위와 같이 계산한다.

주의 $\dfrac{4}{7}+\dfrac{2}{7}=\dfrac{4+2}{7}=\dfrac{6}{7}$, $\dfrac{1}{2}+\dfrac{1}{3}\neq\dfrac{1}{5}\left(=\dfrac{3}{6}+\dfrac{2}{6}=\dfrac{5}{6}\right)$

【예제 23】

$\dfrac{x}{x-2}+\dfrac{x-8}{x^2-x-2}$ 을 계산하라.

풀이 $\dfrac{x}{x-2}+\dfrac{x-8}{x^2-x-2}=\dfrac{x}{x-2}+\dfrac{x-8}{(x+1)(x-2)}=\dfrac{x(x+1)+(x-8)}{(x+1)(x-2)}=\dfrac{x^2+2x-8}{(x+1)(x-2)}$

$=\dfrac{(x+4)(x-2)}{(x+1)(x-2)}=\dfrac{x+4}{x+1}$

3) 유리식의 곱셈, 나눗셈

곱셈일 때에는 $\dfrac{A}{B}\times\dfrac{C}{D}=\dfrac{AC}{BD}$ 와 같이 계산하고, 나눗셈일 때에는 $\dfrac{A}{B}\div\dfrac{C}{D}$

$=\dfrac{A}{B}\times\dfrac{D}{C}=\dfrac{AD}{BC}$ 와 같이 계산한다.

참고 $\dfrac{D}{C}$ 로 나눈다는 것은 그 역수 $\dfrac{C}{D}$ 를 곱하는 것과 같다.

【예제 24】

분수식 $\dfrac{2x^2-5x+3}{x^2-4x+4}\times\dfrac{x^2+3x-10}{x^2-1}\div\dfrac{2x^2+x-6}{x^2-x-2}$ 을 간단히 하라.

풀이 $\dfrac{(2x-3)(x-1)}{(x-2)^2}\times\dfrac{(x-2)(x+5)}{(x+1)(x-1)}\times\dfrac{(x-2)(x+1)}{(2x-3)(x+2)}=\dfrac{x+5}{x+2}$

4) 번분수식의 연산

분수식의 분자 또는 분모에 다시 분수식이 들어 있는 복잡한 식을 번분수식이라
한다.

$$\cdot\ \frac{A}{\left(\dfrac{C}{D}\right)} = A \div \frac{C}{D} = A \times \frac{D}{C} = \frac{AD}{C}$$

$$\cdot\ \frac{\left(\dfrac{A}{B}\right)}{\left(\dfrac{C}{D}\right)} = \frac{A}{B} \div \frac{C}{D} = \frac{A}{B} \times \frac{D}{C} = \frac{AD}{BC}$$

$$\cdot\ \frac{\left(\dfrac{B}{A}\right)}{C} = \frac{B}{A} \div C = \frac{B}{A} \times \frac{1}{C} = \frac{B}{AC}$$

···【예제 25】··

번분수식을 간단히 하시오.

(1) $\dfrac{1}{x + \dfrac{1}{x - \dfrac{1}{x}}}$ 　　　(2) $1 - \dfrac{1}{1 - \dfrac{1}{1+x}}$ 　　　(3) $\dfrac{\dfrac{1}{1-x} - \dfrac{1}{1+x}}{\dfrac{1}{1-x} + \dfrac{1}{1+x}}$

풀이 차례 차례 분수식을 순차적으로 계산해 나간다.

(1) $\dfrac{1}{x + \dfrac{1}{x - \dfrac{1}{x}}} = \dfrac{1}{x + \dfrac{1}{\dfrac{x^2-1}{x}}} = \dfrac{1}{x + \dfrac{x}{x^2-1}} = \dfrac{x^2-1}{x^3}$

(2) $1 - \dfrac{1}{1 - \dfrac{1}{1+x}} = 1 - \dfrac{1}{\dfrac{(1+x)-1}{1+x}} = 1 - \dfrac{1+x}{x} = -\dfrac{1}{x}$

(3) $\dfrac{\dfrac{1}{1-x} - \dfrac{1}{1+x}}{\dfrac{1}{1-x} + \dfrac{1}{1+x}} = \dfrac{\dfrac{(1+x)-(1-x)}{(1-x)\cdot(1+x)}}{\dfrac{(1+x)+(1-x)}{(1-x)\cdot(1+x)}} = \dfrac{2x}{2} = x$

【예제 26】

분수식을 간단히 하시오.

$$\frac{x+1}{x} - \frac{x+2}{x+1} - \frac{x-4}{x-3} + \frac{x-5}{x-4}$$

풀이 $\dfrac{AB+C}{A} = \dfrac{AB}{A} + \dfrac{C}{A} = B + \dfrac{C}{A}$ 에서

$$\left(\frac{x+1}{x}\right) - \frac{(x+1)+1}{x+1} - \frac{(x-3)-1}{x-3} + \frac{(x-4)-1}{x-4}$$

$$= \left(1 + \frac{1}{x}\right) - \left(1 + \frac{1}{x+1}\right) - \left(1 - \frac{1}{x-3}\right) + \left(1 - \frac{1}{x-4}\right)$$

$$= \left(\frac{1}{x} - \frac{1}{x+1}\right) + \left(\frac{1}{x-3} - \frac{1}{x-4}\right)$$

$$= \frac{x+1-x}{x(x+1)} + \frac{x-4-x+3}{(x-3)(x-4)}$$

$$= \frac{1}{x(x+1)} + \frac{-1}{(x-3)(x-4)} = \frac{(x-3)(x-4) - x(x+1)}{x(x+1)(x-3)(x-4)}$$

$$= \frac{-4(2x-3)}{x(x+1)(x-3)(x-4)}$$

【예제 27】

분수식을 간단히 하시오.

$$\frac{b}{a(a+b)} + \frac{c}{(a+b)(a+b+c)} + \frac{d}{(a+b+c)(a+b+c+d)}$$

풀이 $\dfrac{C}{AB} = \dfrac{C}{B-A} \cdot \left(\dfrac{1}{A} - \dfrac{1}{B}\right)$ 에서

$$\left(\frac{1}{a} - \frac{1}{a+b}\right) + \left(\frac{1}{a+b} - \frac{1}{a+b+c}\right) + \left(\frac{1}{a+b+c} - \frac{1}{a+b+c+d}\right)$$

$$= \frac{1}{a} - \frac{1}{a+b+c+d} = \frac{b+c+d}{a(a+b+c+d)}$$

③ 비례식의 연산

A를 B로 나누었을 때의 몫 $\dfrac{A}{B}$를 B에 대한 A의 비 또는 비의 값이라 하며, 이것을 $A:B$로 나타낼 수 있다. 두 개의 비 $A:B$와 $C:D$를 같다고 한 식 $A:B=C:D$ 즉, $\dfrac{A}{B} = \dfrac{C}{D}$ 를 비례식이라 한다.

- $\dfrac{A}{B} = \dfrac{C}{D}$ (곧, $A : B = C : D$)이면

  ① $AD = BC$(외항의 곱은 내항의 곱과 같다)

  ② $\dfrac{A+B}{B} = \dfrac{C+D}{D}$, $\dfrac{A-B}{B} = \dfrac{C-D}{D}$

  ③ $\dfrac{A+B}{A-B} = \dfrac{C+D}{C-D}$, $\dfrac{A-B}{A+B} = \dfrac{C-D}{C+D}$

  ④ $\dfrac{A}{B} = \dfrac{C}{D} = \dfrac{E}{F} = \dfrac{A+C+E}{B+D+F} = \dfrac{pA+qC+rE}{pB+qD+rF}$ (가비의 리)

【예제 28】

$x : y : z = 1 : 2 : 3$일 때, $\dfrac{x+2y+3z}{x+y+z}$ 값을 구하라.

풀이 $x : y : z = a : b : c,\ \dfrac{x}{a} = \dfrac{y}{b} = \dfrac{z}{c} = k$로 놓는다.

조건에서 $\dfrac{x}{1} = \dfrac{y}{2} = \dfrac{z}{3} = k \Rightarrow x = k, y = 2k, z = 3k$

$\therefore \dfrac{x+2y+3z}{x+y+z} = \dfrac{k+4k+9k}{k+2k+3k}$

$\qquad\qquad\qquad = \dfrac{7}{3}$

【예제 29】

$\dfrac{x+y}{24} = \dfrac{y+z}{26} = \dfrac{z+x}{10}$ 에서 $x : y : z$를 구하라.

풀이 $\dfrac{x+y}{24} = \dfrac{y+z}{26} = \dfrac{z+x}{10} = k$로 놓으면

$x+y = 24k - ①$ $\qquad\qquad y+z = 26k - ②$ $\qquad\qquad z+x = 10k - ③$

①+②+③에서 $2(x+y+z) = 60k$ $\qquad\qquad \therefore x+y+z = 30k - ④$

④에서 ①, ②, ③을 각각 빼면

$x = 4k,\ y = 20k,\ z = 6k \Rightarrow x : y : z = 2 : 10 : 3$

··· 【예제 30】 ···························

$\dfrac{3b+c}{2a}=\dfrac{c+2a}{3b}=\dfrac{2a+3b}{c}=k$일 때, k의 값을 구하라.

풀이 ① $2a+3b+c\neq0$일때

$$\dfrac{(3b+c)+(c+2a)+(2a+3b)}{2a+3b+c}=k$$

$$=\dfrac{2(2a+3b+c)}{2a+3b+c}=k$$

$$\therefore k=2$$

② $2a+3b+c=0$일때

$$3b+c=-2a,\quad c+2a=-3b,\quad 2a+3b=-c\text{이므로}$$

$$\dfrac{-2a}{2a}=\dfrac{-3b}{3b}=\dfrac{-c}{c}=k\qquad\qquad \therefore k=-1$$

$$\therefore k\text{값은 2 또는 }-1$$

··· 【예제 31】 ···························

허용응력 설계법에서 띠철근 기둥 단면의 최소 철근비는 h/D(유효높이/단면 최소 폭)가 7인 경우 몇 퍼센트 이상인가?(단, 기둥의 최소 철근비는 h/D=5일 때 0.4%, h/D=10일 때 0.8%이다)

풀이 비례식에 의하여 $5:0.4\%=7:x \rightarrow x=\dfrac{0.4\%\times7}{5}=0.56\%$

비례관계식을 그림으로 표현하면 다음과 같다.

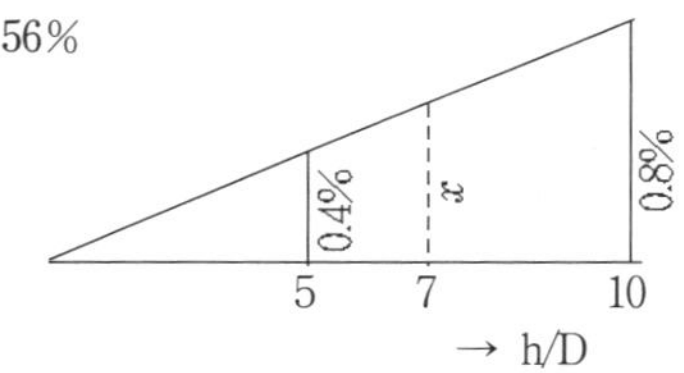

··· 【예제 32】 ···························

철근콘크리트 보로서 폭 30cm, 깊이 60cm, 길이 6m짜리 10개의 중량을 구하라.(단, 철근콘크리트의 단위용적중량은 2.4t/m³이다.)

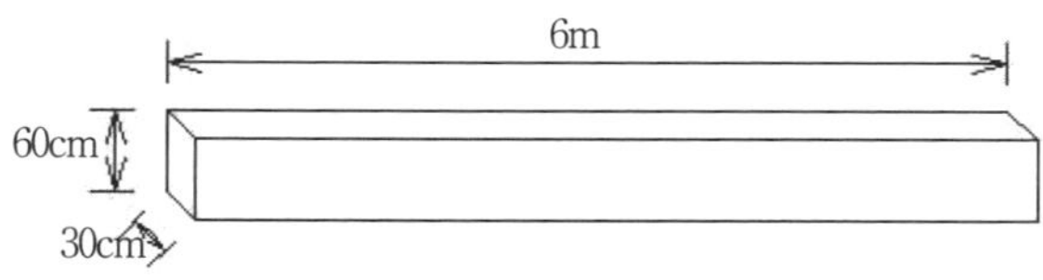

[풀이] 보의 부피 : $V=(0.3\text{m}\times0.6\text{m}\times6\text{m})\times10$개$=10.8\text{m}^3$

철근콘크리트 1m^3의 중량은 2.4t이므로,

$$1\text{m}^3 : 2.4\text{t}=10.8\text{m}^3 : x \rightarrow \text{보의 중량 } x=\frac{10.8\text{m}^3\times2.4\text{t}}{1\text{m}^3}=25.92\text{t}$$

【예제 33】

800ton의 철근을 필요로 하는 철근콘크리트 공사에 가공 조립할 철근공의 1일 평균 인원이 50명이라면 소요 일수는?(단, 철근 1ton당 소요 인원은 5명이다.)

[풀이] 800ton에 필요한 인원은

$$1\text{ton} : 5\text{명}=800\text{ton} : x, \; 1\text{ton}\times x=800\text{ton}\times5\text{명} \rightarrow x=4{,}000\text{명}$$

$$\therefore \text{소요 일수}=\frac{4{,}000\text{명}}{50\text{명}}=80\text{일}$$

4. 무리식

① 제곱근과 세제곱근

1) 제곱근, 세제곱근

제곱하여 a가 되는 수를 a의 제곱근이라 한다. 양수 a의 제곱근 중에서 양인 것을 $\sqrt{a}$로, 음인 것은 $-\sqrt{a}$로 나타낸다.

$$(\sqrt{a})^2=a, (-\sqrt{a})^2=a$$

[예] 16의 제곱근은 $\sqrt{16}=4$, $-\sqrt{16}=-4$, 3의 제곱근은 $+\sqrt{3}$, $-\sqrt{3}$

또, 세제곱해서 a가 되는 수를 a의 세제곱근이라 한다. 이의 세제곱근 중에서 실수인 것은 한 개 있으며, 이것을 $\sqrt[3]{a}$로 나타낸다.

$$(\sqrt[3]{a})^3=a$$

2) $\sqrt{a^2}$ 과 $\sqrt[3]{a^3}$ 의 계산

- $a \geqq 0$일 때 $\sqrt{a^2}=a$, $a<0$일 때 $\sqrt{a^2}=-a$
- a의 양, 0, 음에 관계없이 $\sqrt[3]{a^3}=a$

[예] $\sqrt{2^2}=\sqrt{4}=2$, $\sqrt{(-2)^2}=\sqrt{4}=2$, $\sqrt[3]{8}=\sqrt[3]{2^3}=2$, $\sqrt[3]{-8}=\sqrt[3]{(-2)^3}=-2$

주의 $\sqrt{4}=\pm2$ 가 아님에 주의한다.

참고 $\sqrt{1}=1$, $\sqrt{4}=2$, $\sqrt{9}=3$, $\sqrt{16}=4$, $\sqrt{25}=5$, $\cdots$ [$\sqrt{2}=1.4142$, $\sqrt{3}=1.7321$]

② 무리식의 계산

1) 제곱근의 성질

• $a>0$, $b>0$일 때

① $\sqrt{a}\,\sqrt{b}=\sqrt{ab}$

② $\dfrac{\sqrt{a}}{\sqrt{b}}=\sqrt{\dfrac{a}{b}}$

③ $\sqrt{a^2b}=a\sqrt{b}$

④ $\sqrt{\dfrac{a}{b^2}}=\dfrac{\sqrt{a}}{b}$

• $a<0$, $b<0$일 때

$\sqrt{a^2b}=-a\sqrt{b}$

• $a>0$, $b<0$일 때

$\dfrac{\sqrt{a}}{\sqrt{b}}=-\sqrt{\dfrac{a}{b}}$

참고 제곱해서 -1이 되는 수 $\sqrt{-1}$ 을 i 로 나타내고, i 를 허수단위라 한다.

즉, $i=\sqrt{-1}$, $i^2=-1$, $i^3=-i$, $i^4=1$, $i^5=i$

참고 $a>0$일 때 $\sqrt{-a}=\sqrt{a}\cdot\sqrt{-1}=\sqrt{a}\cdot i$

① $\sqrt{-9}=\sqrt{9}\,i=3i$

② $\sqrt{-3}\cdot\sqrt{-2}=\sqrt{3}\cdot\sqrt{-1}\cdot\sqrt{2}\cdot\sqrt{-1}=\sqrt{3}\,i\sqrt{2}\,i$

$$=\sqrt{6}\,i^2=-\sqrt{6}$$

③ $\dfrac{\sqrt{2}}{\sqrt{-5}}=\dfrac{\sqrt{2}}{\sqrt{5}\,i}=\dfrac{\sqrt{2}\,i}{\sqrt{5}\,i^2}=-\sqrt{\dfrac{2}{5}}\,i$

··· 【예제 34】 ··

다음 식을 간단히 하라.

(1) $\sqrt{0.02}\times\sqrt{2}$ (2) $\sqrt{12}+\sqrt{27}$ (3) $\sqrt{50}\,\sqrt{32}$

풀이 (1) $\sqrt{0.02}\times\sqrt{2}=\sqrt{\dfrac{2}{100}}\times\sqrt{2}=\dfrac{\sqrt{2}}{\sqrt{100}}\times\sqrt{2}=\dfrac{1}{5}$

(2) $\sqrt{12}+\sqrt{27}=\sqrt{2^2\cdot3}+\sqrt{3^2\cdot3}=2\sqrt{3}+3\sqrt{3}=5\sqrt{3}$

(3) $\sqrt{50}\,\sqrt{32}=\sqrt{5^2\cdot2}\,\sqrt{4^2\cdot2}=5\sqrt{2}\cdot4\sqrt{2}=20\times2=40$

참고 $5\sqrt{3} = \sqrt{5^2} \times \sqrt{3} = \sqrt{5^2 \times 3} = \sqrt{75}$

2) 분모의 유리화

분모에 근호($\sqrt{\ }$)가 포함된 식을 분모에 근호가 포함되지 않도록 변형하는 것을 분모의 유리화라 한다.($a \neq b$)

$$① \quad \frac{b}{\sqrt{a}} = \frac{b\sqrt{a}}{\sqrt{a}\,\sqrt{a}} = \frac{b\sqrt{a}}{a}$$

$$② \quad \frac{c}{\sqrt{a}+\sqrt{b}} = \frac{c(\sqrt{a}-\sqrt{b})}{(\sqrt{a}+\sqrt{b})(\sqrt{a}-\sqrt{b})} = \frac{c(\sqrt{a}-\sqrt{b})}{a-b}$$

$$③ \quad \frac{c}{\sqrt{a}-\sqrt{b}} = \frac{c(\sqrt{a}+\sqrt{b})}{(\sqrt{a}-\sqrt{b})(\sqrt{a}+\sqrt{b})} = \frac{c(\sqrt{a}+\sqrt{b})}{a-b}$$

$$④ \quad \frac{A}{\sqrt[3]{a} \pm \sqrt[3]{b}} = \frac{A(\sqrt[3]{a^2} \mp \sqrt{ab} + \sqrt[3]{b^2})}{(\sqrt[3]{a} \pm \sqrt[3]{b})(\sqrt[3]{a^2} \mp \sqrt[3]{ab} + \sqrt[3]{b^2})}$$

$$= \frac{A(\sqrt[3]{a^2} \mp \sqrt[3]{ab} + \sqrt[3]{b^2})}{a \pm b}$$

···【예제 35】···

다음 식의 분모를 유리화하라.

(1) $\dfrac{2}{\sqrt{10}}$ (2) $\dfrac{4+\sqrt{2}}{3-\sqrt{2}}$ (3) $\dfrac{2}{\sqrt{x+1}+\sqrt{x-1}}$ (4) $\dfrac{1}{\sqrt[3]{5}-\sqrt[3]{2}}$

풀이

(1) $\dfrac{2}{\sqrt{10}} = \dfrac{2\sqrt{10}}{\sqrt{10}\,\sqrt{10}} = \dfrac{2\sqrt{10}}{10} = \dfrac{\sqrt{10}}{5}$

(2) $\dfrac{4+\sqrt{2}}{3-\sqrt{2}} = \dfrac{(4+\sqrt{2})(3+\sqrt{2})}{(3-\sqrt{2})(3+\sqrt{2})} = \dfrac{12+7\sqrt{2}+2}{3^2-(\sqrt{2})^2} = \dfrac{14+7\sqrt{2}}{7} = 2+\sqrt{2}$

(3) $\dfrac{2}{\sqrt{x+1}+\sqrt{x-1}} = \dfrac{2(\sqrt{x+1}-\sqrt{x-1})}{(\sqrt{x+1}+\sqrt{x-1})(\sqrt{x+1}-\sqrt{x-1})} = \dfrac{2(\sqrt{x+1}-\sqrt{x-1})}{(x+1)-(x-1)}$

$= \sqrt{x+1}-\sqrt{x-1}$

(4) $\dfrac{1}{\sqrt[3]{5}-\sqrt[3]{2}} = \dfrac{(\sqrt[3]{5^2}+\sqrt[3]{5\times2}+\sqrt[3]{2^2})}{(\sqrt[3]{5}-\sqrt[3]{2})(\sqrt[3]{5^2}+\sqrt[3]{5\times2}+\sqrt[3]{2^2})} = \dfrac{(\sqrt[3]{5^2}+\sqrt[3]{5\times2}+\sqrt[3]{2^2})}{(\sqrt[3]{5^3}-\sqrt[3]{2^3})}$

$= \dfrac{1}{3} \times (\sqrt[3]{5^2}+\sqrt[3]{5\times2}+\sqrt[3]{2^2})$

3) 이중 근호의 변형

- $(\sqrt{a} \pm \sqrt{b})^2 = (\sqrt{a})^2 + (\sqrt{b})^2 \pm 2\sqrt{a} \cdot \sqrt{b}$ $\qquad$ ($a>b>0$ 일 때)

$$\sqrt{(\sqrt{a} \pm \sqrt{b})^2} = \sqrt{a+b \pm 2\sqrt{a \cdot b}} = \sqrt{a} \pm \sqrt{b}$$

$\sqrt{7 - 2\sqrt{10}}$ 과 같이 근호 안에 또 근호를 포함한 식을 이중 근호의 식이라 한다.

$$\sqrt{7 - 2\sqrt{10}} = \sqrt{(5+2) - 2\sqrt{(5 \times 2)}} = \sqrt{5} - \sqrt{2}$$

$$\sqrt{7 - 2\sqrt{10}} \longrightarrow \sqrt{5} - \sqrt{2}$$

곱해서 10 ─┐
합해서 7 ─┘ 이 되는 두 수는 5와 2

주의 " $\sqrt{7 - 2\sqrt{10}} = \sqrt{2} - \sqrt{5}$ "으로 해서는 안 된다. 즉 큰 수를 앞에 쓴다.

【예제 36】

다음 식을 간단히 하라.

(1) $\sqrt{10 - \sqrt{84}}$ $\qquad\qquad$ (2) $\sqrt{12 + 6\sqrt{3}}$ $\qquad\qquad$ (3) $\sqrt{2 - \sqrt{3}}$

풀이

(1) $\sqrt{10 - \sqrt{84}} = \sqrt{10 - 2\sqrt{21}} = \sqrt{(7+3) - 2\sqrt{7 \times 3}} = \sqrt{7} - \sqrt{3}$

(2) $\sqrt{12 + 6\sqrt{3}} = \sqrt{12 + 2\sqrt{27}} = \sqrt{(9+3) + 2\sqrt{9 \times 3}} = \sqrt{9} + \sqrt{3} = 3 + \sqrt{3}$

(3) $\sqrt{2 - \sqrt{3}} = \sqrt{\dfrac{4 - 2\sqrt{3}}{2}} = \dfrac{\sqrt{4 - 2\sqrt{3}}}{\sqrt{2}} = \dfrac{\sqrt{(3+1) - 2\sqrt{3 \times 1}}}{\sqrt{2}} = \dfrac{\sqrt{3} - \sqrt{1}}{\sqrt{2}} = \dfrac{\sqrt{6} - \sqrt{2}}{2}$

【예제 37】

$x = \dfrac{\sqrt{7} + \sqrt{3}}{\sqrt{7} - \sqrt{3}}, \quad y = \dfrac{\sqrt{7} - \sqrt{3}}{\sqrt{7} + \sqrt{3}}$ 일 때, $x^2 + xy + y^2$의 값을 구하라.

풀이 $x^2 + xy + y^2 = (x+y)^2 - xy$이므로

$$x + y = \frac{\sqrt{7} + \sqrt{3}}{\sqrt{7} - \sqrt{3}} + \frac{\sqrt{7} - \sqrt{3}}{\sqrt{7} + \sqrt{3}} = \frac{(\sqrt{7} + \sqrt{3})^2 + (\sqrt{7} - \sqrt{3})^2}{(\sqrt{7} - \sqrt{3}) \times (\sqrt{7} + \sqrt{3})} = \frac{20}{4} = 5$$

$$x \times y = \frac{\sqrt{7} + \sqrt{3}}{\sqrt{7} - \sqrt{3}} \times \frac{\sqrt{7} - \sqrt{3}}{\sqrt{7} + \sqrt{3}} = 1$$

$$\therefore x^2 + xy + y^2 = (x+y)^2 - xy = 5^2 - 1 = 24$$

4) 무리수가 서로 같을 조건

- a, b, c, d가 유리수이고, $\sqrt{m}$ 이 무리수 일 때

$$a+b\sqrt{m}=0 \leftrightarrow a=0, \ \ b=0$$

$$a+b\sqrt{m}=c+d\sqrt{m} \leftrightarrow a=c, \ b=d$$

- a, b가 유리수이고, $\sqrt{m}$, $\sqrt{n}$ 이 무리수 일 때

$$a+\sqrt{m}=b+\sqrt{n} \ \leftrightarrow \ a=b, \ m=n$$

- a, b, c가 유리수이고, $\sqrt{l}$, $\sqrt{m}$, $\sqrt{n}$ 이 무리수 일 때

$$a\sqrt{l}+b\sqrt{m}+c\sqrt{n}=0 \leftrightarrow a=0, \ b=0, \ c=0$$

【예제 38】

$x+1+(y+x+3)\sqrt{2}=0$을 만족하는 유리수 x, y의 값을 구하라.

풀이 $x+1=0, \ y+x+3=0$

$\quad \therefore x=-1, \ y=-2$

【예제 39】

$\sqrt{19-2\sqrt{48}}$ 의 정수부분을 a, 소수부분을 b라 할 때, $\dfrac{1}{b}+a$의 값을 구하라.

풀이 $\sqrt{19-2\sqrt{48}} = \sqrt{19-2\sqrt{16\times3}} = \sqrt{16}-\sqrt{3}=4-\sqrt{3}$

$\quad 1<\sqrt{3}<2$ 이므로 $-1>-\sqrt{3}>-2$, $4-1>4-\sqrt{3}>4-2$

$\quad \therefore 2<4-\sqrt{3}<3$, $4-\sqrt{3}=2.\dots$

$\quad$ 따라서, 정수부분 $a=2$, 소수분분 $b=(4-\sqrt{3})-2=2-\sqrt{3}$

$\quad \therefore \dfrac{1}{b}+a = \dfrac{1}{2-\sqrt{3}}+2 = 4+\sqrt{3}$

연 습 문 제

1. $5+(-\frac{1}{2})^3\times\left\{3-(2-8)\times\frac{1}{2}\right\}$ 를 계산하라.

☞ 계산 순서 : 괄호 안 → 곱셈, 나눗셈 → 덧셈, 뺄셈

2. 가로 40m, 세로 20m의 직사각형 대지에서 가로를 30% 더 늘인다면 넓이는 몇 m²가 되겠는가?

☞ 30% 늘인다. → 1.3배

3. $(x^2y^3)^2\div(-\frac{2}{3}y^2)^3\times(\frac{4}{3}xy)^2$ 을 간단히 하라.

☞ A÷B×C=(A÷B)×C, A÷B×C≠A÷(B×C)

4. 다항식 $2x^3-x^2+1$ 을 일차식 $x-1$ 과 $x+1$ 로 나누었을 때의 나머지를 각각 구하라.

☞ 주어진 다항식에 $x=1$, $x=-1$을 각각 대입한다.

5. 조립제법을 이용하여 x^3+5x^2-3x+2 를 $x+2$ 로 나눈 몫과 나머지를 구하라.

☞ 조립제법은 (다항식÷일차식)일 때의 몫과 나머지를 구하는 간편한 방법이다.

6. 다음 식을 인수 분해하라.

   (1) $x^2 + 6xy + 9y^2$

   (2) $x^4 - 1$

   (3) $3x^2 + 5x - 2$

   (4) $x^3 + 27$

☞ 인수분해 공식을 이용한다.
   (1) $a^2 + 2ab + b^2 = (a+b)^2$
   (2) $a^2 - b^2 = (a+b)(a-b)$
   (3) $acx^2 + (ad+bc)x + bd$
      $= (ax+b)(cx+d)$
   (4) $a^3 + b^3$
      $= (a+b)(a^2 - ab + b^2)$

7. 두 다항식 $x^3 + x^2 - 6x$ 와 $x^4 + 2x^3 - 3x^2$ 의 최대공약수와 최소공배수를 구하라.

☞ 다항식을 인수분해 한다.

8. 다음 식을 계산하라.

   (1) $\dfrac{x+3}{x^2-1} - \dfrac{x+4}{x^2-x-2}$

   (2) $\dfrac{x+4}{x^2+4x+3} \div \dfrac{x^2+5x+6}{x^2-2x-3} \times \dfrac{x+3}{x^2+x-12}$

☞ (1) 통분한 다음 계산한다.
   (2) 나눗셈은 역수를 취해서 곱한다.

9. 다음 번분수식을 간단히 하라.

   (1) $\dfrac{1}{1 + \dfrac{1}{1 + \dfrac{1}{x}}}$
      (2) $\dfrac{x - \dfrac{4}{x}}{2 - \dfrac{2}{2 - \dfrac{2}{x}}}$

☞ (1) 차례차례 순차적으로 계산해 나간다.
   (2) $\dfrac{2}{2 - \dfrac{2}{x}} = \dfrac{x}{x-1}$

10. 2분 동안에 15L의 물이 나오는 수도가 있다. 이 수도로 120L
들이의 욕조에 물을 가득 채우려면, 몇 분 동안 수도를 틀어
놓아야 하는가?

☞ 2분 : 15L=x : 120L

11. 다음 식의 분모를 유리화하라.

(1) $\dfrac{\sqrt{3} - \sqrt{2}}{\sqrt{3} + \sqrt{2}}$

(2) $\dfrac{\sqrt{x-1} + \sqrt{x}}{\sqrt{x-1} - \sqrt{x}}$

☞ (1) 분모와 분자에
$\sqrt{3} - \sqrt{2}$ 를 곱한다.
(2) 분모와 분자에
$\sqrt{x-1} + \sqrt{x}$ 를 곱한다.

12. 다음 식을 간단히 하라.

(1) $\sqrt{8 - \sqrt{28}}$

(2) $\sqrt{11 + 6\sqrt{2}}$

(3) $\sqrt{5 - \sqrt{21}}$

☞ $\sqrt{(a+b) \pm 2\sqrt{ab}}$
$= \sqrt{a} \pm \sqrt{b}$ (a>b>0)

제2장

방정식과 부등식

- 1. 방정식
- 2. 부등식

제2장
방정식과 부등식

1. 방정식

$5x+1=0,\ 4x^2-8x-1=0,\ x^3-4x^2-2x+5=0,\ \cdots$과 같은 등식을 x에 관한 방정식이라 하고, x의 차수에 따라 1차 방정식, 2차 방정식, 3차 방정식, $\cdots$이라 한다. 방정식을 만족하는 x의 값을 방정식의 해 또는 근이라고 한다.

① 1차 방정식

- $ax=b$의 해법

① $a\neq0$일 때 $x=\dfrac{b}{a}\cdots$ (오직 하나의 근)

② $a=0,\ b\neq0$일 때 $x=\dfrac{b}{0}\cdots$ 불능(근이 없다)

③ $a=0,\ b=0$일 때 $x=\dfrac{0}{0}\cdots$ 부정(근이 무수히 많다)

【예제 1】

다음 x에 대한 1차 방정식을 풀어라.

(1) $3(x-5)=x-3$　　　(2) $1.8x-4=1.5x-0.7$　　　(3) $|x-1|=2x+4$

풀이 (1) $3x-15=x-3,\ 3x-x=-3+15,\ 2x=12\ \ \therefore x=6$

(2) $18x-40=15x-7,\ 18x-15x=-7+40,\ 3x=33\ \ \therefore x=11$

(3) ・$x-1\geqq0$일 때, $x-1=2x+4\ \ \therefore x=-5$(이것은 $x-1\geqq0$에 부적합)

　　・$x-1<0$일 때, $-(x-1)=2x+4\ \ \therefore x=-1$(이것은 $x-1<0$에 적합)

② 절대 값을 포함한 1차 방정식

- 절대 값 $|A|$에서 $A \geqq 0$ 일 때 : A

  $$A < 0 \text{ 일 때} : -A$$

- 절대 값 기호가 2개 있을 때, 즉 $|x-\alpha|+|x-\beta|=k,\ (\alpha < \beta)$

  ① 절대 값$=0$인 x의 값$(x=\alpha,\ \beta)$을 구한다.

  ② $\alpha,\ \beta$를 경계로 '크거나 같을 때', '작을 때'로 구분한다.

  $x < \alpha$: 둘 다 음

  $\alpha \leqq x < \beta$: $|x-\alpha|$ 부분 양

  $\beta \leqq x$: 둘 다 양의 부호

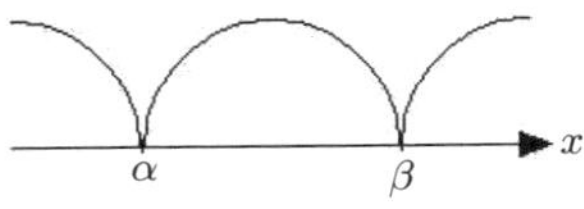

  ③ 각각의 범위를 고려하여 결과 중에서 적합한 것들을 모아서 답한다.

【예제 2】

방정식 $|x-1|+|x-3|=x$을 풀어라.

풀이 $x-1=0,\ x-3=0 \implies x=1,\ 3$

$x < 1 :\ |x-1|=-(x-1),\ |x-3|=-(x-3)$

$$-(x-1)-(x-3)=x \quad \therefore x=\frac{4}{3}\,(부적합)$$

$1 \leqq x < 3 :\ |x-1|=x-1,\ |x-3|=-(x-3)$

$$(x-1)-(x-3)=x \qquad \therefore x=2\,(적합)$$

$3 \leqq x :\ (x-1)+(x-3)=x \qquad\qquad \therefore x=4\,(적합)$

$$\therefore x=2,\ 4$$

【예제 3】

방정식 $|x-2|=|4-x|$을 풀어라.

풀이 $x-2=\pm(4-x)$

$x-2=4-x$일 때 $2x=6 \implies x=3$

$x-2=-(4-x)$일 때 $0 \cdot x=-2$에서 해가 없다.

$$\therefore x=3$$

별해 $x-2=0,\ 4-x=0 \implies x=2,\ 4$

$x < 2 :\ -(x-2)=(4-x) \qquad\qquad \therefore 부적합$

$2 \leqq x < 4 :\ (x-2)=(4-x),\ x=3 \qquad \therefore 적합$

$4 \leqq x :\ (x-2)=-(4-x) \qquad\qquad \therefore 부적합$

$$\therefore x=3$$

③ 2차 방정식

1) 인수분해에 의한 해법

x 에 관한 2차 방정식이 $(ax-b)(cx-d)=0$ 의 꼴로 인수분해 될 때,

$(ax-b)(cx-d)=0$ 의 근은 $\rightarrow x=\dfrac{b}{a}$ 또는 $x=\dfrac{d}{c}$

2) 근의 공식에 의한 해법

2차 방정식이 간단히 인수분해가 되지 않을 경우에는 근의 공식을 사용해서 구할 수 있다.

- $ax^2+bx+c=0\,(a\neq0)$의 근은 $\rightarrow x=\dfrac{-b\pm\sqrt{b^2-4ac}}{2a}$

- $ax^2+2b'x+c=0\,(a\neq0)$의 근은 $\rightarrow x=\dfrac{-b'\pm\sqrt{b'^2-ac}}{a}$

【예제 4】

다음 2차 방정식을 풀어라.

(1) $x^2-7x+12=0$　　　(2) $3x^2-8x+4=0$　　　(3) $x^2-6x-1=0$

풀이 (1) $x^2-7x+12=0$ 을 인수분해하면 $(x-3)(x-4)=0$ $\therefore x=3, x=4$

(2) ① 인수분해에 의한 방법 : $(3x-2)(x-2)=0$ $\therefore x=\dfrac{3}{2}, x=2$

　　② 근의 공식에 의한 방법$(a=3,\ b=-8,\ c=4)$

$$x=\frac{-b\pm\sqrt{b^2-4ac}}{2a}=\frac{-(-8)\pm\sqrt{(-8)^2-(4\cdot3\cdot4)}}{2\times3}=\frac{8\pm\sqrt{16}}{6}=\frac{8\pm4}{6}=2,\ \frac{2}{3}$$

(3) 인수분해가 되지 않으므로 근의 공식을 사용한다.

　　① $a=1,\ b=-6,\ c=-1$

$$x=\frac{-b\pm\sqrt{b^2-4ac}}{2a}=\frac{-(-6)\pm\sqrt{(-6)^2-[4\cdot1\cdot(-1)]}}{2\times1}=\frac{6\pm\sqrt{40}}{2}=\frac{6\pm2\sqrt{10}}{2}=3\pm\sqrt{10}$$

　　② $2b'$ 꼴의 근의 공식에 대입하면 $(a=1,\ b'=-3,\ c=-1)$

$$x=\frac{-b'\pm\sqrt{b'^2-ac}}{a}=\frac{-(-3)\pm\sqrt{(-3)^2-[1\cdot(-1)]}}{1}=3\pm\sqrt{10}$$

【예제 5】

그림과 같은 등분포 하중을 받는 내민보의 반곡점의 위치를 구하라.(단, AB 구간의 휨모멘트의 일반식은 $-2+8x-x^2$ 이다.)

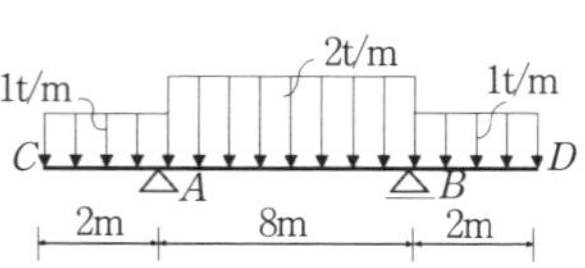

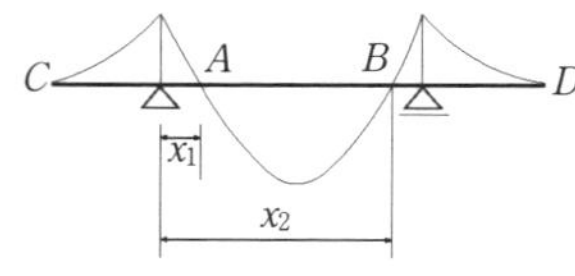

풀이 휨모멘트도에서 반곡점은 내민보의 중앙구간 AB에서 2군데 있으므로 AB 구간의 휨모멘트의 일반식을 0으로 놓아 x 거리를 구한다.

$$-2+8x-x^2=0, \quad x^2-8x+2=0$$

$$\therefore \ x=\frac{-b\pm\sqrt{b^2-4ac}}{2a}=\frac{-(-8)\pm\sqrt{(-8)^2-(4\cdot1\cdot2)}}{2\times1}=\frac{8\pm7.48}{2}$$

$$\rightarrow x_1=0.26\text{m}, \ x_2=7.74\text{m}$$

3) 판별식

방정식의 근이 실수이면 그 근을 실근, 허수이면 그 근을 허근이라고 한다.

2차 방정식 $ax^2+bx+c=0$ 에서 $D=b^2-4ac$ 로 놓을 때,

① $D>0 \Leftrightarrow$ 서로 다른 두 실근을 갖는다.

② $D=0 \Leftrightarrow$ 서로 같은 두 실근(중근)을 갖는다.

③ $D<0 \Leftrightarrow$ 서로 다른 두 허근을 갖는다.

【예제 6】

다음 2차 방정식의 근을 판별하라.

(1) $x^2-3x-1=0$

(2) $4x^2-5x+3=0$

풀이 (1) $D=(-3)^2-4\cdot1\cdot(-1)=13>0$, 따라서 서로 다른 두 실근을 갖는다.

(2) $D=(-5)^2-(4\cdot4\cdot3)=-23<0$, 따라서 서로 다른 두 허근을 갖는다.

④ 고차 방정식

3차 이상의 방정식을 고차 방정식이라 하며, 고차 방정식을 풀 때 인수분해가 되면 쉽게 해결될 수 있다.

【예제 7】

3차 방정식 $x^3 - 12x + 16 = 0$ 을 풀어라.

풀이 $P(x) = x^3 - 12x + 16$ 으로 놓으면

$P(2) = 2^3 - (12 \cdot 2) + 16 = 0$ 이므로 인수정리에 의해서 $P(x)$ 는 $x-2$ 로 나누어떨어진다.

조립제법에 의하여,

$$P(x) = (x-2)(x^2 + 2x - 8)$$
$$= (x-2)(x-2)(x+4)$$
$$= (x-2)^2(x+4)$$

따라서 $(x-2)^2(x+4) = 0$ $\therefore x = 2(중근), -4$

	1	0	-12	16
2		2	4	-16
	1	2	-8	0

⑤ 연립 방정식

1) 2원 1차 연립방정식

미지수가 2개이고 차수가 1차인 연립 방정식은 미지수를 소거하여 1개의 1차 방정식으로 만들어 푼다. 미지수를 소거하는 방법으로는 가감법, 대입법 및 등치법 등 3가지가 있다.

【예제 8】

다음 2원 1차 연립방정식을 풀어라.

(1) $\begin{cases} x - 2y = 3 & \cdots\cdots ① \\ 3x - 5y = 6 & \cdots\cdots ② \end{cases}$
(2) $\begin{cases} \dfrac{x}{2} + \dfrac{y}{3} = 1 & \cdots\cdots ① \\ \dfrac{x}{3} - \dfrac{y}{4} = \dfrac{2}{3} & \cdots\cdots ② \end{cases}$

풀이 (1) (ㄱ) 가감법에 의한 방법

x 항을 소거하기 위하여 ①×3-②하면

$$3x - 6y = 9 \quad \cdots\cdots ①×3$$
$$-)\ 3x - 5y = 6 \quad \cdots\cdots ②$$
$$-\ y = 3 \quad \therefore y = -3$$

$y = -3$ 을 식 ①에 대입하면, $x - 2 \times (-3) = 3$ $\therefore x = -3$

(ㄴ) 대입법에 의한 방법

x 항을 소거하기 위하여 ①을 x 에 대하여 풀면,

$x = 2y + 3 \cdots\cdots ③$

③을 ②에 대입하면,

$3 \times (2y + 3) - 5y = 6$, $6y + 9 - 5y = 6$ $\therefore y = -3$

$y = -3$ 을 ③에 대입하면, $x = 2 \times (-3) + 3$ $\therefore x = -3$

(ㄷ) 등치법에 의한 방법

①에서 $x = 2y + 3 \cdots\cdots$③

②에서 $x = \dfrac{5}{3}y + 2 \cdots\cdots$④

③=④로 놓으면, $2y + 3 = \dfrac{5}{3}y + 2$ $\therefore y = -3$

$y = -3$을 ③에 대입하면, $x = 2 \times (-3) + 3$ $\therefore x = -3$

(2) ①의 양변에 2와 3의 최소 공배수 6을 곱하고, ②의 양변에 3과 4의 최소공배수 12를 곱하면,

$$\begin{cases} 3x + 2y = 6 \cdots\cdots ③ \\ 4x - 3y = 8 \cdots\cdots ④ \end{cases}$$

y항을 소거하기 위하여

$$\begin{array}{rl} 9x + 6y = 18 & \cdots\cdots③\times3 \\ +)\ 8x - 6y = 16 & \cdots\cdots④\times2 \\ \hline 17x\quad\ \ = 34 & \rightarrow \therefore x = 2 \end{array}$$

$x = 2$를 ③에 대입하면, $(3 \times 2) + 2y = 6$ $\therefore y = 0$

···【예제 9】···

그림과 같이 하중 P가 AC 및 BC 로프(rope)의 C점에 작용할 때 AC 부재가 받는 인장력을 구하라.

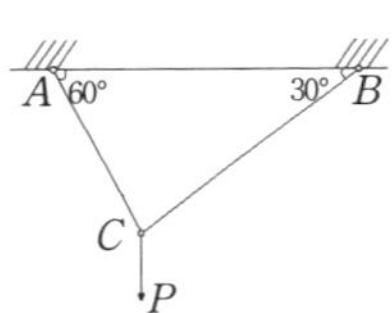

··

풀이 힘의 평형 방정식을 이용하면,

· $\Sigma V = 0$: $AC \cdot \sin 60° + BC \cdot \sin 30° - P = 0$

$$(AC \times \dfrac{\sqrt{3}}{2}) + (BC \times \dfrac{1}{2}) - P = 0$$

$$\sqrt{3}\,AC + BC - 2P = 0 \cdots\cdots①$$

· $\Sigma H = 0$: $-AC \cdot \cos 60° + BC \cdot \cos 30° = 0$

$$-(AC \times \dfrac{1}{2}) + (BC \times \dfrac{\sqrt{3}}{2}) = 0$$

$$-AC + \sqrt{3}\,BC = 0 \cdots\cdots②$$

· AC항을 소거하기 위하여 ①+(②×$\sqrt{3}$)하면,

$$\begin{array}{rl} \sqrt{3}\,AC + BC - 2P = 0 & \cdots\cdots① \\ +)\ -\sqrt{3}\,AC + 3BC \quad\ \ = 0 & \cdots\cdots②\times\sqrt{3} \\ \hline 4BC - 2P = 0 & \rightarrow \therefore BC = \dfrac{1}{2}P \end{array}$$

$(BC = \dfrac{1}{2}P)$를 ②에 대입하면 $\rightarrow \therefore AC = \dfrac{\sqrt{3}}{2}P$

2) 3원 1차 연립방정식

미지수가 3개인 1차 연립방정식은 먼저 미지수 가운데 하나를 소거하여, 미지수
가 2개인 1차 연립방정식으로 만든 다음 푼다.

【예제 10】

다음 3원 1차 연립방정식을 풀어라.

$$\begin{cases} 2x+2y-3z= \quad 1 \quad \cdots\cdots ① \\ 3x-3y+\ z= \quad 8 \quad \cdots\cdots ② \\ 3x+\ y+2z= -1 \quad \cdots\cdots ③ \end{cases}$$

풀이 ①, ②에서 z항을 소거하기 위하여 ①+②×3하면

$$\begin{aligned} 2x+2y-3z &= 1 \quad \cdots\cdots ① \\ +\ )\ 9x-9y+3z &=24 \quad \cdots\cdots ②×3 \\ \hline 11x-7y &=25 \quad \cdots\cdots ④ \end{aligned}$$

같은 방법으로, ②, ③에서 z항을 소거하기 위하여 ②×2-③하면

$$\begin{aligned} 6x-6y+2z &=16 \quad \cdots\cdots ②×2 \\ -\ )\ 3x+\ y+2z &=-1 \quad \cdots\cdots ③ \\ \hline 3x-7y &=17 \quad \cdots\cdots ⑤ \end{aligned}$$

또한 ④, ⑤에서 y항을 소거하기 위하여 ④-⑤하면

$$\begin{aligned} 11x-7y &= 25 \quad \cdots\cdots ④ \\ -\ )\ 3x-7y &= 17 \quad \cdots\cdots ⑤ \\ \hline 8x &= 8 \quad \therefore x=1 \end{aligned}$$

$x=1$을 ⑤에 대입하면, $(3×1)-7y=17$ $\therefore y=-2$

$x=1, y=-2$를 ①에 대입하면, $2-4-3z=1$ $\therefore z=-1$

【예제 11】

다음 3원 1차 연립방정식을 풀어라.

(1) $\begin{cases} x+y=5 \quad \cdots\cdots ① \\ y+z=10 \quad \cdots\cdots ② \\ z+x=25 \quad \cdots\cdots ③ \end{cases}$
(2) $\begin{cases} xy= \quad 8 \cdots\cdots ① \\ yz=-4 \quad \cdots\cdots ② \\ zx=-2 \quad \cdots\cdots ③ \end{cases}$

풀이 (1) ①+②+③에서 $2(x+y+z)=40$ \qquad $x+y+z=20\cdots\cdots④$

④-①에서 $z=15$

④-②에서 $x=10$

④-③에서 $y=-5$

(2) ①×②×③에서

$xy\cdot yz\cdot zx=64$ \qquad $xyz=\pm8\cdots\cdots④$

④÷①에서 $z=\pm1$

④÷②에서 $x = \mp 2$

④÷③에서 $y = \mp 4$ (복부호 동순)

$$\therefore x = -2, \ y = -4, \ z = 1 \ \text{또는} \ x = 2, \ y = 4, \ z = -1$$

3) 2원 2차 연립방정식

미지수가 2개인 연립 방정식에 있어서, 방정식의 하나가 2차 방정식이고 다른 방정식이 1차 또는 2차 방정식인 것을 2차 연립 방정식이라 한다. 어느 한 미지수를 소거하여 한 미지수에 대한 방정식으로 고쳐서 그 해를 구한다.

【예제 12】

다음 2차 연립방정식을 풀어라.

$$\begin{cases} x \ - \ \ y = \ \ 3 \ \cdots\cdots \ ① \\ x^2 \ - \ 3y^2 = 13 \ \cdots\cdots \ ② \end{cases}$$

풀이 ①로부터 $y = x - 3 \ \cdots\cdots ③$

③을 ②에 대입하면, $x^2 - 3(x-3)^2 = 13, \ x^2 - 9x + 20 = 0$

좌변을 인수분해하면, $(x-4)(x-5) = 0 \ \therefore x = 4 \ \text{또는} \ x = 5 \ \cdots\cdots ④$

④를 ③에 대입하면, $x = 4$ 일 때 $y = 1$, $x = 5$ 일 때 $y = 2$ $\therefore$ 해는 $\begin{cases} x = 4 \\ y = 1 \end{cases}$ 또는 $\begin{cases} x = 5 \\ y = 2 \end{cases}$

【예제 13】

연립 방정식을 풀어라.

$$x^2 + y^2 = 10 \cdots\cdots ① \qquad xy = 3 \cdots\cdots ②$$

풀이 합과 곱으로 되어 있을 때, $x + y = a, \ xy = b$로 치환한다.

$x + y = a, \ xy = b$라 하면 $x^2 + y^2 = (x+y)^2 - 2xy$이므로

①은 $a^2 - 2b = 10 \cdots\cdots ③$, ②는 $b = 3$

③에 대입하면 $a^2 - 2 \times 3 = 10, \ a = \pm 4$

$$\therefore \begin{cases} a = 4 \\ b = 3 \end{cases}, \ \begin{cases} a = -4 \\ b = 3 \end{cases}$$

즉, $\begin{cases} x + y = 4 \\ xy = 3 \end{cases} \ \begin{cases} x + y = -4 \\ xy = 3 \end{cases}$

· $x + y = 4, \ xy = 3$인 $x, \ y$를 두 근으로 하는 임의의 이차방정식은

$t^2 - 4t + 3 = 0, \ (t-1)(t-3) = 0$ 에서 $t = 1, \ 3$

$$\therefore x = 1, \ y = 3 \ \text{또는} \ x = 3, \ y = 1$$

· $x+y=-4$, $xy=3$인 x, y를 두 근으로 하는 임의의 이차방정식은

t^2+4t+3, $(t+1)(t+3)=0$ 에서 $t=-1$, -3

$\therefore x=-1$, $y=-3$ 또는 $x=-3$, $y=-1$

따라서, 구하는 근은 $\begin{cases} x=1 \\ y=3 \end{cases}$, $\begin{cases} x=3 \\ y=1 \end{cases}$, $\begin{cases} x=-1 \\ y=-3 \end{cases}$, $\begin{cases} x=-3 \\ y=-1 \end{cases}$,

6 분수 방정식

분수식의 분모에 미지수를 포함한 방정식을 분수 방정식이라 하며, 분모를 0으로 하는 값이 있으면 이것을 버려야 한다. 이와 같은 근을 이 분수 방정식의 무연근이라 한다.

【예제 14】

다음 분수 방정식 $\dfrac{1}{x-1}-\dfrac{2}{x^2-1}=\dfrac{1}{3}$ 을 풀어라.(단, $x-1\neq 0$, $x^2-1\neq 0$)

풀이 양변에 분모의 최소 공배수인 $3(x-1)(x+1)$을 곱하면

$3(x+1)-(2\times 3)=(x-1)(x+1)$

$x^2-3x+2=0 \rightarrow (x-1)(x-2)=0$ $\therefore x=1$ 또는 $x=2$

그런데 $x=2$는 분수 방정식을 만족하므로 근이지만,

$x=1$은 분수 방정식의 분모를 0으로 하므로 근이 아니다.

7 무리 방정식

미지수에 대한 무리식이 들어 있는 방정식을 무리 방정식이라 하며, 방정식의 근 중에서 무리 방정식을 만족시키지 못하는 근(무연근)은 버려야 한다.

【예제 15】

다음 무리 방정식 $\sqrt{x+5}=x-1$을 풀어라.

풀이 양변을 제곱하면, $x+5=x^2-2x+1 \rightarrow x^2-3x-4=0$

좌변을 인수분해하면, $(x-4)(x+1)=0$ $\therefore x=4$ 또는 $x=-1$

① $x=4$일 때 : (좌변)$=\sqrt{4+5}=3$, (우변)$=4-1=3$

   즉, (좌변)=(우변)이므로 $x=4$는 무리 방정식의 근이다.

② $x=-1$일 때 : (좌변)$=\sqrt{-1+5}=2$, (우변)$=-1-1=-2$

   즉, (좌변)$\neq$(우변)이므로 $x=-1$은 근이 아니다.

2. 부등식

① 부등식의 성질

두 수나 식의 대소 관계를 부등호($<$, $>$, $\leq$, $\geq$)를 써서 나타낸 식을 부등식이라 한다. 부등식에 포함된 문자는 모두 실수를 나타낸다.

- 부등식의 종류

  ① 절대부등식 : $x^2 + 5 > 0$과 같은 부등식은 x의 어떤 실수 값에 대해서도 항상 성립하는 부등식

  ② 조건부등식 : $5x - 4 > x + 4$와 같은 부등식은 x에 2보다 큰 특정한 값을 대입할 때만 성립하는 부등식

- 부등식의 기본 성질

  ① $a>b,\ b>c \Rightarrow a>c$

  ② $a>b \Rightarrow a+m>b+m,\ a-m>b-m$

  ③ $a>b,\ m>0 \Rightarrow am > bm,\ \dfrac{a}{m} > \dfrac{b}{m}$

  ④ $a>b,\ m<0 \Rightarrow am < bm,\ \dfrac{a}{m} < \dfrac{b}{m}$

  주의 부등식의 양변에 음의 값으로 곱하거나 나눌 때에는 부등호의 방향이 반대가 된다.

  $9>6$에서 양변에 -3을 곱하면 $-27 < -18$

  $9>6$에서 양변을 -3으로 나누면 $-3 < -2$

【예제 16】

부등식 $|ax + b| \leq 2$의 해가 $-2 \leq x \leq 4$일 때, 실수 a, b의 값을 구하라.

풀이 $-2 \leq ax + b \leq 2$

$-2 - b \leq ax \leq 2 - b$

$a > 0$일 때, $\dfrac{-2-b}{a} \leq x \leq \dfrac{2-b}{a}$

$\dfrac{-2-b}{a} = -2,\ \dfrac{2-b}{a} = 4$

$-2 - b = -2a,\ 2 - b = 4a$

$\therefore a = \dfrac{4}{6} \quad b = -\dfrac{4}{6}$

$a < 0$일 때, $\dfrac{-2-b}{a} \geq x \geq \dfrac{2-b}{a}$

$$\frac{2-b}{a}=-2, \quad \frac{-2-b}{a}=4$$

$$2-b=-2a, \quad -2-b=4a$$

$$\therefore a=-\frac{4}{6}\ b=\frac{4}{6}$$

$$\therefore (a,\ b)=(\frac{4}{6},\ -\frac{4}{6}),\ (-\frac{4}{6},\ \frac{4}{6})$$

② 1차 부등식

x에 대한 부등식에서 그 부등식을 만족시키는 x의 값을 부등식의 해라고 하고, 해를 구하는 것을 그 부등식을 푼다고 한다.

- 1차 부등식 $ax>b$의 해법

① $a>0$일 때 $x>\dfrac{b}{a}$ ⇐ 부등호 방향은 그대로

② $a<0$일 때 $x<\dfrac{b}{a}$ ⇐ 부등호 방향은 반대로

③ $a=0$일 때 $\begin{cases} b\geqq 0\text{이면 해가 없다.} \\ b<0\text{이면 } x\text{는 모든 실수 값} \end{cases}$

···【예제 17】··

1차 부등식 $\dfrac{x+3}{2}>2x-3$ 을 풀어라.

풀이 양변에 2를 곱하면, $x+3>4x-6 \quad \therefore -3x>-9$

양변을 -3으로 나누면, $\therefore x<3$

···【예제 18】··

부등식 $ax+4>2x+4a$ 를 풀어라.

풀이 $ax-2x>4a-4$

$(a-2)x>4(a-1)$

① $a-2>0$일 때, $x>\dfrac{4(a-1)}{a-2}$

② $a-2<0$일 때, $x<\dfrac{4(a-1)}{a-2}$

③ $a-2=0$일 때, $0\cdot x>4$이므로 해가 없다.

1) 절대 값을 포함한 1차 부등식

x의 절대 값 $|x|$는 원점으로부터 점 x까지의 거리를 나타낸다. 이를테면 부등식 $|x| < 1$은 점 x가 두 점 -1, 1 사이에 있음을 뜻한다.

즉, $|x| < 1 \iff -1 < x < 1$

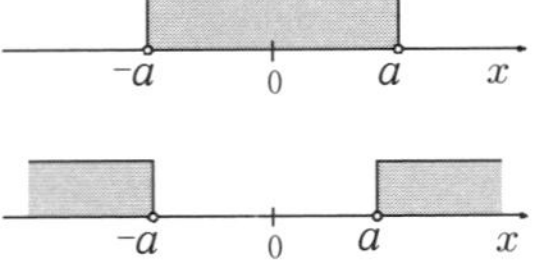

$$|x| < a \iff -a < x < a$$
$$|x| > a \iff x < -a \text{ 또는 } x > a$$

【예제 19】

다음 부등식을 풀어라.

(1) $|2x-5| < 3$　　　　　　　　　　(2) $|2x-3| \geqq 7$

풀이 (1) $-3 < 2x-5 < 3$, $2 < 2x < 8$

　　　$\therefore 1 < x < 4$

(2) $2x-3 \leqq -7$ 또는 $2x-3 \geqq 7$

　　$2x \leqq -4$ 또는 $2x \geqq 10$

　　$\therefore x \leqq -2$ 또는 $x \geqq 5$

【예제 20】

다음 부등식을 풀어라.

(1) $|2x-1| < 5$　　　　　　(2) $3 \leqq |x-2| < 5$　　　　　　(3) $|x+2| + |x-4| > 8$

풀이 (1) $2x-1 \geqq 0$, $x \geqq \dfrac{1}{2}$ 일 때 : $2x-1 < 5$에서 $x < 3$

　　$2x-1 < 0$, $x < \dfrac{1}{2}$ 일 때 : $-(2x-1) < 5$에서 $x > -2$

　　$\therefore -2 < x < 3$

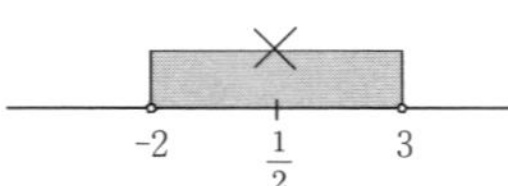

(2) $x-2 \geqq 0$, $x \geqq 2$일 때 : $3 \leqq x-2 < 5$에서 $5 \leqq x < 7$

　　$x-2 < 0$, $x < 2$일 때 : $3 \leqq -(x-2) < 5$에서 $-3 < x \leqq -1$

　　$\therefore 5 \leqq x < 7$ 또는 $-3 < x \leqq -1$

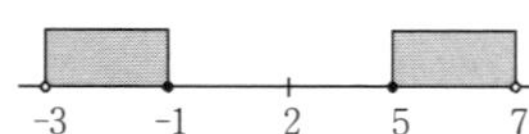

(3) $x < -2$일 때 : $-(x+2)-(x-4) > 8$, $x < -3$ 적합

　　$-2 \leqq x < 4$: $(x+2)-(x-4) > 8$, $0 \cdot x > 2$ 부적합

$x \geq 4 \ : \ (x+2)+(x-4)>8, \ x>5$ 적합

$\therefore x < -3$ 또는 $x > 5$

2) 부등식의 사칙연산

x, y의 값의 범위가 $a < x < b$이고 $c < y < d$일 때

① 덧셈

$$
\begin{array}{r}
a < \quad x \quad < b \\
+) \quad c < \quad y \quad < d \\
\hline
a+c < x+y < b+d
\end{array}
$$

② 뺄셈

$$
\begin{array}{r}
a < \quad x \quad < b \\
-) \quad c < \quad y \quad < d \\
\hline
a-d < x-y < b-c
\end{array}
$$

※ 등호가 있는 것과 없는 것의 계산

등호가 x, y 모두에 존재하는 경우에만 연산결과에 등호가 나타난다.

③ 곱셈

$$
\begin{array}{r}
a < x < b \\
\times) \quad c < y < d \\
\hline
\end{array}
$$

(최소 값) $< xy <$ (최대 값)

(ac, ad, bc, bd 중에서)

④ 나눗셈

$$
\begin{array}{r}
a < x < b \\
\div) \quad c < y < d \\
\hline
\end{array}
$$

(최소 값) $< \dfrac{x}{y} <$ (최대 값)

$\left(\dfrac{a}{c}, \ \dfrac{a}{d}, \ \dfrac{b}{c}, \ \dfrac{b}{d} \ \text{중에서} \right)$

···【예제 21】···

$-2 < x \leq 4$, $1 < y \leq 2$일 때, 다음 식의 값의 범위를 구하라.

(1) $x+y$ (2) $x-y$ (3) xy (4) $\dfrac{x}{y}$

···

풀이 (1) $-1 < x+y \leq 6$

(2) $-4 < x-y < 3$

(3) $-4 < xy \leq 8$

   $(-2, -4, 4, 8)$

(4) $-2 < \dfrac{x}{y} \leq 4$

   $(-2, -1, 4, 2)$

2) 연립 부등식

2개 이상의 부등식을 한 묶음으로 한 것을 연립 부등식이라 하며, 연립 부등식은 각각의 부등식을 푼 다음 그들의 공통 범위를 구하면 된다.

··· 【예제 22】 ··

다음 연립 1차 부등식을 구하라.

$$\begin{cases} 5x+2 \;>\; 3x+10 \quad \cdots\cdots ① \\ 6-3x \;>\; 2x-24 \quad \cdots\cdots ② \end{cases}$$

풀이 ① 에서 $2x-8>0$ $\quad \therefore x>4$

② 에서 $-5x+30>0$ $\quad \therefore x<6$

따라서, 구하는 해는 $4<x<6$

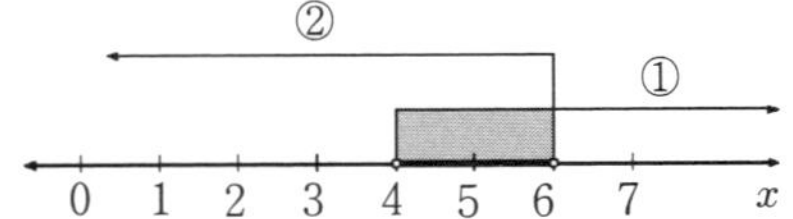

··· 【예제 23】 ··

다음 연립 1차 부등식을 구하라.

$$(1)\;\begin{cases} \dfrac{x-1}{2} < \dfrac{x+1}{3} \quad \cdots\cdots ① \\ \dfrac{x+1}{3} > \dfrac{x+2}{4} \quad \cdots\cdots ② \end{cases}$$

$(2)\;5x-2<2x+1<3x+2$

풀이 (1) ①에서 $3(x-1)<2(x+1)$ $\qquad \therefore x<5 \cdots\cdots ③$

②에서 $4(x+1)>3(x+2)$ $\qquad \therefore x>2 \cdots\cdots ④$

$\therefore$ ③, ④에서 $2<x<5$

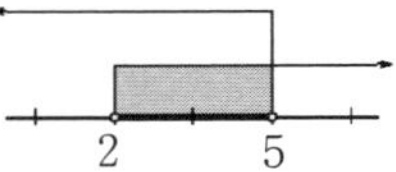

(2) $A<B<C \Rightarrow A<B$와 $B<C$ 의 공통범위

$5x-2<2x+1 \cdots\cdots ①,$ $\qquad 2x+1<3x+2 \cdots\cdots ②$

$3x<3 \qquad \therefore x<1 \cdots\cdots ③$ $\qquad \therefore x>-1 \cdots\cdots ④$

$\therefore$ ③, ④에서 $-1<x<1$

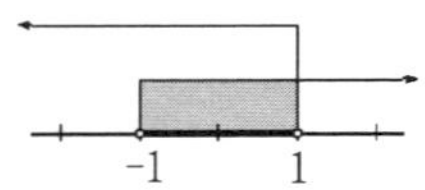

③ 2차 부등식

부등식에서 우변의 항을 모두 이항하였을 때, 좌변이 x에 관한 2차식이 되는 경우 그 부등식을 x에 대한 2차 부등식이라고 한다.

··· 【예제 24】 ··

다음 2차 부등식을 풀어라.

$(1)\;x^2+2x-15>0$ $\qquad\qquad (2)\;x^2+2x-15<0$

풀이 두 2차 부등식의 좌변을 인수분해하면, $x^2+2x-15=(x+5)(x-3)$

좌변 식의 부호는 다음 표와 같이 x의 값의 범위에 따라 두 인수 $x+5$, $x-3$의 부호로서 정해진다.

x의 범위	$x < -5$	$x = -5$	$-5 < x < 3$	$x = 3$	$x > 3$
$x + 5$	$-$	0	$+$	$+$	$+$
$x - 3$	$-$	$-$	$-$	0	$+$
$(x+5)(x-3)$	$+$	0	$-$	0	$+$

$\therefore$ 구하는 해는 (1) $x^2 + 2x - 15 > 0 \Rightarrow x < -5$ 또는 $x > 3$

(2) $x^2 + 2x - 15 < 0 \Rightarrow -5 < x < 3$

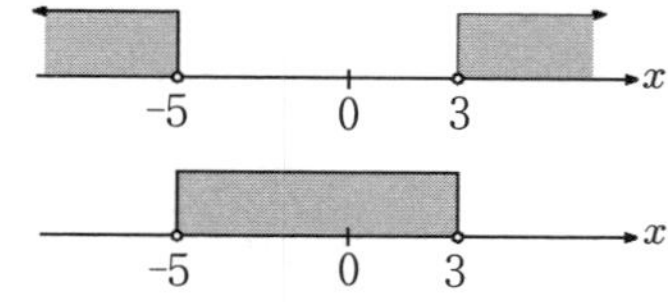

● 2차 부등식의 해법(D>0인 경우)

2차 방정식 $ax^2 + bx + c = 0\,(a>0)$이 서로 다른 두 실근 $\alpha,\ \beta\,(\alpha < \beta)$를 가질 때

① $ax^2 + bx + c > 0$, 즉 $a(x-\alpha)(x-\beta) > 0$ 의 해는 $x < \alpha$ 또는 $x > \beta$

② $ax^2 + bx + c < 0$, 즉 $a(x-\alpha)(x-\beta) < 0$ 의 해는 $\alpha < x < \beta$

【예제 25】

다음 2차 부등식을 풀어라.

(1) $4x + 15 \leq 3x^2$ 　　　　　　　 (2) $-2x^2 + 6x - 1 > 0$

풀이 (1) 이항하여 정리하면, $3x^2 - 4x - 15 \geq 0$

좌변을 인수분해하면, $(x-3)(3x+5) \geq 0$ 　 $\therefore x \leq -\dfrac{5}{3}$ 또는 $x \geq 3$

(2) 양변에 -1을 곱하면, $2x^2 - 6x + 1 < 0$ 부등호의 방향이 바뀜에 주의

$$2x^2 - 6x + 1 = 0 \text{의 해는 } x = \frac{-(-6) \pm \sqrt{(-6)^2 - (4 \cdot 2 \cdot 1)}}{2 \times 2} = \frac{3 \pm \sqrt{7}}{2}$$

따라서, 주어진 부등식은 $2\left(x - \dfrac{3 - \sqrt{7}}{2}\right)\left(x - \dfrac{3 + \sqrt{7}}{2}\right) < 0$

$$\therefore \ \frac{3 - \sqrt{7}}{2} < x < \frac{3 + \sqrt{7}}{2}$$

● 2차 부등식의 해법($D=0$인 경우)

① $a(x-\alpha)^2 > 0 \ \Rightarrow \ x$는 $x \neq \alpha$인 모든 실수

② $a(x-\alpha)^2 < 0 \ \Rightarrow \ $ 해가 없다

③ $a(x-\alpha)^2 \geq 0 \ \Rightarrow \ x$는 모든 실수

④ $a(x-\alpha)^2 \leq 0 \ \Rightarrow \ x = \alpha$

【예제 26】

다음 2차 부등식을 풀어라.

(1) $x^2 + 6x + 9 > 0$　　　　　　　　(2) $x^2 - 8x + 16 < 0$

풀이 (1) $(x+3)^2 > 0$　　　　∴ $x \neq -3$인 모든 실수

(2) $(x-4)^2 < 0$　　　　∴ 해가 없다.

- 2차 부등식의 해법(D<0인 경우, $a > 0$)

주어진 2차 방정식을 완전 제곱꼴로 고친다.

① $ax^2 + bx + c > 0$의 해는 모든 실수

② $ax^2 + bx + c < 0$의 해는 없다.

③ $ax^2 + bx + c \geq 0$의 해는 모든 실수

④ $ax^2 + bx + c \leq 0$의 해는 없다.

【예제 27】

다음 2차 부등식을 구하라.

(1) $x^2 - x + 1 \geq 0$　　　　　　　　(2) $x^2 - x + 2 < 0$

풀이 (1) $(x - \frac{1}{2})^2 + \frac{3}{4} \geq 0$　∴ 모든 실수　　　(2) $(x - \frac{1}{2})^2 + \frac{7}{4} < 0$　　∴ 해는 없다.

【예제 28】

다음 연립 2차 부등식을 구하라.

(1) $\begin{cases} x^2 + 3x - 10 > 0 \\ x^2 + x - 2 > 0 \end{cases}$　　　(2) $\begin{cases} x^2 - x + 1 \geq 0 \\ 2x^2 - 5x + 4 > 0 \end{cases}$　　　(3) $-x + 6 < x^2 < 3x + 4$

풀이 (1) $x^2 + 3x - 10 > 0$에서 $(x-2)(x+5) > 0$이므로

$x < -5$ 또는 $x > 2 \cdots\cdots$ ①

$x^2 + x - 2 > 0$에서 $(x-1)(x+2) > 0$ 이므로

$x < -2$ 또는 $x > 1 \cdots\cdots$ ②

∴ ①, ②를 동시에 만족하는 해

$x < -5$ 또는 $x > 2$

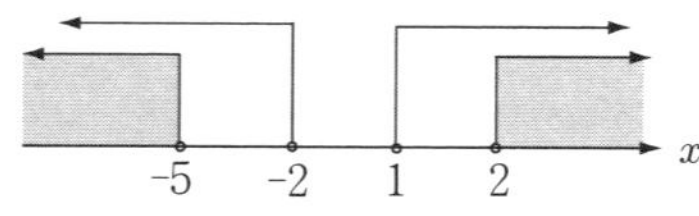

(2) $x^2 - x + 1 \geq 0$의 해는 $(x - \frac{1}{2})^2 + \frac{3}{4} \geq 0$ 이므로 x의 모든 실수 $\cdots\cdots$ ①

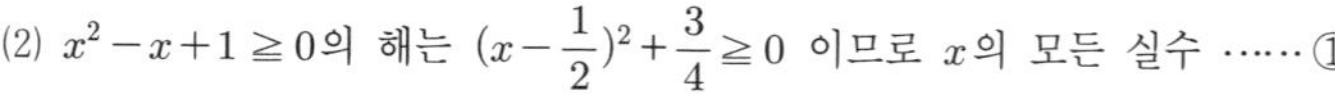

$2x^2-5x+4>0$을 완전 제곱꼴로 고치면

$2(x-\dfrac{5}{4})^2+\dfrac{7}{8}>0$ x는 모든 실수……②

∴①, ②를 동시에 만족하는 해 : x는 모든 실수

(3) $-x+6<x^2$에서 : $x^2+x-6>0$

$\qquad\qquad (x+3)(x-2)>0$에서

$\qquad\qquad x<-3$ 또는 $x>2$……①

$x^2<3x+4$에서 : $x^2-3x+4<0$

$\qquad\qquad (x-4)(x+1)<0 \qquad -1<x<4$……②

$\qquad\qquad$∴①, ②를 동시에 만족하는 해 : $2<x<4$

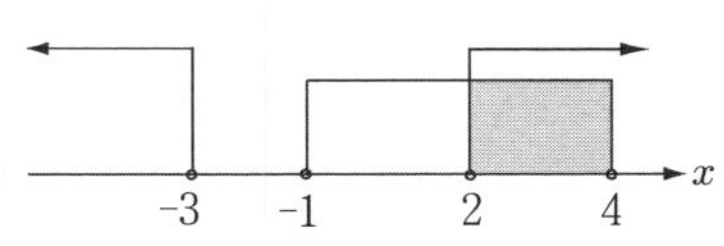

····【예제 29】···

다음 부등식을 구하라.

(1) $|x^2-2x-4|<4$ $\qquad$ (2) $|x^2+2x-3|>5$ $\qquad$ (3) $x^2-2x-4>2|x-2|$

풀이 (1) $|x^2-2x-4|<4$에서

$\qquad -4<x^2-2x-4<4$

$\qquad -4<x^2-2x-4$……① $\qquad\qquad\qquad x^2-2x-4<4$……②

①에서 $x^2-2x>0$ $\qquad\qquad\qquad$ ②에서 $x^2-2x-8<0$

$\qquad x(x-2)>0$ $\qquad\qquad\qquad\qquad\qquad (x+2)(x-4)<0$

$\qquad ∴x<0,\ x>2$……③ $\qquad\qquad\qquad\quad ∴-2<x<4$……④

③, ④동시에 만족시키는 범위 : $-2<x<0,\ 2<x<4$

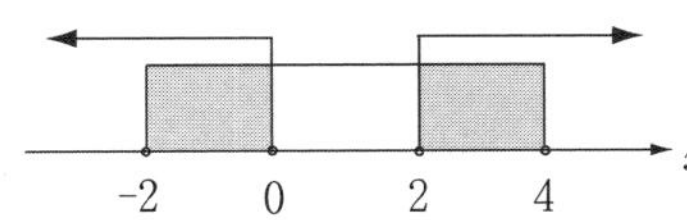

(2) $|x^2+2x-3|>5$에서

$\qquad x^2+2x-3>5$……①, $\qquad\qquad\qquad x^2+2x-3<-5$……②

①에서 $x^2+2x-8>0$ $\qquad\qquad\qquad$ ②에서 $x^2+2x+2<0$

$\qquad (x+4)(x-2)>0$ $\qquad\qquad\qquad\qquad\qquad (x+1)^2+1<0$

$\qquad ∴x<-4,\ x>2$ $\qquad\qquad\qquad\qquad\quad ∴$ 해가 없다.

(3) $x^2-2x-4>2|x-2|$에서

· $x\geqq2$ 일 때 $\qquad\qquad\qquad\qquad\qquad$ · $x<2$ 일 때

$|x-2|=x-2$ $\qquad\qquad\qquad\qquad\qquad |x-2|=-(x-2)$

따라서, $x^2-2x-4>2(x-2)$ $\qquad\qquad$ 따라서, $x^2-2x-4>-2(x-2)$

즉, $x^2-4x>0 \to x(x-4)>0$ $\qquad\qquad$ 즉, $x^2-8>0 \to (x+2\sqrt{2})(x-2\sqrt{2})>0$

$∴\ x<0,\ x>4$ $\qquad\qquad\qquad\qquad\qquad ∴\ x<-2\sqrt{2},\ x>2\sqrt{2}$

조건에서 $x\geqq2$ 이므로 $x>4$……① $\qquad$ 조건에서 $x<2$ 이므로 $x<-2\sqrt{2}$……②

①, ②에서 $x<-2\sqrt{2},\ x>4$

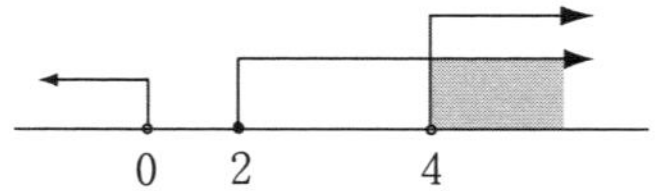 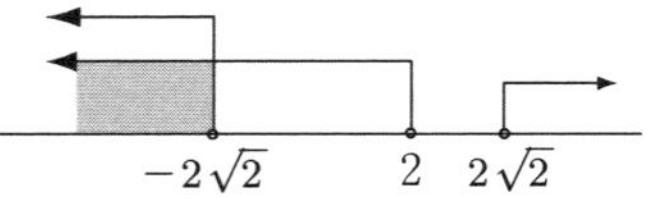

연 습 문 제

1. 1차 방정식 $0.05 + 0.28x = 0.2x - 0.35$ 를 풀어라.

☞ (양변×100)

2. 다음 2차 방정식을 풀어라.

   (1) $2x^2 + 3x - 2 = 0$ (2) $x^2 + 6x - 10 = 0$

☞ (1) 인수분해를 이용한다.
   (2) 인수분해가 안 되면 근의
       공식을 사용한다.

3. 가로, 세로의 길이가 각각 12m, 10m인 대지에 그림과 같이 폭이 일정한 ㄱ자 모양의 도로를 만들어 땅의 넓이가 100m² 로 되게 하려고 한다. 길의 폭을 몇 m로 해야 하는지 구하라.

☞ 길의 폭을 x 라고 하면,
   $(12-x)(10-x)=100$

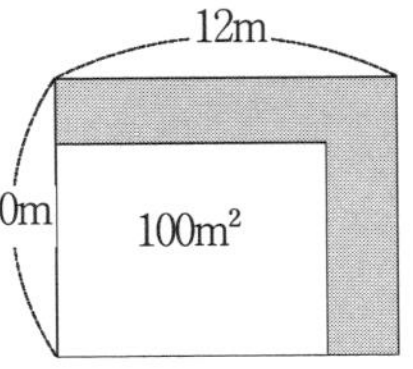

4. 3차 방정식 $x^3 - 10x^2 + 24x - 15 = 0$ 을 풀어라.

☞ 인수정리와 조립제법을 이용한다.

5. 다음 연립 방정식을 풀어라.

(1) $\begin{cases} x - y = 1 \\ 3x + 2y = 3 \end{cases}$

(2) $\begin{cases} 2x - 3y + z = 3 \\ x + 2y - z = 1 \\ 3x + y - 2z = 6 \end{cases}$

(3) $\begin{cases} 2x + y = 5 \\ x^2 + y^2 = 10 \end{cases}$

☞ (1) 가감법, 대입법, 등치법
(2) 한 미지수를 소거하여 미지수 2개인 1차 연립방정식으로 고친다.
(3) 1차방정식을 한 미지수에 대하여 정리한 것을 다른 식에 대입한다.

6. 대각선의 길이가 10m인 직사각형 모양의 토지가 있다. 이 토지의 가로의 길이는 2m 늘이고, 세로의 길이는 1m 줄였더니 그 넓이가 8m²증가하였다. 이때, 처음 토지의 가로, 세로의 길이를 각각 구하라.

☞ 가로, 세로의 길이를 각각 x, y라고 하면
$$\begin{cases} x^2 + y^2 = 10^2 \\ (x+2)(y-1) = xy + 8 \end{cases}$$

7. 다음 방정식을 풀어라.

(1) $\dfrac{x+1}{x} - \dfrac{6x}{x+1} = 1$

(2) $\sqrt{x-1} = x - 3$

☞ (1) 분모의 최소 공배수를 양변에 곱한다.
(2) 해를 구한 다음, 근의 만족 여부를 확인한다.

8. 다음 1차 부등식을 풀어라.

(1) $\dfrac{3}{4}x - \dfrac{2x-11}{6} \geqq 1$

(2) $|x+1| \geqq 3$

☞ (1) 양변에 12를 곱한다.
(2) $x+1 \leqq -3$ 또는 $x+1 \geqq 3$

9. 연립 1차부등식 $\begin{cases} x - 2 \leqq 5 \\ 2x + 7 > 3 \end{cases}$ 을 구하라.

☞ 경계의 점이 포함되는가, 안 되는 가에 주의한다.

10. 다음 2차 부등식을 풀어라.

(1) $-x^2 + 3x - 1 \geqq 0$

(2) $x^2 - \dfrac{7}{12}x - \dfrac{5}{6} > 0$

☞ (1) 양변에 −1을 곱하여 양수로 고친 다음 푼다. → 부등식의 방향이 반대가 되므로 주의한다.
(2) 양변에 12를 곱한다.
$(x-\alpha)(x-\beta) > 0$
$\Leftrightarrow x < \alpha$ 또는 $x > \beta$

제3장

도형의 방정식

제3장

도형의 방정식

1. 점과 좌표

원점 0을 지나는 가로의 직선을 X축, 세로의 축을 Y축이라고 하며,
평면 위의 점 P에 대응하는 (x, y)를 P의 좌표라고 한다.

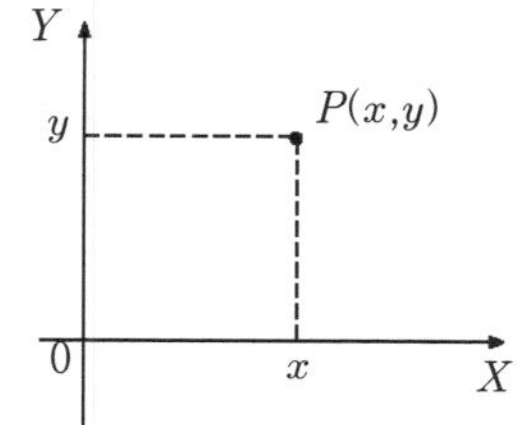

- 직선 위의 두 점 사이의 거리

  두 점 $A(x_1)$, $B(x_2)$ 사이의 거리 $\overline{AB}$ 는

  $$\overline{AB} = |x_2 - x_1|$$

- 평면 위의 두 점 사이의 거리

  두 점 $A(x_1, y_1)$, $B(x_2, y_2)$ 사이의 거리 $\overline{AB}$ 는

  $$\overline{AB} = \sqrt{(x_2 - x_1)^2 + (y_2 - y_1)^2}$$

- AB의 중점 : $\dfrac{x_2 + x_1}{2}, \dfrac{y_2 + y_1}{2}$

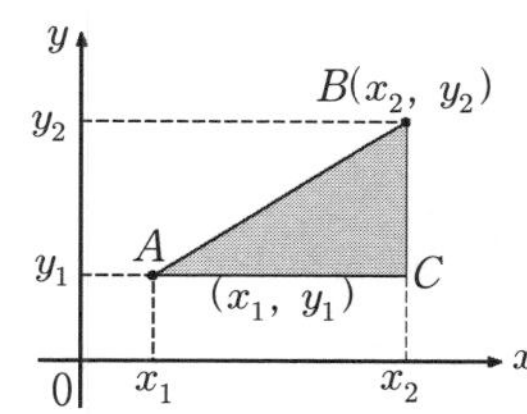

【예제 1】

평면상의 측량점 A, B의 좌표가 $(x_1 = 50\text{m}, y_1 = 90\text{m})$, $(x_2 = -70\text{m}, y_2 = -120\text{m})$ 일 때, 두 점 사이의 평면 거리를 구하라.

풀이 $A(50, 90)$, $B(-70, -120)$

∴ 두 점 사이의 거리는

$$\overline{AB} = \sqrt{(-70-50)^2 + (-120-90)^2} = 241.87\text{m}$$

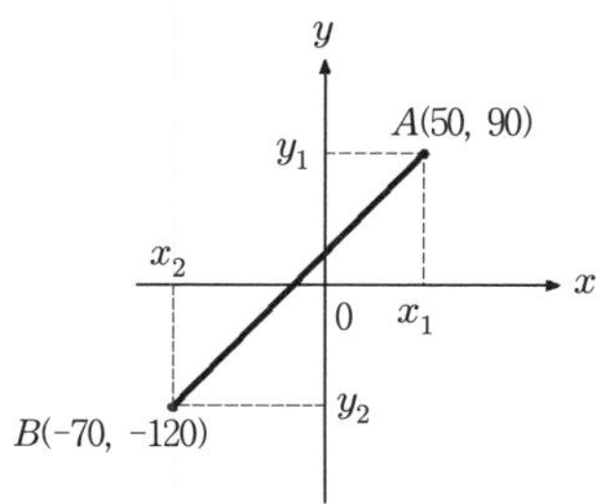

2. 직선의 방정식

1) 직선의 방정식

- 축에 평행한 직선의 방정식
  - 점 $A(x_1, y_1)$을 지나고 x축에 평행한 직선의 방정식 : $y = y_1$
  - 점 $A(x_1, y_1)$을 지나고 y축에 평행한 직선의 방정식 : $x = x_1$

    [y축의 방정식 $\Leftrightarrow x = 0$, x축의 방정식 $\Leftrightarrow y = 0$]

- 기울기가 a이고, y절편(y축과 만나는 점)이 b인 직선의 방정식

  $\rightarrow y = ax + b$

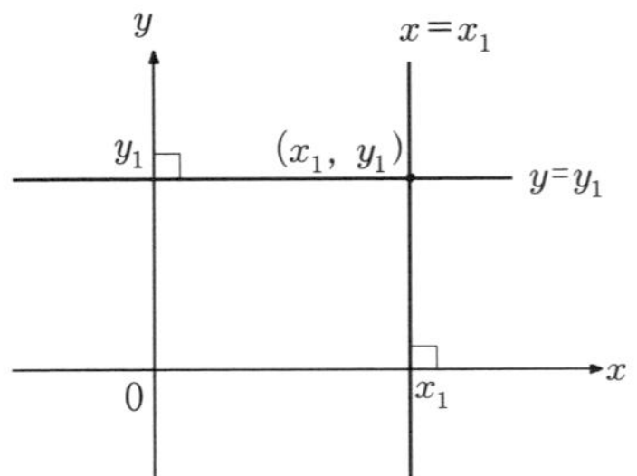
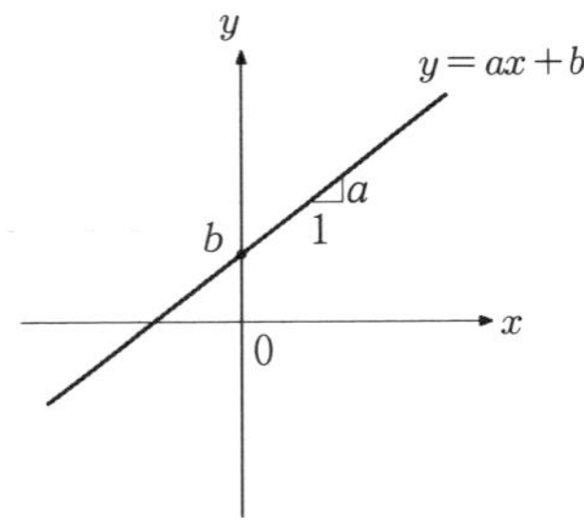

- 기울기가 m이고 점 $A(x_1, y_1)$을 지나는 직선의 방정식

  $y - y_1 = m(x - x_1)$

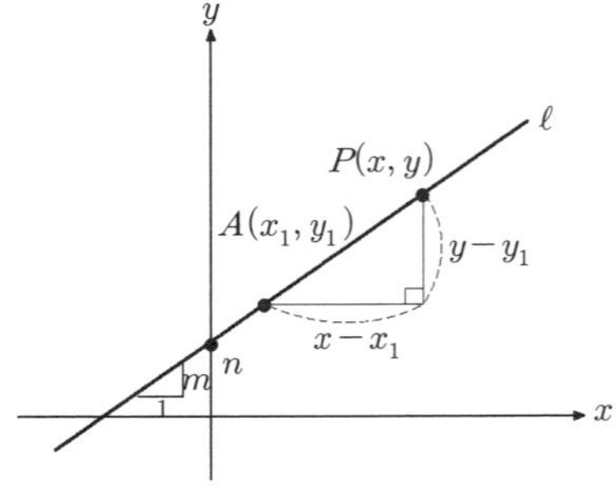

증명　점 $A(x_1, y_1)$을 지나고 기울기가 m인 직선 ℓ의 y절편을 n이라 하면

$$y = mx + n \cdots\cdots ①$$

①은 점 (x_1, y_1)을 지나므로

$$y_1 = mx_1 + n \qquad\qquad \therefore n = y_1 - mx_1 \cdots\cdots ②$$

②를 ①에 대입하면

$$\therefore y - y_1 = m(x - x_1)$$

● 두 점 $A(x_1 , y_1)$, $B(x_2 , y_2)$ 를 지나는 직선의 방정식

직선의 기울기 : $m = \dfrac{y_2 - y_1}{x_2 - x_1}$

· $x_1 \neq x_2$ 일 때 $y - y_1 = \dfrac{y_2 - y_1}{x_2 - x_1}(x - x_1)$ · $x_1 = x_2$ 일 때 $x = x_1$

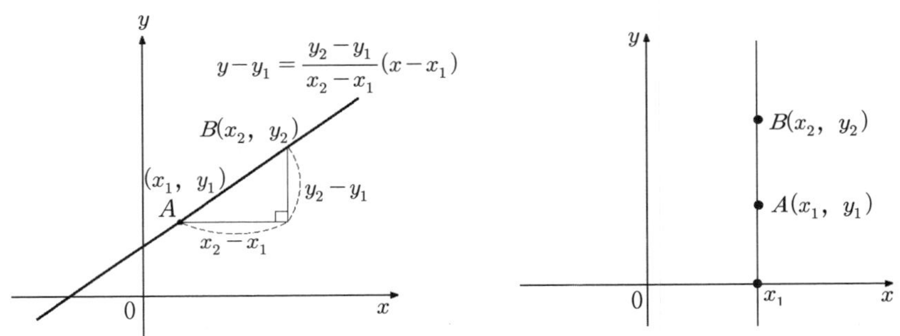

● x절편이 a이고, y절편이 b인 직선방정식(단, $ab \neq 0$)

$$\dfrac{x}{a} + \dfrac{y}{b} = 1$$

증명 x절편이 a이고 y절편이 b인 직선의 방정식을 두 점 $(a, 0)$, $(0, b)$를 지나는 직선의 방정식

$$y - y_1 = \dfrac{y_2 - y_1}{x_2 - x_1}(x - x_1) \text{에서} \quad y - 0 = \dfrac{b - 0}{0 - a}(x - a)$$

양변에 b로 나누면 $\dfrac{y}{b} = \dfrac{-x}{a} + 1$ $\qquad \therefore \dfrac{x}{a} + \dfrac{y}{b} = 1$

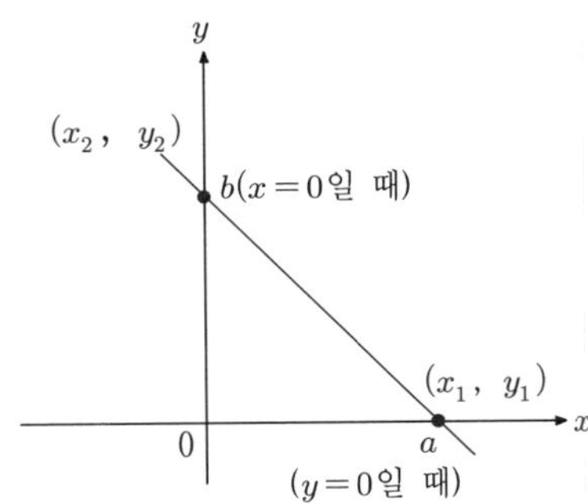

【예제 2】

두 점 $A(-2,\ 2)$, $B(5,\ 5)$에서 같은 거리에 있는 x축 위의 점 P와 y축 위의 점 Q의 좌표를 구하라.

풀이 x축 위의 점 : $(a, 0)$, y축 위의 점 : $(0, b)$

P, Q의 좌표를 각각 $(a, 0)$, $(0, b)$라 하라.

$\overline{AP} = \overline{BP}$에서

$$\sqrt{(a+2)^2 + (2)^2} = \sqrt{(5-a)^2 + (5)^2}$$

양변제곱하면

$$(a+2)^2 + 4 = (5-a)^2 + 25$$

$$14a = 42$$

$$\therefore a = 3 \qquad\qquad 따라서\ \ P(3, 0)$$

$\overline{AQ} = \overline{BQ}$에서

$$\sqrt{2^2 + (b-2)^2} = \sqrt{(5)^2 + (b-5)^2}$$

양변제곱하면

$$4 + (b-2)^2 = 25 + (b-5)^2$$

$$6b = 42$$

$$\therefore b = 7 \qquad\qquad 따라서\ \ Q(0, 7)$$

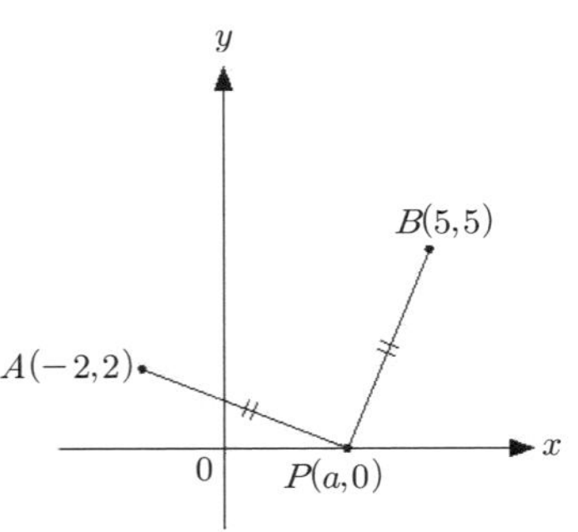

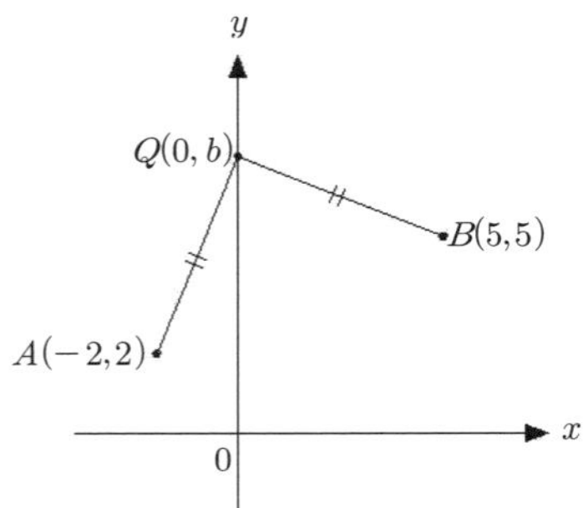

【예제 3】

두점 $A(3,\ -3)$, $B(4,\ 4)$에서 같은 거리에 있는 직선 $x+2y=2$ 위의 점 P의 좌표를 구하라.

풀이   점 P의 좌표를 (a, b)라 하면

$P(a, b)$는 직선 $x+2y=2$ 위에 있다.

따라서,

$a + 2b = 2 \cdots\cdots$ ①

점 P는 A, B에서 같은 거리에 있으므로

$$\overline{PA}^2 = \overline{PB}^2$$

$$\sqrt{(3-a)^2 + (-3-b)^2} = \sqrt{(4-a)^2 + (4-b)^2}$$

양변제곱하면

$$(3-a)^2 + (3+b)^2 = (4-a)^2 + (4-b)^2$$

$$\therefore a + 7b = 7 \cdots\cdots ②$$

따라서 ①, ②연립하면

$$a = 0,\ \ b = 1 \qquad\qquad \therefore P(0,\ 1)$$

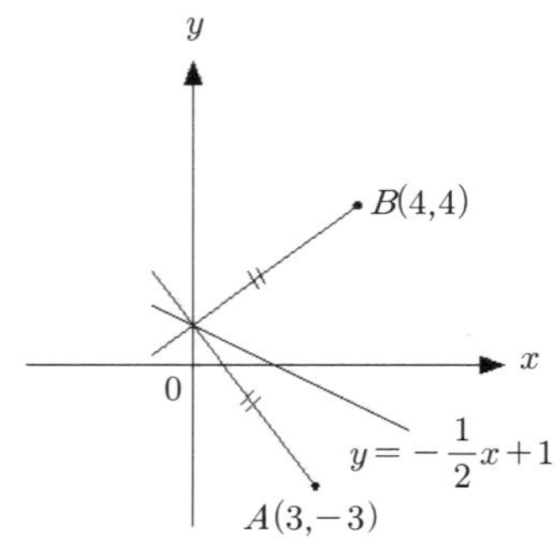

【예제 4】

철근의 인장시험 결과 다음과 같은
응력-변형률 곡선을 얻었다.
이 직선을 수식으로 나타내어라.
(단, 직선의 기울기를 E(탄성계수)라 한다.)

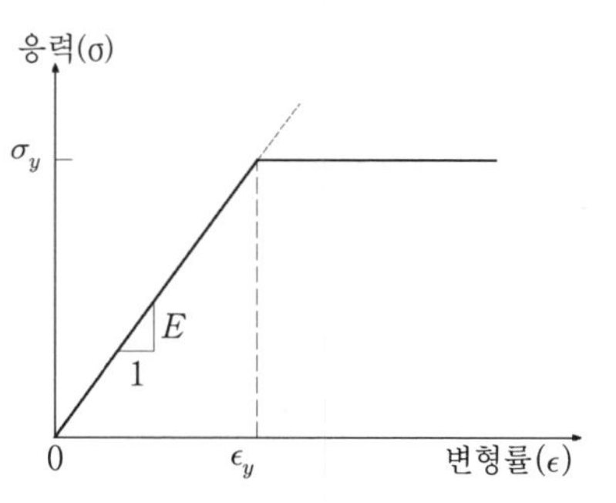

풀이 (1) $\epsilon < \epsilon_y$ 구간

기울기가 a이고 y절편이 b인 직선의 방정식은 $y = ax + b$이다.

y절편은 원점(0)이고, x축은 ϵ, y축은 σ이므로,

$\sigma = E \cdot \epsilon$ …… 후크의 법칙(응력과 변형률은 비례하며, 그 비례상수는 E이다.)

(2) $\epsilon \geq \epsilon_y$ 구간

점(ϵ_y, σ_y)를 지나고 $x(\epsilon)$ 축에 평행한 직선의 방정식은 $\sigma = \sigma_y$

【예제 5】

다음 직선의 방정식을 구하라.

(1) 점 $(5, -1)$을 지나고 기울기가 $\dfrac{2}{5}$인 직선의 방정식

(2) 두 점 $(-3, 1)$, $(2, -4)$를 지나는 직선의 방정식

풀이 (1) $y - y_1 = m(x - x_1)$에서 $m = \dfrac{2}{5}$, $x_1 = 5$, $y_1 = -1$ 이므로,

$$y - (-1) = \frac{2}{5}(x - 5) \quad \therefore y = \frac{2}{5}x - 3$$

(2) $y - y_1 = \dfrac{y_2 - y_1}{x_2 - x_1}(x - x_1)$에서 $x_1 = -3$, $y_1 = 1$, $x_2 = 2$, $y_2 = -4$ 이므로,

$$y - 1 = \frac{-4 - 1}{2 - (-3)}\{x - (-3)\} \quad \therefore y = -x - 2$$

2) 두 직선의 평행과 수직

두 직선 $y = m_1 x + b_1$, $y = m_2 x + b_2$에 있어서

· 평행 조건 $\Leftrightarrow m_1 = m_2$ (단, $b_1 \neq b_2$)

· 수직 조건 $\Leftrightarrow m_1 m_2 = -1$

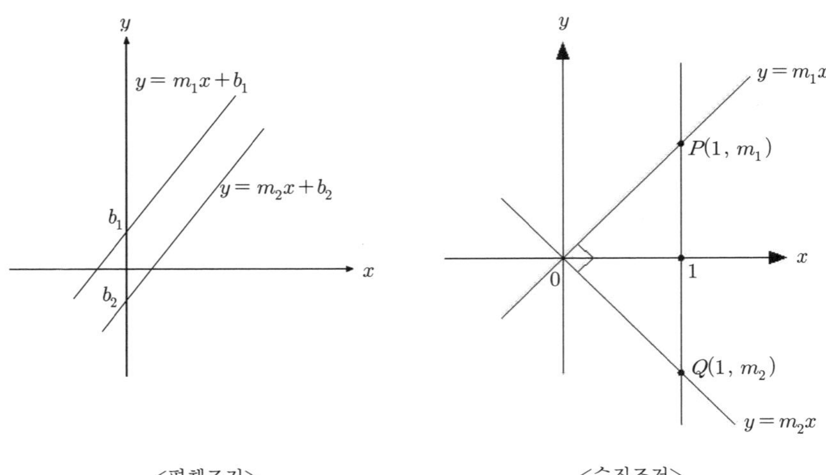

<평행조건>   <수직조건>

수직조건에 대해 증명하면 다음과 같다.

· 수직 조건 $m_1 \cdot m_2 = -1$

· 원점을 지나고 서로 수직인 두 직선을 $y = m_1 x$, $y = m_2 x$라 하고, 직선 $x = 1$
과 만나는 교점을 $P(1, m_1)$, $Q(1, m_2)$라면

$$\overline{OP^2} + \overline{OQ^2} = \overline{PQ^2}$$

이때 $(\overline{OP^2}) = 1 + m_1{}^2$, $(\overline{OQ^2}) = 1 + m_2{}^2$, $(\overline{PQ^2}) = (m_1 - m_2)^2$이므로

$$1 + m_1{}^2 + 1 + m_2{}^2 = (m_1 - m_2)^2 = m_1{}^2 - 2m_1 m_2 + m_2{}^2$$

$$\therefore \ m_1 \cdot m_2 = -1$$

따라서 두 직선이 수직이면 기울기(m_1)×기울기(m_2)=-1

【예제 6】

직선 l의 방정식이 $2x-3y+5=0$일 때, 점$(2,\ 1)$ 지나 l에 수직인 직선의 방정식을 구하라.

풀이 직선 l의 기울기는 $\dfrac{2}{3}$이므로 l에 수직인 직선의 기울기를 m이라고 하면

$$\frac{2}{3}\cdot m=-1 \ \ 즉, \ m=-\frac{3}{2} \ \ \therefore y-1=-\frac{3}{2}(x-2) \ \rightarrow \ 3x+2y-8=0$$

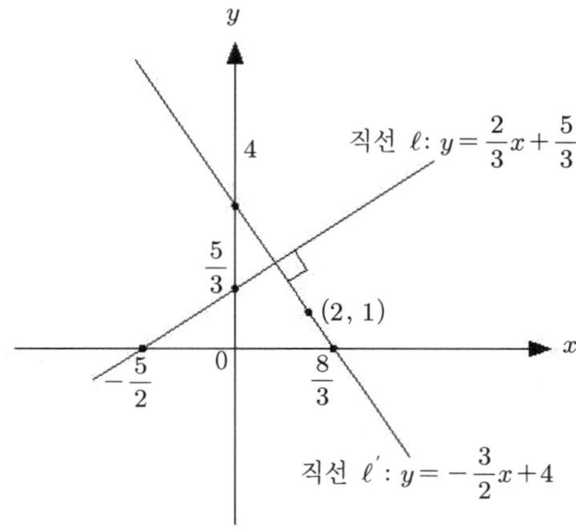

3) 점과 직선 사이의 거리

점$(x_1,\ y_1)$으로부터 직선 $ax+by+c=0$까지의 거리를 d라 하면

$$d=\frac{|ax_1+by_1+c|}{\sqrt{a^2+b^2}}$$

증명 한 점 P에서 직선 l에 그은 수선의 발을 H라고 할 때, 점 P와 직선 l사이의 거리는 선분 PH의 길이이다.

$a\neq0,\ b\neq0$, 즉 직선 l이 x축 또는 y축에 평행하지 않을 때, 점 $P(x_1,\ y_1)$에서 직선 l에 내린 수선의 발을 $H(x_2,\ y_2)$라고 하면 직선 l의 기울기가 $-\dfrac{a}{b}$이고 $(\overline{PH})$와 l은 서로 수직이므로

$$\left(\frac{y_2 - y_1}{x_2 - x_1}\right) \times \left(-\frac{a}{b}\right) = -1$$

$$\therefore \frac{x_2 - x_1}{a} = \frac{y_2 - y_1}{b}$$

이 식의 값을 k로 놓으면

$$x_2 - x_1 = ak, \quad y_2 - y_1 = bk \quad \cdots\cdots\cdots\cdots\cdots ①$$

따라서, $(\overline{PH}) = \sqrt{(x_2 - x_1)^2 + (y_2 - y_1)^2}$

$$= \sqrt{k^2(a^2 + b^2)} = |k|\sqrt{a^2 + b^2} \quad \cdots\cdots\cdots ②$$

또, $H(x_2, y_2)$가 직선 l위의 점이므로

$$ax_2 + by_2 + c = 0$$

①에서 $x_2 = x_1 + ak,\ y_2 = y_1 + bk$ 이므로

$$a(x_1 + ak) + b(y_1 + bk) + c = 0$$

$$\therefore k = -\frac{ax_1 + by_1 + c}{a^2 + b^2} \quad \cdots\cdots\cdots\cdots\cdots ③$$

③을 ②에 대입하면

$$(\overline{PH}) = \left| -\frac{ax_1 + by_1 + c}{a^2 + b^2} \right| \sqrt{a^2 + b^2}$$

$$= \frac{|ax_1 + by_1 + c|}{\sqrt{a^2 + b^2}} \quad \cdots\cdots\cdots\cdots\cdots ④$$

···· 【예제 7】 ··

점 (6, 5)와 직선 $4x + 3y - 14 = 0$ 사이의 거리를 구하라.

풀이 $\quad d = \dfrac{|ax_1 + by_1 + c|}{\sqrt{a^2 + b^2}} = \dfrac{|(4 \times 6) + (3 \times 5) - 14|}{\sqrt{4^2 + 3^2}} = \dfrac{25}{5} = 5$

$$4x + 3y - 14 = 0 \quad \Rightarrow \quad y = -\frac{4}{3}x + \frac{14}{3}$$

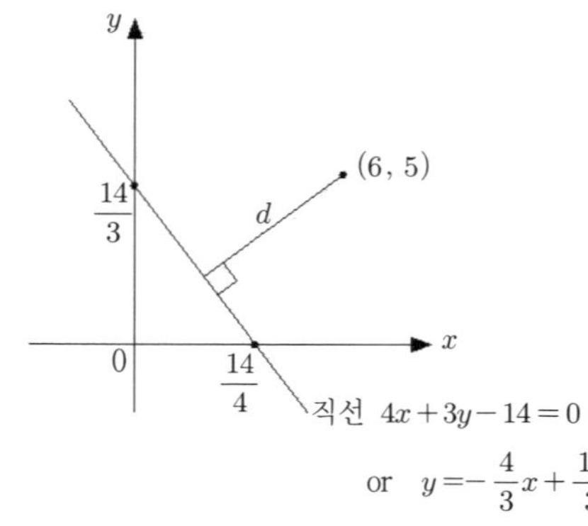

직선 $4x+3y+1=0$에 수직이고 원점으로부터 거리가 2인 직선의 방정식을 구하라.

풀이 직선 $4x+3y+1=0$에서

$$y=-\frac{4x}{3}-\frac{1}{3} \; : \; 기울기는 \; -\frac{4}{3}$$

구하는 직선의 기울기는 $: \; -\frac{4}{3}\times m^{'}=-1, \quad m^{'}=\frac{3}{4}$

$$\therefore y=\frac{3}{4}x+b라 \; 하면 \; \Rightarrow \; 3x-4y+4b=0$$

원점에서 직선 $3x-4y+4b=0$까지의 거리가 2이므로

$$d=\frac{|ax_1+by_1+c|}{\sqrt{a^2+b^2}}=\frac{|4b|}{\sqrt{3^2+(-4)^2}}=2 \Rightarrow |4b|=10$$

$$\therefore 4b=\pm10, \; b=\pm\frac{5}{2}$$

구하는 직선의 방정식 $: \; y=\frac{3}{4}x\pm\frac{5}{2}$

3. 원의 방정식

한 평면 위의 한 정점에서 일정한 거리에 있는 점의 집합을 원이라 하고, 정점을 원의 중심, 일정한 거리를 원의 반지름의 길이라고 한다.

점 $(a,\, b)$를 중심으로 하고, 반지름이 r인 원의 방정식은

$$(x-a)^2+(y-b)^2=r^2$$

특히, 원점을 중심으로 하고, 반지름이 r인 원의 방정식은

$x^2+y^2=r^2$이다.

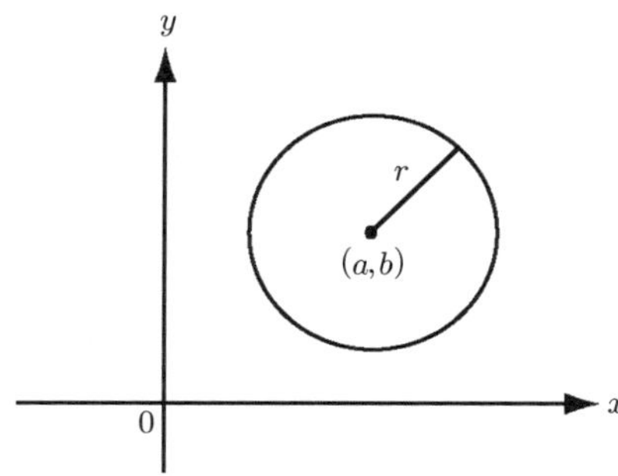

【예제 9】

다음 조건을 만족하는 원의 방정식을 구하라.
 (1) 중심 (3, -2), 반지름 7인 원의 방정식
 (2) 두 점 $A(1, 2)$, $B(-3, -2)$를 지름의 양 끝으로 하는 원의 방정식

풀이 (1) $(x-a)^2+(y-b)^2=r^2$에서 $a=3$, $b=-2$, $r=7$이므로 $(x-3)^2+(y+2)^2=7^2$

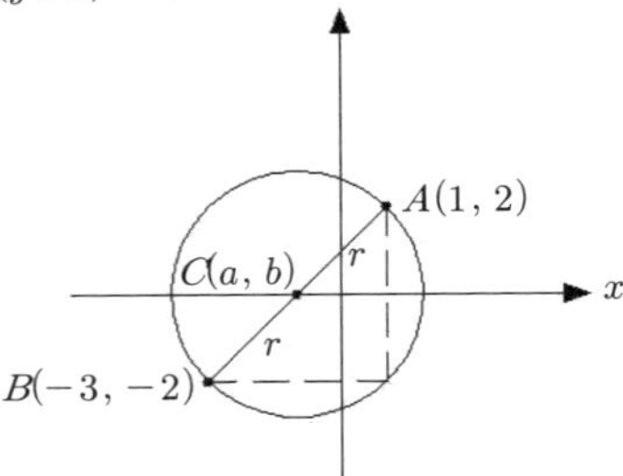

  (2) 선분 AB의 중점을 $C(a, b)$라 하면,

$$\cdot\ a=\frac{1+(-3)}{2}=-1,\ b=\frac{2+(-2)}{2}=0$$

  → 원의 중심은 $C(-1, 0)$

$$\cdot\ \overline{AB}=\sqrt{(-3-1)^2+(-2-2)^2}=\sqrt{32}=4\sqrt{2}$$

  → 원의 반지름은 $2\sqrt{2}$

$$\therefore\ (x+1)^2+y^2=(2\sqrt{2})^2$$

【예제 10】

 중심이 직선 $y-x+2=0$위에 있고, 두 점$(1, -1), (5, 3)$을 지나는 원의 방정식을 구하라.

풀이 중심을 (a, b), 반지름의 길이를 r 라 하면

$$(x-a)^2+(y-b)^2=r^2 \quad\cdots\cdots\cdots ①$$

중심이 $y-x+2=0$ 위에 있으므로

$$b=a-2 \quad\cdots\cdots\cdots ②$$

또, 원이 $(1, -1), (5, 3)$을 지나므로 ①에 대입하면

$$(1-a)^2+(-1-b)^2=r^2 \quad\cdots\cdots\cdots ③$$

$$(5-a)^2+(3-b)^2=r^2 \quad\cdots\cdots\cdots ④$$

②를 ③, ④에 대입하고, 연립하여 풀면

$$(1-a)^2+(1-a)^2=r^2$$

$$(5-a)^2+(5-a)^2=r^2$$

$$-48+16a=0 \qquad \therefore a=3,\ b=1,\ r=2\sqrt{2}$$

원의 방정식 : $(x-3)^2+(y-1)^2=(2\sqrt{2})^2$

【예제 11】

 원 $x^2+y^2-6x-2y+2=0$위의 점에서 직선 $x-y+6=0$에 이르는 최소거리를 구하라.

풀이 $x^2+y^2-6x-2y+2=0$에서 $(x-3)^2+(y-1)^2=8=(2\sqrt{2})^2$

원의 중심에서 직선 $x-y+6=0$까지 거리 d라면

$$d=\frac{|ax_1+by_1+c|}{\sqrt{a^2+b^2}}=\frac{|3-1+6|}{\sqrt{1^2+(-1)^2}}=\frac{8}{\sqrt{2}}=4\sqrt{2} \qquad \therefore 4\sqrt{2}-2\sqrt{2}=2\sqrt{2}$$

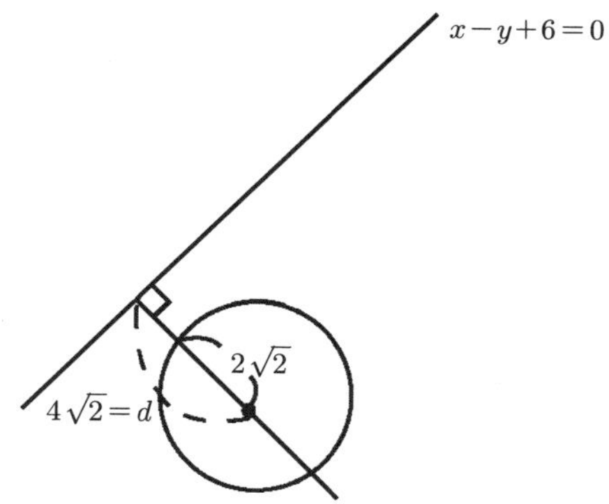

4. 포물선의 방정식

평면 위에서 한 정점과 그 점을 지나지 않는 한 정직선에 이르는 거리가 같은 점의 자취를 포물선이라 하고, 그 정점을 포물선의 초점, 정직선을 포물선의 준선이라고 한다. 또, 포물선의 초점을 지나고 준선에 수직인 직선을 포물선의 축, 포물선과 축의 교점을 포물선의 꼭지점이라고 한다.

- 점 $(p,\ 0)$을 초점, $x=-p$를 준선으로 하는 포물선의 방정식

$$y^2 = 4px \ \ (\text{단, } p \neq 0) \qquad \left[x = \frac{y^2}{4p} \right]$$

- 점 $(0,\ p)$를 초점, $y=-p$를 준선으로 하는 포물선의 방정식

$$x^2 = 4py \ (\text{단, } p \neq 0) \qquad \left[y = \frac{x^2}{4p} \right]$$

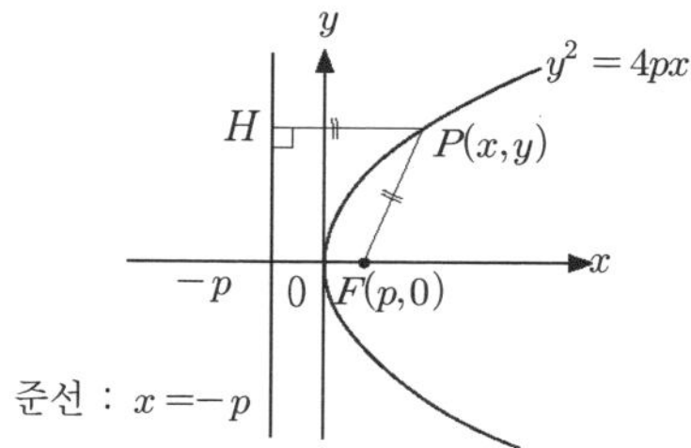

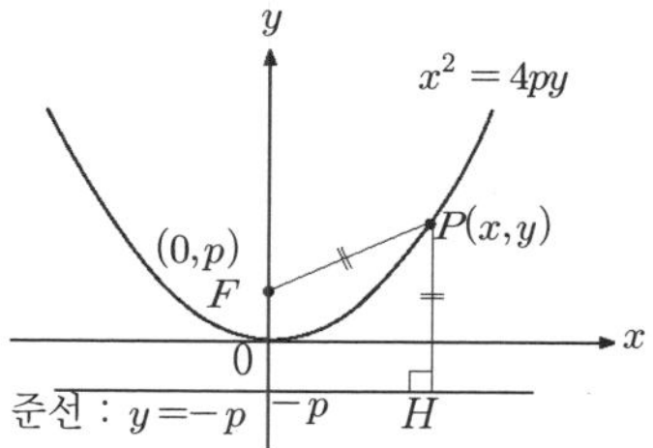

증명 포물선 위의 임의의 점 $p(x,\ y)$에서 준선에 내린 수선의 교점을 H라 하면 $\overline{PF} + \overline{PH}$이므로

$$\sqrt{(x-p)^2 + y^2} = |x+p|$$

양변을 제곱하면 $(x-p)^2 + y^2 + (x+p)^2$

$$\therefore y^2 = 4px$$

포물선 $x^2 = 12y$ 의 초점의 좌표와 준선의 방정식을 구하고, 그 개형을 그려라.

풀이 $x^2 = 4py \rightarrow$ 초점 $(0,\ \mathrm{P})$, 준선 $y = -p$

$x^2 = 12y = 4 \cdot 3 \cdot y \rightarrow$ 초점의 좌표 $(0,\ 3)$, 준선 $y = -3$

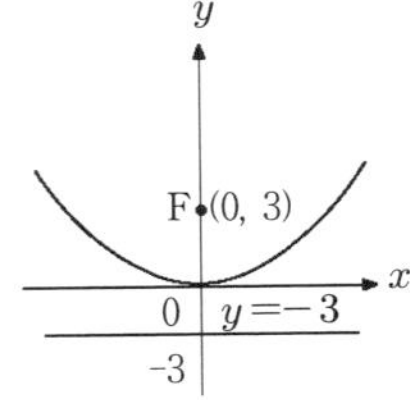

5. 타원의 방정식

평면 위의 두 정점에서의 거리의 합이 일정한 점의 자취를 타원이라 하고, 이때 두 정점을 타원의 초점이라 한다. 또, 두 축의 교점을 타원의 중심이라 하고, 타원이 두 축과 만나는 4점을 그 타원의 꼭지점이라 한다.

두 정점 $F(k,\ 0)$, $F'(-k,\ 0)$ 에 이르는 거리의 합이 $2a$ (일정)인 타원의 방정식은

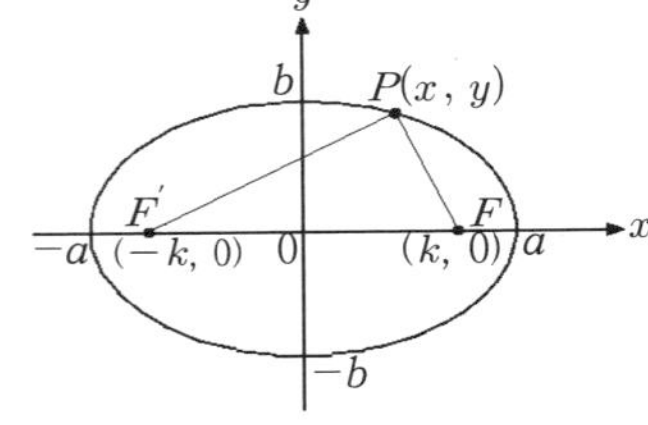

$$\frac{x^2}{a^2} + \frac{y^2}{b^2} = 1 \quad (\text{단},\ k^2 = a^2 - b^2,\ a > b > 0)$$

증명 $(\overline{PF'}) + (\overline{PF}) = 2a\,(\text{일정})$

$$\sqrt{(x+k)^2 + y^2} + \sqrt{(x-k)^2 + y^2} = 2a$$

$$\therefore \sqrt{(x+k)^2 + y^2} = 2a - \sqrt{(x-k)^2 + y^2}$$

양변을 제곱하면

$$(x+k)^2 + y^2 = 4a^2 - 4a\sqrt{(x-k)^2 + y^2} + (x-k)^2 + y^2$$

이 식을 다시 정리하면 $a\sqrt{(x-k)^2 + y^2} = a^2 - kx$

다시 양변을 제곱하여 정리하면

$$(a^2 - k^2)x^2 + a^2 y^2 = a^2(a^2 - k^2)$$

$a^2 = k^2 + b^2$ 이라 하면 $b^2 \cdot x^2 + a^2 \cdot y^2 = a^2 \cdot b^2$

$$\therefore \frac{x^2}{a^2} + \frac{y^2}{b^2} = 1 \qquad (\text{단},\ k = \sqrt{a^2 - b^2},\ a > b > 0)$$

두 초점 $F(4, 0)$, $F'(-4, 0)$ 에 이르는 거리의 합이 10인 타원의 방정식을 구하라.

풀이 $2a = 10$ 인 경우이므로 $a = 5$ 이고 $k = 4$, $b^2 = a^2 - k^2 = 5^2 - 4^2 = 9 \rightarrow b = 3$

$$\therefore \; \text{타원의 방정식은 } \frac{x^2}{5^2} + \frac{y^2}{3^2} = 1$$

6. 쌍곡선의 방정식

평면 위의 두 정점에서의 거리 차가 일정한 점의 자취를 쌍곡선이라 하고, 이 때 이 두 정점을 쌍곡선의 초점이라 한다.

두 정점 $F(k, 0)$, $F'(-k, 0)$ 에 이르는 거리의 차가

$2a$(일정)인 쌍곡선의 방정식은 $\dfrac{x^2}{a^2} - \dfrac{y^2}{b^2} = 1$

(단, $k^2 = a^2 + b^2$, $k > a > 0$, $b > 0$)

증명 $(\overline{PF'}) - (\overline{PF}) = \pm 2a$(일정)

$$\sqrt{(x+k)^2 + y^2} - \sqrt{(x-k)^2 + y^2} = \pm 2a$$

$$\therefore \sqrt{(x+k)^2 + y^2} = \pm 2a + \sqrt{(x-k)^2 + y^2}$$

양변을 제곱하면

$$(x+k)^2 + y^2 = 4a^2 \pm 4a\sqrt{(x-k)^2 + y^2} + (x-k)^2 + y^2$$

이 식을 다시 정리하면 $\pm a\sqrt{(x-k)^2 + y^2} = a^2 - kx$

다시 양변을 제곱하여 정리하면

$$a^2\{(x-k)^2 + y^2\} = (a^2 - kx)^2$$

$$(a^2 - k^2)x^2 + a^2 y^2 = a^2(a^2 - k^2)$$

$k^2 - a^2 = b^2$ 이라 하면 $-b^2 \cdot x^2 + a^2 \cdot y^2 = -a^2 \cdot b^2$

$$\therefore \frac{x^2}{a^2} - \frac{y^2}{b^2} = 1$$

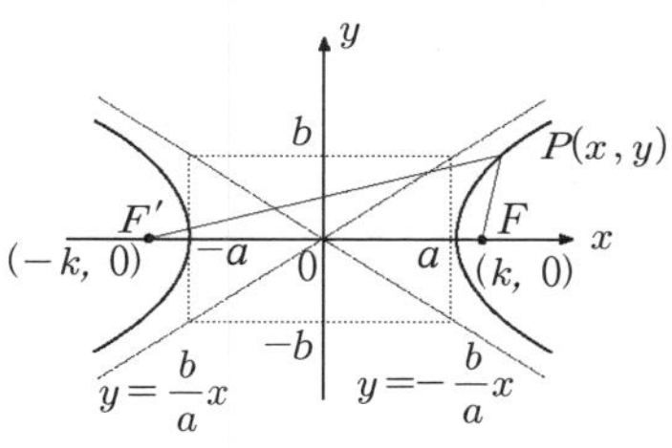

【예제 14】

두 초점 $F(5, 0)$, $F'(-5, 0)$ 에 이르는 거리의 차가 8인 쌍곡선의 방정식을 구하라.

풀이 $2a = 8$인 경우이므로, $a = 4$ 이고 $k = 5$, $b^2 = k^2 - a^2 = 5^2 - 4^2 = 9 \rightarrow b = 3$

$$\therefore \; \text{쌍곡선의 방정식은 } \frac{x^2}{4^2} - \frac{y^2}{3^2} = 1$$

7. 도형의 성질

① 도형의 각

1) 예각과 둔각

- 예각 : 0°보다 크고 90°보다 작은 각 (0°<예각<90°)
- 직각 : 90° (직각=90°)
- 둔각 : 90°보다 크고 180°보다 작은 각 (90°<둔각<180°)

2) 맞꼭지각의 크기는 서로 같다.

3) 동위각과 엇각

평행선과 다른 한 직선이 만날 때, 동위각과 엇각의 크기는 같다.

【예제 15】

다음 그림에서 $\angle a$, $\angle b$, $\angle c$ 의 크기를 구하라.

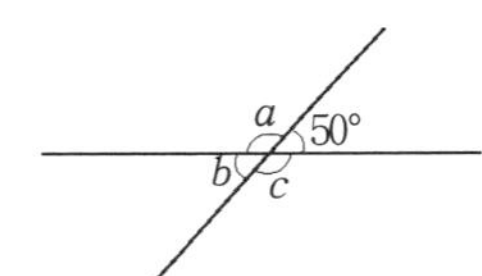

풀이 $\angle b = 50°(\because$ 맞꼭지각$)$

$\angle a + 50° = 180° \rightarrow \angle a = 130°$

$\angle a = \angle c (\because$ 맞꼭지각$) \rightarrow \angle c = 130°$

【예제 16】

다음 그림에서 $l /\!/ m$ 이다.
이때 $\angle x$, $\angle y$, $\angle z$의 크기를 구하라.

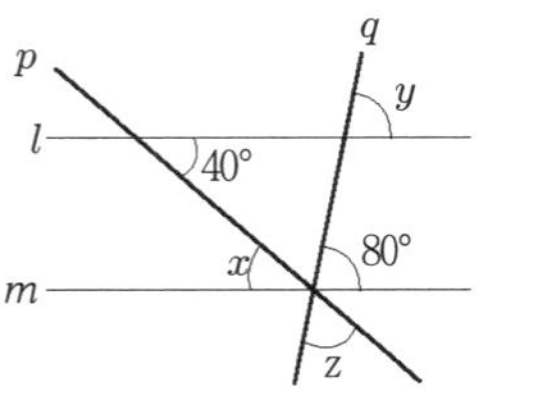

풀이 $\angle x = 40°(\because$ 엇각$)$

$\angle y = 80°(\because$ 동위각$)$

$40°(\angle x) + \angle z + 80° = 180°$

$\rightarrow \angle z = 180° - 120° = 60°$

② 도형의 닮음

1) 삼각형의 닮음 조건

- 세 쌍의 대응변 길이의 비가 같을 때
- 두 쌍의 대응변 길이의 비가 같고, 그 끼인 각의 크기가 같을 때
- 두 쌍의 대응각의 크기가 각각 같을 때

2) 직각 삼각형과 선분 길이의 비

$\triangle A_1 B C_1$, $\triangle A_2 B C_2$, $\triangle A_3 B C_3$, ……은 직각 삼각형이고,

$\angle B$가 공통이므로 서로 닮은 도형이다.

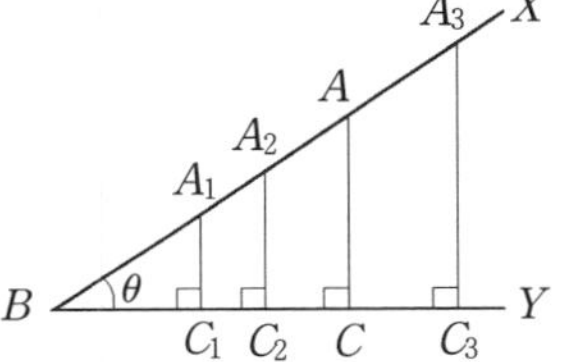

$$\cdot\ \frac{AC}{BC} = \frac{A_1 C_1}{B\,C_1} = \frac{A_2 C_2}{B\,C_2} = \frac{A_3 C_3}{B\,C_3} = \cdots\cdots$$

$$\cdot\ \frac{AC}{AB} = \frac{A_1 C_1}{A_1 B} = \frac{A_2 C_2}{A_2 B} = \frac{A_3 C_3}{A_3 B} = \cdots\cdots$$

3) 닮은 두 도형의 넓이(부피) 비는 닮음비의 제곱(세제곱)과 같다.

닮음비가 $m : n$이면, 넓이의 비는 $m^2 : n^2$이며, 부피의 비는 $m^3 : n^3$이다.

【예제 17】

경간 10m인 기와지붕의 왕대공 높이를 구하라.(단, 기와지붕의 물매는 4cm 물매이다.)

풀이 물매 : 수평거리 10cm에 대한 직각 삼각형의 수직 높이

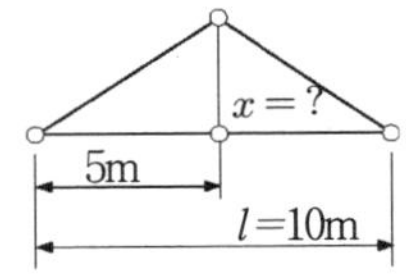

- 4cm 물매 → 수평거리 : 높이$=10:4$
- 도형의 닮음에서 10m : 4m$=5$m : x

$\therefore$ 10m $\cdot x = 4$m $\times 5$m $\rightarrow x = 2$m

---

···【예제 18】···

그림과 같은 전단력 분포를 갖는 보의 위험단면에서의 전단력의 크기를 구하라.(단, 위험단면의 위치는 기둥 중심선에서 90cm이다.)

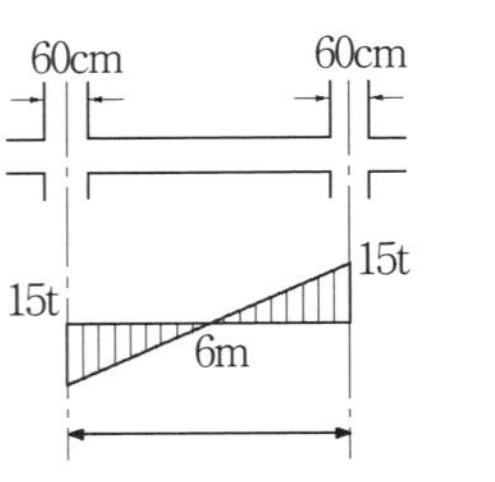

풀이 위험단면에서의 전단력의 크기 V_c 는 삼각형의 닮음비에서

$$3\text{m} : 15\text{t} = 2.1\text{m} : V_c$$

$$V_c \times 3\text{m} = 15\text{t} \times 2.1\text{m}$$

$$\therefore V_c = 10.5\text{t}$$

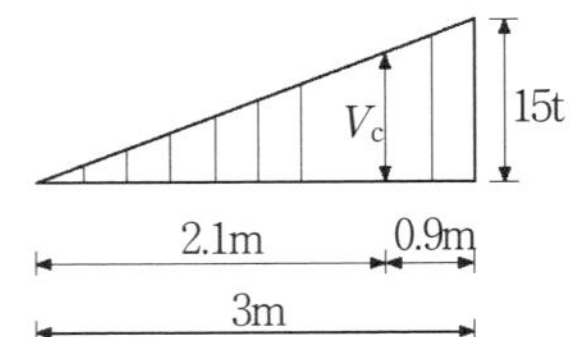

···【예제 19】···

그림과 같은 보에서 $\sigma_c = 100\text{kg/cm}^2$일 때 철근의 인장응력도 σ_t의 크기를 구하라.(단, kd는 중립축 거리이고, 탄성계수비(n)는 10으로 가정한다.)

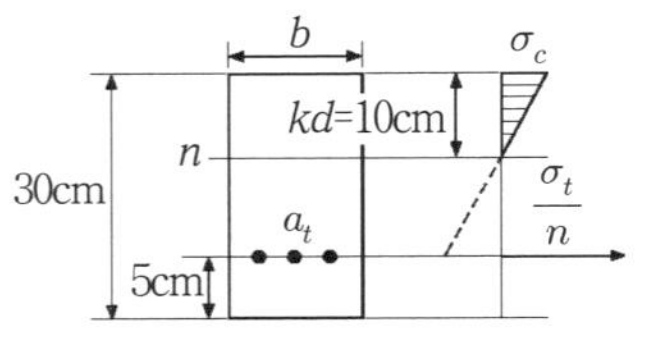

풀이 응력도의 크기는 중립축으로부터의 거리에 비례하므로

$$\sigma_c : 10\text{cm} = \frac{\sigma_t}{n} : (25\text{cm}-10\text{cm})$$

$$100\text{kg/cm}^2 : 10\text{cm} = \frac{\sigma_t}{10} : 15\text{cm}$$

$$\therefore \sigma_t = \frac{100\text{kg/cm}^2 \times 15\text{cm}}{1\text{cm}} = 1{,}500\text{kg/cm}^2$$

···【예제 20】···

축척이 200분의 1인 평면도에서 12cm인 길이는 실제로 몇 m인가? 또, 이 평면도에서 넓이가 40cm²인 건물의 실제 넓이는 몇 m²인가?

풀이 (1) 실제 길이=12cm×200=2,400cm=24m

(2) 넓이의 비는 닮음비의 제곱과 같으므로

$$40\text{cm}^2 : x = 1^2 : 200^2$$

$$\therefore \text{실제 넓이} : x = 40\text{cm}^2 \times 200^2 = 1{,}600{,}000\text{cm}^2 = 160\text{m}^2$$

③ 삼각형의 성질

1) 삼각형의 세 내각의 합은 180°이다.

> 참고 n각형의 내각의 합은 $180° \times (n-2)$ 이다. [정사각형 내각의 합=$180° \times (4-2)=360°$]

2) 정삼각형

- 세 변의 길이가 모두 같은 삼각형
- 세 각이 모두 60°이다.

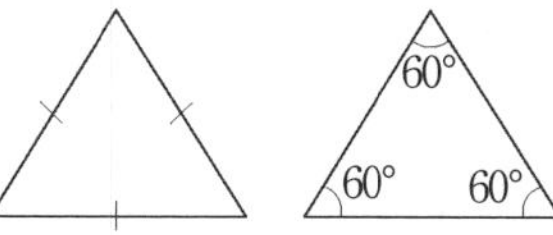

3) 이등변삼각형

- 두 변의 길이가 같은 삼각형
- 두 밑각의 크기가 같다.
- 꼭지각의 이등분선은 밑변을 수직 이등분한다.

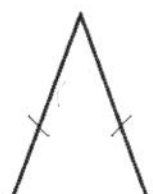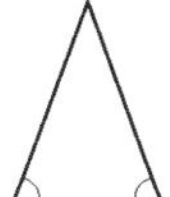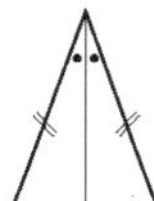

4) 피타고라스의 정리

- 직각 삼각형 : 한 내각이 90°인 삼각형으로, 90°에 대응하는 변이 빗변이다.
- 직각 삼각형의 직각을 끼고 있는 두 변의 길이를 각각 a, b라 하고, 빗변의 길이를 c라 하면,

$$a^2 + b^2 = c^2 \ \rightarrow \ c = \sqrt{a^2 + b^2}$$

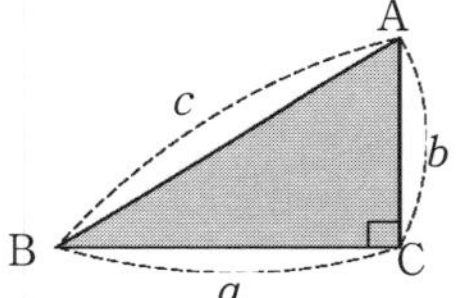

【예제 21】

다음과 같은 트러스에서 경사재 T의 길이를 구하라.

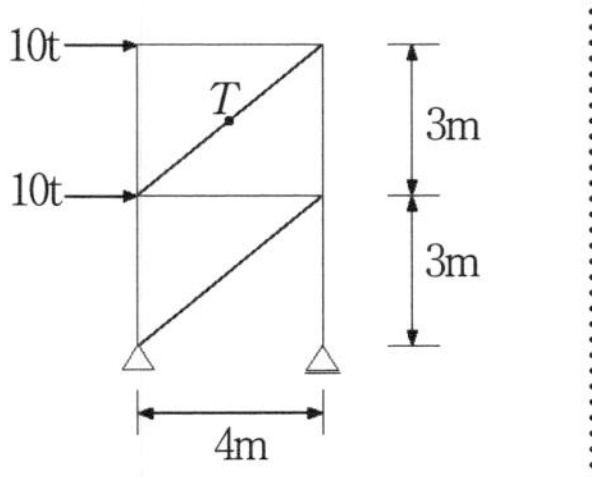

풀이 $3^2 + 4^2 = T^2$

$\therefore T = \sqrt{3^2 + 4^2} = \sqrt{25} = 5(\mathrm{m})$

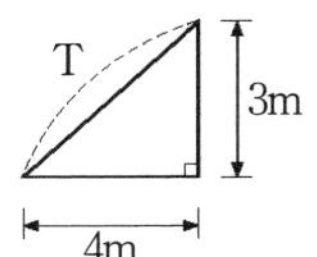

【예제 22】

다음 그림과 같은 통나무재를 제재할 때 최대 몇 cm 각으로 제재할 수 있으며, 이 통나무 길이가 3.2m일 때 제재한 각재의 재적(m^3, 才)을 산출하시오.(단, 1 재(才)=1치×1치×12자, 1치=3cm, 1자=30cm)

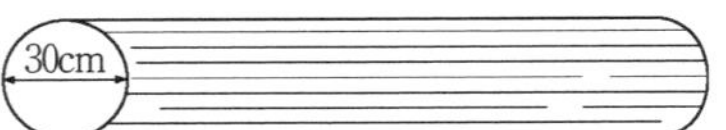

풀이 (1) $x^2 + x^2 = (30cm)^2$, $2x^2 = 900cm^2$

$$\therefore x^2 = 450cm^2 \rightarrow x = \sqrt{450\,cm^2} = 21.21cm$$

즉, 지름 30cm인 원목은 21.21cm 정각으로 제재할 수 있다.

(2) m^3 수 : 0.2121m×0.2121m×3.2m=0.144m^3

$$\therefore 재(才)수 : \frac{7.07치 \times 7.07치 \times 10.7자}{1치 \times 1치 \times 12자} = 44.57재(才)$$

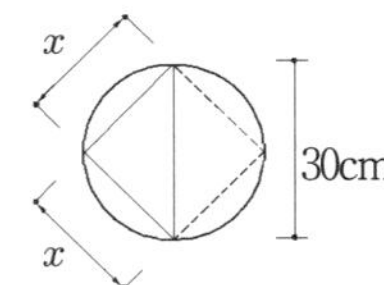

【예제 23】

다음과 같은 계단의 바닥 밑면의 거푸집 면적(A_1)과 측면의 거푸집 면적(A_2)을 구하라. (단, 계단의 폭은 1.4m, 계단의 슬래브 두께 t_1은 8cm이다.)

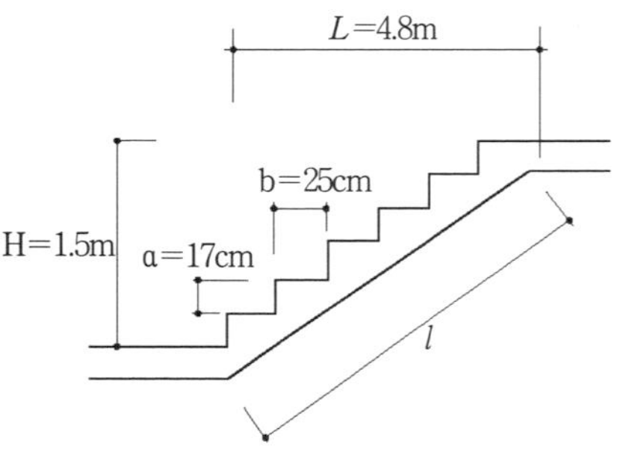
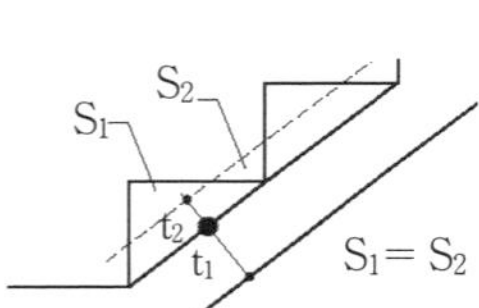

풀이 (1) 바닥 밑면의 거푸집 면적(A_1)

계단의 경사길이(l) $= \sqrt{L^2 + H^2} = \sqrt{(4.8m)^2 + (1.5m)^2} = 5m$

$$\therefore A_1 = D \times l = 1.4m \times 5m = 7m^2$$

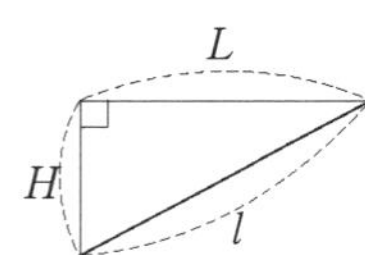

(2) 측면의 거푸집 면적(A_2)

$$\frac{a \times b}{2} = \sqrt{a^2 + b^2} \times t_2$$

$$\rightarrow t_2 = \frac{a \times b}{2\sqrt{a^2 + b^2}} = \frac{17cm \times 25cm}{2 \times \sqrt{(17cm)^2 + (25cm)^2}} = 7cm$$

$$\therefore A_2 = (t_1 + t_2) \times l = (0.08m + 0.07m) \times 5m = 0.75m^2$$

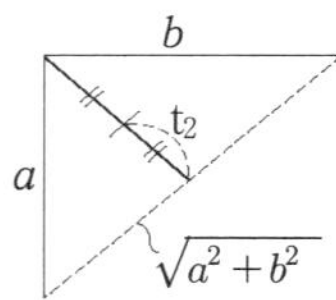

4 사각형의 성질

1) 평행사변형

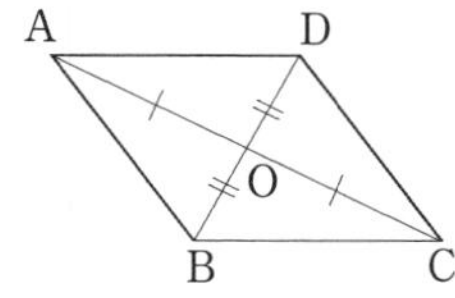

- 두 쌍의 대변이 각각 평행인 사각형
- 두 쌍의 대변의 길이가 각각 같다.
- 두 쌍의 대각의 크기가 각각 같다.
- 두 대각선은 서로 다른 것을 이등분한다.

2) 직사각형

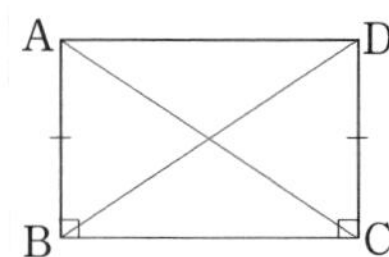

- 네 각의 크기가 모두 같은 사각형
- 한 내각이 90°이다.
- 두 대각선의 길이가 같다.

3) 마름모

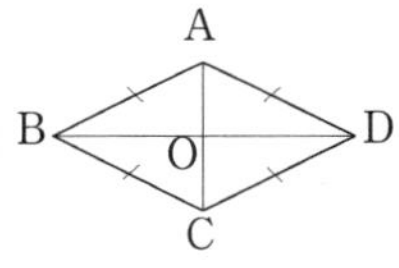

- 네 변의 길이가 모두 같은 사각형
- 이웃하는 두 변의 길이가 같다.
- 두 대각선이 직교한다.

4) 정사각형

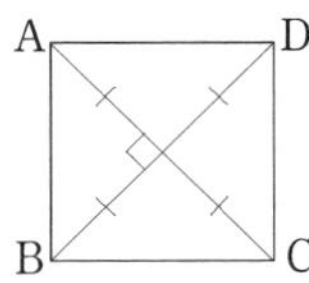

- 네 변의 길이가 같고, 네 각이 모두 직각인 사각형
- 두 대각선의 길이가 같고, 두 대각선이 직교한다.

5) 사다리꼴

- 한 쌍의 대변이 평행인 사각형

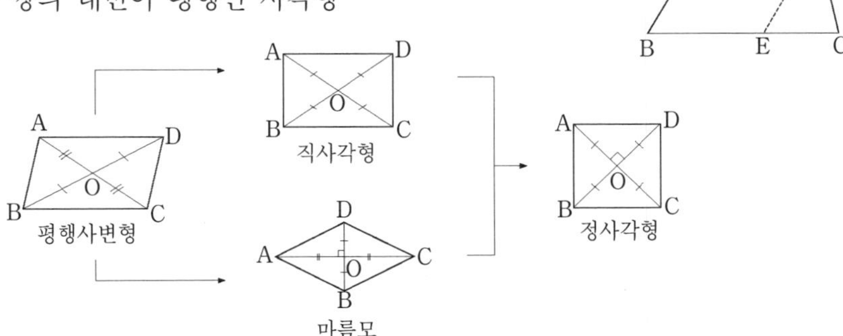

····· 【예제 24】 ·······························

그림과 같은 구조물에 대한 기술 중 가장 합당한 것은?

(단, 토대는 수평이다.)

㉮ h=h′ 면 안전 구조물이 된다.

㉯ a=a′, h=h′이면 안전 구조물이 된다.

㉰ 기둥이 토대에 연직되면 안전 구조물이 된다.

㉱ 대각선의 길이가 같으면 안전 구조물이 된다.

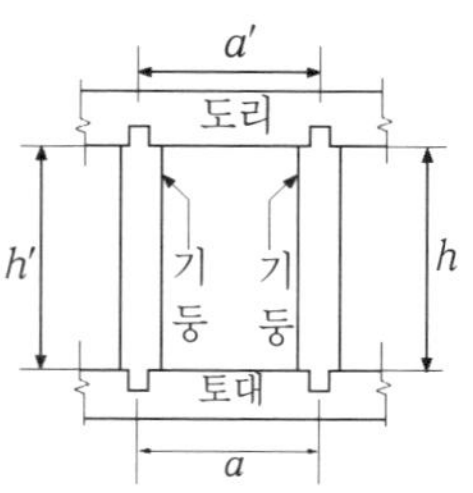

풀이 ㉱ 직사각형 : 대각선의 길이가 같으면 토대가 수평이므로 도리도 수평이 되고 기둥도 수직을 이루므로 안전
구조물이 된다.

㉮ h=h′ 이면 평행사변형 또는 사다리꼴형으로 기둥이 수직하지 않고 기울어질 수도 있다.

㉯ a=a′, h=h′ 이면 기둥이 수직일 수도 있으나 한편 평행사변형으로 기둥이 기울어질 수도 있다.

㉰ 기둥이 토대에 수직된다해도 $h \neq h′$ 여서 도리가 수평이 아닐 수도 있다.

⑤ 원의 성질

1) 원주율 : π=3.14159265⋯ [원주율=원둘레÷지름]

2) 원둘레 : l=원주율×지름= $2\pi r = \pi D$ (r : 반지름, D : 지름)

3) 원의 넓이 : A=원둘레의 반×반지름= $\pi r^2 = \dfrac{\pi D^2}{4}$

4) 한 호에 대한 원주각의 크기는 일정하고, 중심각은 원주각의 2배이다.

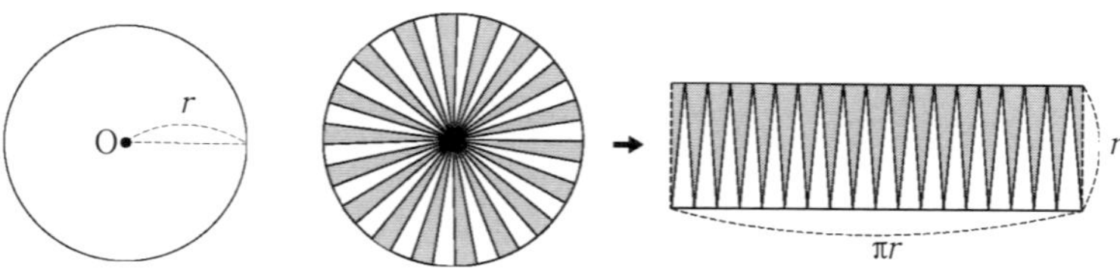

····· 【예제 25】 ·······························

D16 철근의 100m 중량을 구하라.

(단, D16의 공칭 지름은 1.59cm이고, 철근의 단위용적 중량은 7,850kg/m³이다.)

풀이 D16 철근의 공칭 단면적 : $A = \dfrac{\pi D^2}{4} = \dfrac{3.14 \times (0.0159\text{m})^2}{4} = 0.000199\text{m}^2$

· D16 철근의 부피 : $V = 0.000199\text{m}^2 \times 100\text{m} = 0.0199\text{m}^3$

∴ D16 철근의 중량 : $W = 0.0199\text{m}^3 \times 7,850\text{kg/m}^3 = 156.22\text{kg}$

6 도형의 면적과 체적

1) 평면 도형의 면적

평면 도형	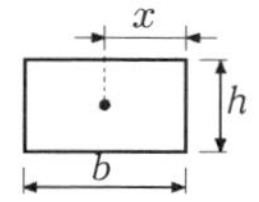	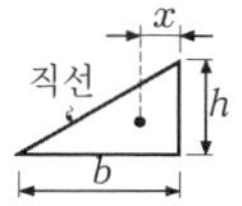	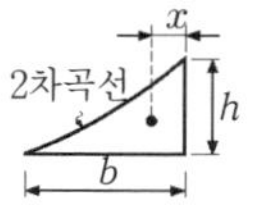	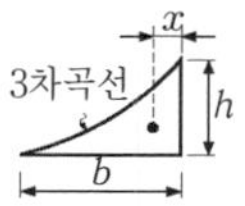	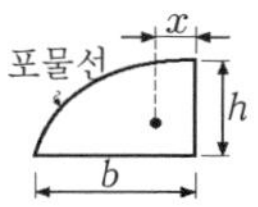
도심 x	$\frac{1}{2}b$	$\frac{1}{3}b$	$\frac{1}{4}b$	$\frac{1}{5}b$	$\frac{3}{8}b$
면적 A	bh	$\frac{1}{2}bh$	$\frac{1}{3}bh$	$\frac{1}{4}bh$	$\frac{2}{3}bh$

평면 도형	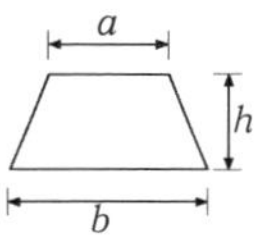	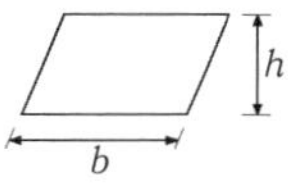	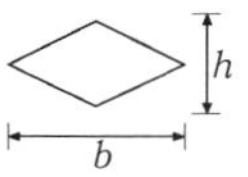	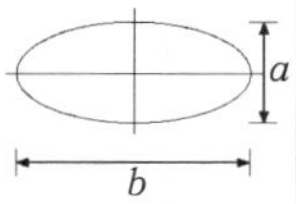
면적 A	$(\frac{a+b}{2})\cdot h$	bh	$\frac{bh}{2}$	πab

2) 입체 도형의 체적

- 각기둥의 체적 : $V= S\cdot h$ [S : 밑넓이, h : 높이]
- 원기둥의 체적 : $V= \pi r^2\cdot h$ [r : 밑면의 반지름, h : 높이]
- 각뿔의 체적 : $V= \frac{1}{3}S\cdot h$ [S : 밑넓이, h : 높이]
- 원뿔의 체적 : $V= \frac{1}{3}\pi r^2\cdot h$ [r : 밑면의 반지름, h : 높이]
- 구의 부피 : $V= \frac{4}{3}\pi r^3$ [r : 반지름의 길이]
- 사각기둥의 부피 : $V= \frac{h}{6}\{(2a+a')b+(2a'+a)b'\}$

	각기둥	원기둥	각뿔	원뿔
입체 도형				
체적 V	$S \cdot h$	$\pi r^2 \cdot h$	$\dfrac{1}{3} S \cdot h$	$\dfrac{1}{3} \pi r^2 \cdot h$

	구	사각기둥
입체 도형		
체적 V	$\dfrac{4}{3} \pi r^3$	$\dfrac{h}{6} \{(2a+a')b + (2a'+a)b'\}$

···【예제 26】··
그림과 같은 캔틸레버 보에서 A단의 휨모멘트를 구하라.

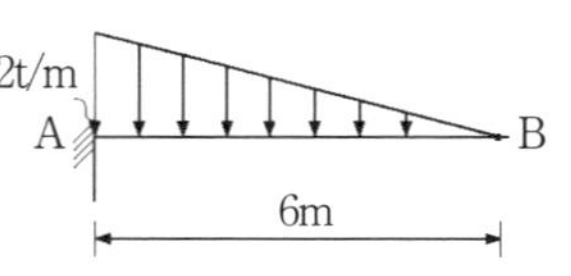

풀이 삼각형 분포하중 : 삼각형의 면적을 구하여, 삼각형의 도심(밑면으로부터 1/3)에 작용하는 집중하중(P)으로 고쳐서 계산한다.

- 전체 하중의 크기 : $P = \dfrac{1}{2} \times (2\mathrm{t/m} \times 6\mathrm{m}) = 6\mathrm{t}$

- 전체 하중의 작용 위치 : $l = 6\mathrm{m} \times \dfrac{1}{3} = 2\mathrm{m}$

$\therefore$ A단의 휨모멘트 : $M_A = -P \cdot l = -6\mathrm{t} \times 2\mathrm{m} = -12\mathrm{t} \cdot \mathrm{m}$

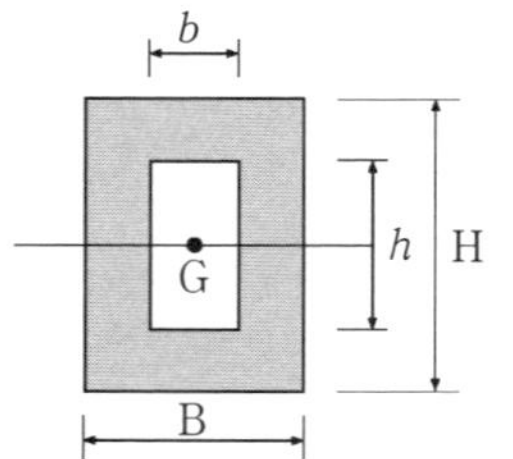

···【예제 27】··
그림에서 음영된 부분의 도심 G를 지나고 밑변에 나란한 축에 대한 단면 2차모멘트를 구하라.

(단, 직사각형 단면의 도심축에 대한 단면 2차모멘트는 $I = \dfrac{bh^3}{12}$ 이다. b : 폭, h : 높이)

풀이 대칭 단면이므로 빈속을 포함한 전체 단면의 2차모멘트를 구한 후, 여기에서 빈속의 단면 2차모멘트를 빼면 된다.

$$\therefore I= \frac{BH^3}{12} - \frac{bh^3}{12} = \frac{1}{12}(BH^3 - bh^3)$$

【예제 28】

그림과 같은 줄기초의 터파기량을 산출하고, 이 토량을 8톤 트럭으로 몇 회 운반해야 하는 가를 계산하라.(단, 흙의 부피증가율은 20%, 트럭 1대의 흐트러진 상태의 흙 적재량은 6m³으로 한다.)

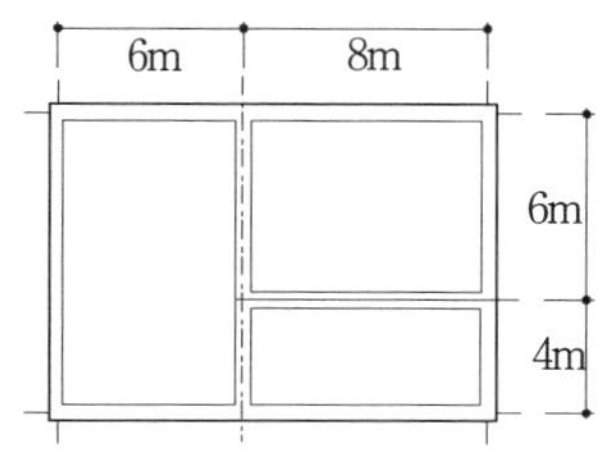

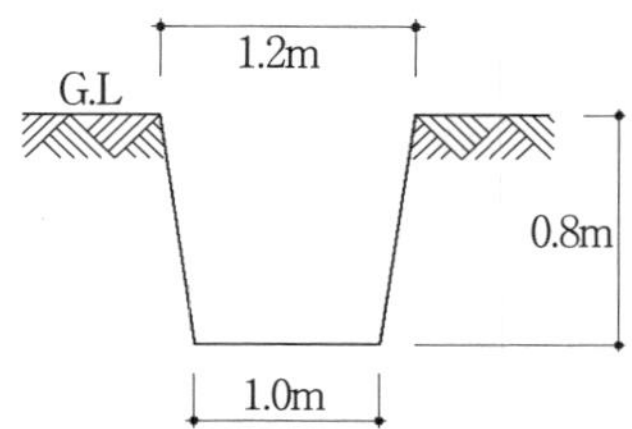

풀이 ·줄기초의 단면적 : $A= (\frac{a+b}{2}) \times h = (\frac{1.2m+1.0m}{2}) \times 0.8m = 0.88m^2$

·줄기초의 길이 : $L= \{(6m+8m) \times 2\} + \{(6m+4m) \times 3\} + 8m = 66m$

·터파기량 : $V= A \times L = 0.88m^2 \times 66m = 58.08m^3$

·운반 토량=터파기량×부피 증가율 $= 58.08m^3 \times 1.2 = 69.7m^3$

∴8톤 트럭 1대 적재량은 $6m^3$이므로 $69.7m^3 \div 6m^3/$회 $= 11.62$회 → 12회

【예제 29】

그림과 같은 독립기초의 터파기량을 산출하라.

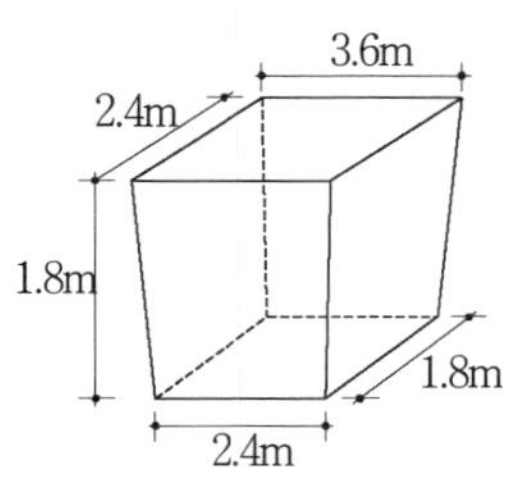

풀이 독립기초의 터파기량 : $V= \frac{h}{6} \{(2a+a')b+(2a'+a)b'\}$

여기서, $h= 1.8m, a= 2.4m, a'= 1.8m, b= 3.6m, b'= 2.4m$ 이므로

$$V= \frac{h}{6} \{(2a+a')b+(2a'+a)b'\}$$

$$= \frac{1.8m}{6} \{(2 \times 2.4m + 1.8m) \times 3.6m + (2 \times 1.8m + 2.4m) \times 2.4m\}$$

$= 11.45\mathrm{m}^3$

※ 약산식을 이용하면,

$$V = A \times h = \left(\frac{a+a'}{2} \times \frac{b+b'}{2}\right) \times h$$

$$= \left(\frac{2.4\mathrm{m}+1.8\mathrm{m}}{2} \times \frac{3.6\mathrm{m}+2.4\mathrm{m}}{2}\right) \times 1.8\mathrm{m}$$

$$= 11.34\mathrm{m}^3$$

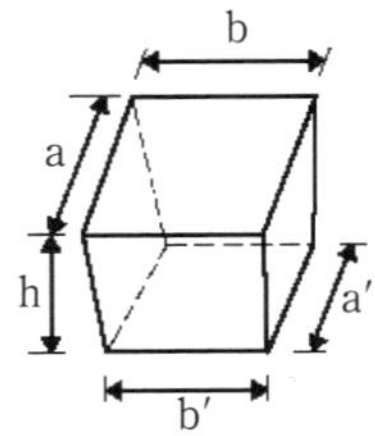

연 습 문 제

1. 다음 두 점 A(2, 3), B(3, −4) 사이의 거리를 구하라.

☞ $\overline{AB}$
$= \sqrt{(x_2 - x_1)^2 + (y_2 - y_1)^2}$

2. 다음 직선의 방정식을 구하라.

   (1) 점 (4, −2)를 지나고 기울기가 $\dfrac{1}{2}$ 인 직선의 방정식

   (2) 두 점 (−4, 3), (5, −3)을 지나는 직선의 방정식

   (3) 점 (4, −3)을 지나고 직선 $x - 2y + 4 = 0$에 수직인 직선의 방정식

☞ (1) $y - y_1 = m(x - x_1)$

   (2) $y - y_1 = \dfrac{y_2 - y_1}{x_2 - x_1}(x - x_1)$

   (3) 직선 $x - 2y + 4 = 0$에 수직인 직선의 기울기를 먼저 구한다.

3. 점 (3, −2)와 직선 $4x - 3y + 7 = 0$ 사이의 거리를 구하라.

☞ $d = \dfrac{|ax_1 + by_1 + c|}{\sqrt{a^2 + b^2}}$

4. 다음 조건을 만족하는 원의 방정식을 구하라.
   (1) 중심 (−3, 1), 반지름의 길이가 5인 원의 방정식
   (2) 두 점 A(2, −3), B(4, −1)를 지름의 양 끝으로 하는 원의 방정식

☞ (1) $(x - a)^2 + (y - b)^2 = r^2$
   (2) 원의 중심과 반지름의 길이를 구한다.

5. 다음 조건을 만족하는 방정식을 구하라
   (1) 초점 $F(2, 0)$, 준선 $x = -2$인 포물선의 방정식
   (2) 두 초점이 $F(3, 0)$, $F'(-3, 0)$이고, 거리의 합이 12인 타원의 방정식
   (3) 두 초점이 $F(4, 0)$, $F'(-4, 0)$이고, 거리의 차가 6인 쌍곡선의 방정식

☞ (1) $y^2 = 4px \rightarrow$ 초점 (P, 0), 준선 $x = -p$
   (2) $2a = 12$, $k = 3$
   (3) $2a = 6$, $k = 4$

6. 다음 두 삼각형은 닮음 도형이다. 작은 삼각형에서 x를 구하라.

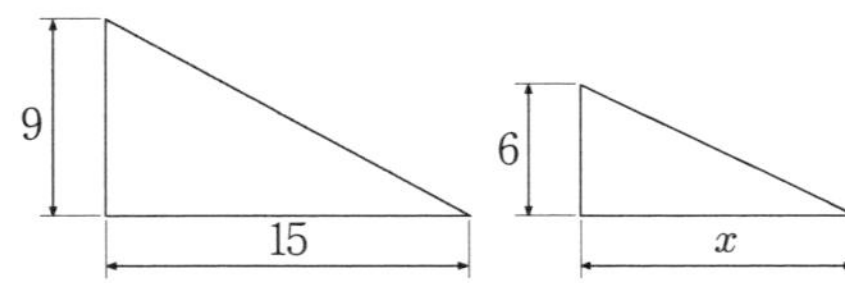

☞ 닮음 도형에서 대응변의 길이의 비는 같다.

7. 닮음비가 4 : 3인 두 건물 A, B가 있다. A의 넓이가 640m² 일 때, B의 넓이를 구하라.

☞ 넓이의 비는 닮음비의 제곱과 같다.

8. 세 점 A(2, 3), B(-1, -1), C(3, -4)가 꼭지점인 삼각형은 어떤 삼각형인가 ?

☞ $\overline{AB}$, $\overline{BC}$, $\overline{CA}$ 의 길이를 구한 다음, $\overline{AB}$, $\overline{BC}$, $\overline{CA}$ 사이의 관계를 구한다.

9. $\triangle ABC$ 에서 $\angle c = 90°$, $\overline{BC} = 40\text{cm}$, $\overline{AC} = 30\text{cm}$ 일 때, 이 삼각형의 빗변의 길이 $\overline{AB}$ 를 구하라.

☞ 피타고라스의 정리
$$\overline{AB}^2 = \overline{BC}^2 + \overline{AC}^2$$

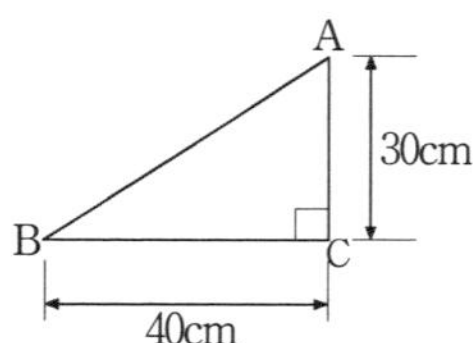

10. 다음 문제에 대한 답을 보기에서 고르시오.

보기
① 평행사변형 ② 직사각형 ③ 마름모 ④ 정사각형

(1) 두 대각선의 길이가 같은 사각형은 ?

(2) 두 대각선이 서로 수직으로 만나는 사각형은 ?

11. 철근 6-D22의 공칭 원둘레와 공칭 단면적을 구하라.(단, D22의 공칭 지름은 2.22cm이다.)

☞ $l = \pi D$, $A = \dfrac{\pi D^2}{4}$

12. 그림에서 힘 P의 O점에 관한 모멘트는 삼각형 OAB의 면적의 몇 배인가?

☞ $M = P \times l$,

$\triangle OAB = P \times l \times \dfrac{1}{2}$

13. 다음 도형에서 음영된 부분의 넓이를 구하라.

☞ (1) 삼각형의 넓이

$\quad =$ 밑변 $\times$ 높이 $\times \dfrac{1}{2}$

(3) 원의 넓이 $= \dfrac{\pi D^2}{4}$

(5) 중심을 이어서 만든 정사각형은 넓이가 1/2이 된다.

(1)

(2)

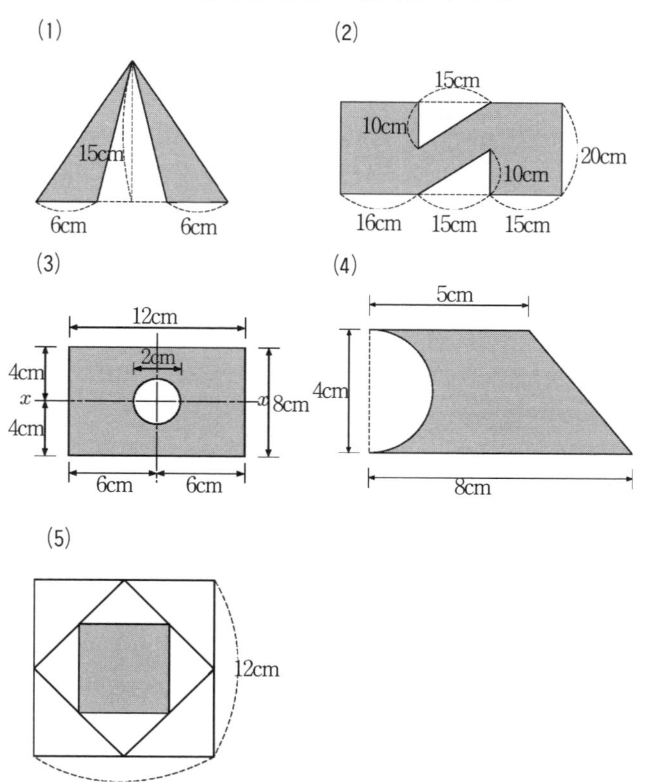

(3)

(4)

(5)

14. 다음 (   )안에 알맞은 수를 써 넣어라.

(1) $5m^2=($)cm^2

(2) $170,000cm^2=($)m^2

(3) $3m^3=($)cm^3

(4) $24L=($)cm^3

(5) $60mL=($)cm^3

☞ $1m^2=1m\times1m=100cm\times100cm$
   $=10,000cm^2$
   $1m^3=1m\times1m\times1m=100cm$
   $\times100cm\times100cm$
   $=1,000,000cm^3$
   $1L=10cm\times10cm\times10cm$
   $=1,000cm^3$
   $1mL=1cm\times1cm\times1cm=1cm^3$

15. 그림과 같은 철근콘크리트 독립기초에 소요되는 콘크리트 량을 산출하라.

☞ $V_1 = A\times B\times D$

$V_2 = \dfrac{h}{6}\{(2a+a')b + (2a'+a)b'\}$

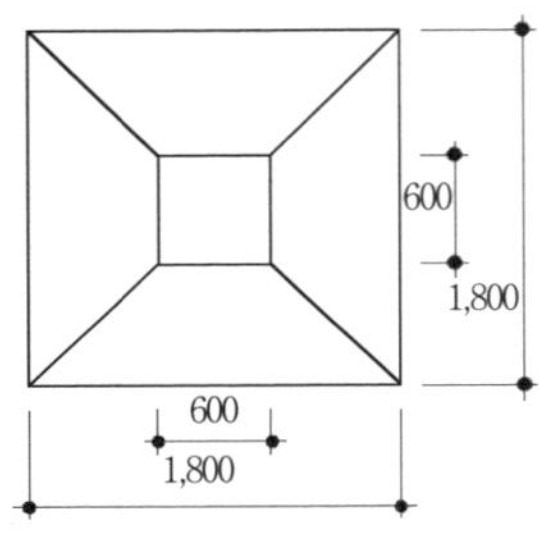

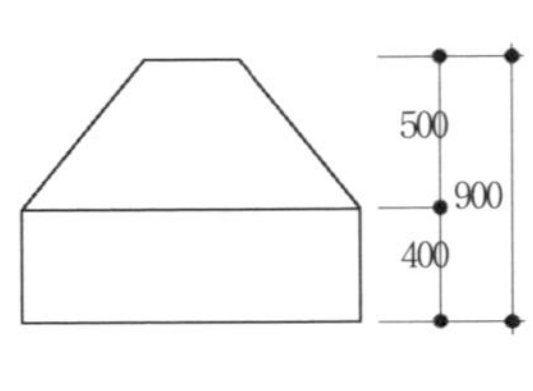

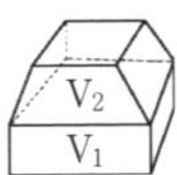

제4장

함수

제4장

함수

1. 함수와 그래프

1) 함수

일정한 값을 가진 수나 양을 정수라 하고, 여러 가지 값으로 변하는 수나 양을 변수라 한다.

2개의 변수 x와 y에 있어 y가 x의 변화에 따라 일정한 법칙으로 변화하면 y를 x의 함수라고 한다. 즉, $y = x^2 + 3x + 1$에서 y를 x의 함수라 한다.

y가 x의 함수를 나타내면, 함수 $y = f(x)$, 함수 $f(x)$, 함수 f 등과 같은 기호로 표시한다.

또한, 함수 $y = f(x)$에서 변수 x가 취하는 모든 값의 집합을 정의역, 변수 y가 취하는 모든 값의 집합을 치역이라 한다.

【예제 1】

다음 대응 관계 중 X에서 Y로의 함수는 ?

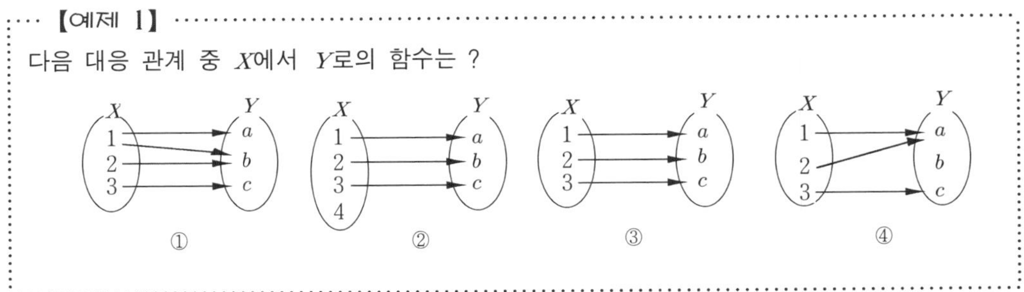

풀이 집합 X의 각 원소에 대하여 집합 Y의 원소가 한 개씩만 대응할 때 이 대응을 X에서 Y로의 함수라고 한다. 따라서 ①, ②는 함수가 아니고 ③, ④는 함수이다.

2) 함수의 그래프

두 집합 X, Y에서 집합 X의 각 원소에 대하여 집합 Y의 원소가 꼭 하나씩만 대응될 때 이러한 대응관계를 집합 X에서 Y로의 함수라고 한다. 따라서 Y축에 평행한 직선(x축에 수직인 직선)을 그었을 때, 그래프와 한 점에서 만나면 함수의 그래프이다.

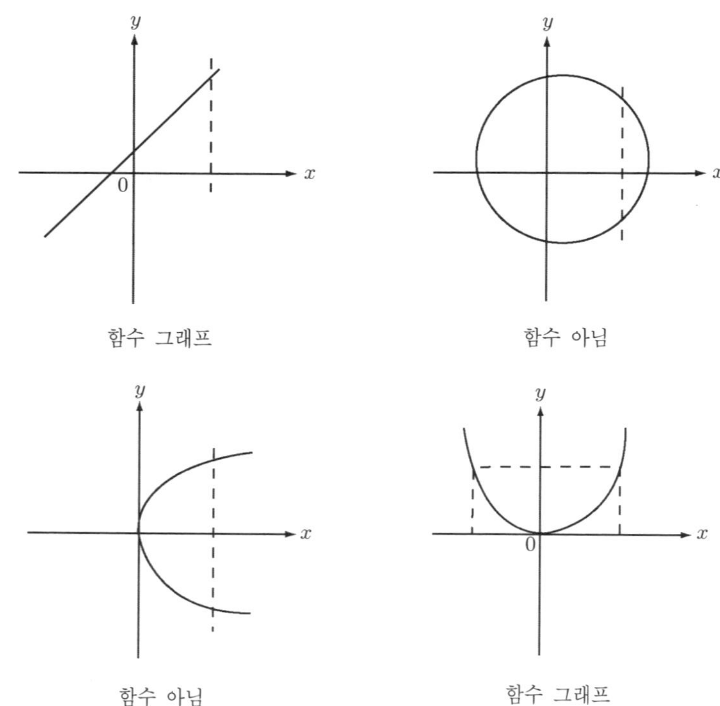

3) 역함수

$y = f(x)$일 때 x를 y의 함수로서 $x = g(y)$를 얻었다면 여기서 x와 y를 교환해서 $y = g(x)$가 나온다. 이때 $g(x)$를 $f(x)$의 역함수라 하며, 기호로는 $f^{-1}(x)$와 같이 나타낸다. 또한 함수 $y = f(x)$의 그래프와 그 역함수 $y = f^{-1}(x)$의 그래프는 직선 $y = x$에 대하여 대칭이다.

···【예제 2】···

함수 $f(x) = 2x - 4$의 역함수를 구하라.

풀이 $y = f(x)$라 놓으면, f에서 $y = 2x - 4$

x에 대하여 풀면, $x = \dfrac{y}{2} + 2$

여기서, 두 변수 x, y를 바꾸면 구하는 역함수는

$y = \dfrac{x}{2} + 2$ 즉, $f^{-1}(x) = \dfrac{x}{2} + 2$

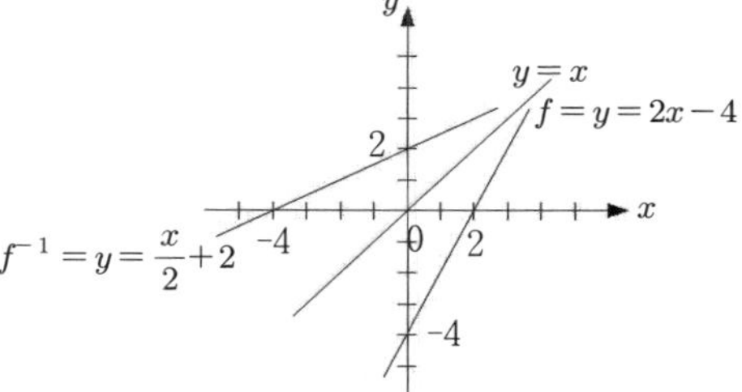

···【예제 3】···

다음 함수 중 역함수가 존재하는 것은?

① $y = 2x^2$ ② $y = |x|$ ③ $y = 3x + 3$ ④ $y = x^2 + 2$ ⑤ $y = |x| - 1$

풀이

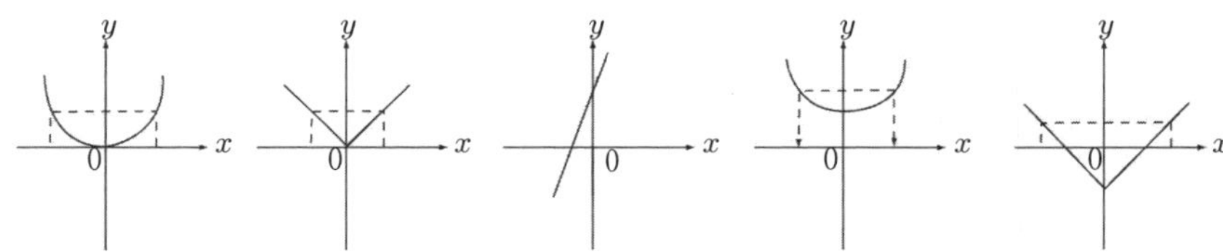

역함수가 존재하기 위해서는 함수가 일대일 대응이어야 한다.

따라서, 서로 다른 x의 값에 대하여 하나의 y값이 대응되는 것은 일대일 대응이 아니며, 역함수가 존재하지 않는다. 따라서 역함수가 존재하는 것은 ③이다.

···【예제 4】···

다음 각 함수의 역함수를 구하라.

① $y = x^2 - 4\,(x \geq 0)$ ② $y = x^2 - 4x\,(x \geq 2)$

풀이 (1) $y = x^2 - 4\,(x \geq 0)$ ······ ①

정의역 : $x \geq 0$, 치역 : $y \geq -4$인 일대일 대응

①을 x에 대하여 풀면 $x^2 = y + 4$ $\therefore x = \sqrt{y+4}\,(x \geq 0)$

x와 y를 바꾸면 $y = \sqrt{x+4}$ $\therefore$ 역함수 $f^{-1}(x) = \sqrt{x+4}\,(x \geq -4)$

(정의역 → 치역, 치역 → 정의역)

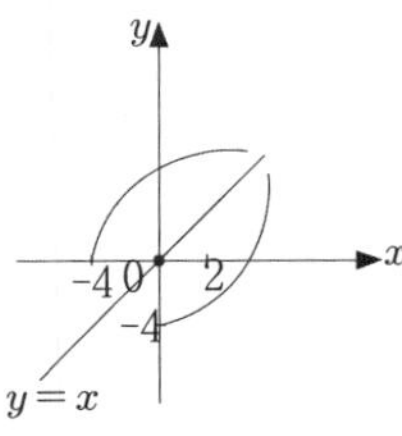

(2) $y = x^2 - 4x\,(x \geq 2)$에서 $y = x^2 - 4x + 4 - 4 = (x-2)^2 - 4$

따라서 정의역은 $x \geq 2$, 치역은 $y \geq -4$

x에 대해서 정리하면 $(x-2)^2 = y + 4 \Rightarrow x - 2 = \sqrt{y+4}$

$$\therefore x = 2 + \sqrt{y+4}\,(x \geq 2)$$

x와 y를 바꾸면 $y = 2 + \sqrt{x+4}$ $\therefore$ 역함수 $f^{-1}(x) = 2 + \sqrt{x+4}$ $(x \geq -4)$

(정의역 → 치역, 치역 → 정의역)

2. 유리함수와 무리함수

① 1차 함수

1) $y = ax + b$의 1차 함수

$y = ax + b$의 그래프는 기울기 a, y절편이 b인 직선이다.

직선이 x축의 양의 방향과 이루는 각을 θ라고 하면 $a = \tan\theta$이다.

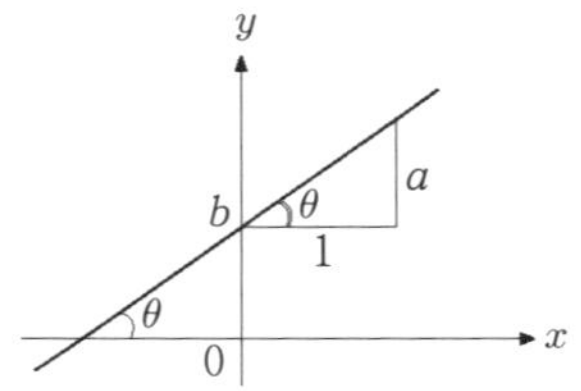

- $y = ax + b$에서 a의 성질

  · $a > 0$: x가 증가하면 y도 증가한다. → 오른쪽 위로 올라가는 직선

  · $a < 0$: x가 증가하면 y는 감소한다. → 오른쪽 아래로 내려가는 직선

  · $a = 0$: x축에 평행한 직선

- $y = ax + b$에서 b의 성질

  · $b > 0$: 원점 위쪽에서 만난다.

  · $b < 0$: 원점 아래쪽에서 만난다.

  · $b = 0$: 원점을 지난다.

b가 일정하고 a가 변할 때

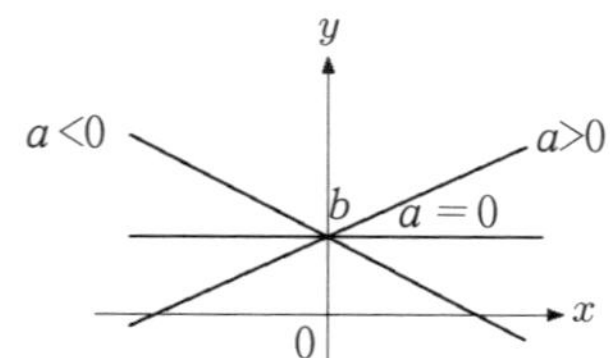

a가 일정하고 b가 변할 때

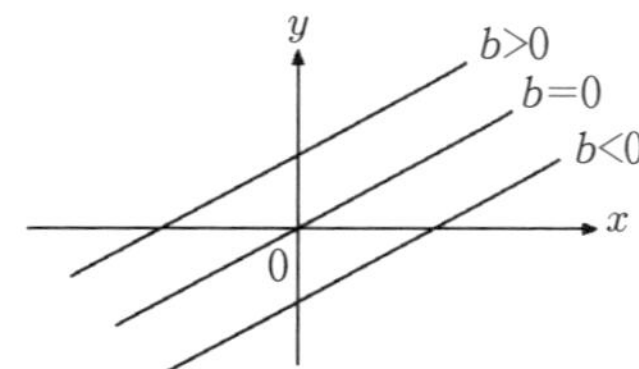

··· 【예제 5】 ·········

1차 함수 $-x+y+3=0$의 그래프를 그리고, 기울기·y절편·x축의 양의 방향과 이루는 각을 구하라.

풀이 $y=x-3$이므로 기울기 : 1, y절편 : -3
x축의 양의 방향과 이루는 각 θ는
$\tan\theta=1 \rightarrow \theta=45°$

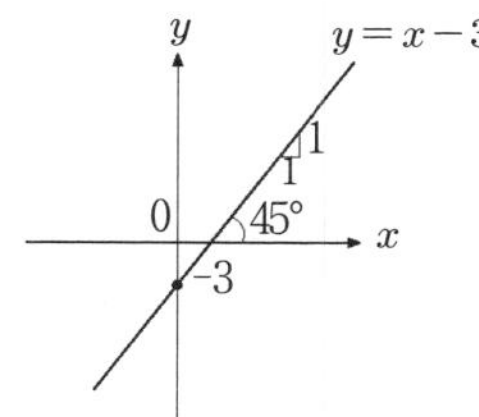

··· 【예제 6】 ·········

직선 $(a+2)x-y+b-2=0$이 x축의 양의 방향과 이루는 각의 크기가 45°이고 y절편이 -1일 때 상수 a, b의 값을 구하라.

풀이 $(a+2)x-y+b-2=0$에서 $y=(a+2)x+(b-2)$
기울기 : $a+2=\tan 45°$
$\therefore a+2=1 \qquad \therefore a=-1$
y의 절편은 $x=0$일 때 y의 값이므로
$y=b-2=-1 \qquad \therefore b=1$

2) 절대 값 기호가 있는 1차 함수

그 수가 항상 양의 값을 나타내는 것을 절대 값이라 하며, 기호로는 $|\ |$를 쓰고, $|A|$를 절대 값 A라 한다.

$A\geqq 0$일 때 $|A|=A$, $A<0$일 때 $|A|=-A$

··· 【예제 7】 ·········

절대 값을 가진 1차 함수 $y=|x-2|-1$의 그래프를 그려라.

풀이 (1) $x-2\geqq 0$일 때 $y=(x-2)-1$
$\rightarrow x\geqq 2$일 때 $y=x-3$
(2) $x-2<0$일 때 $y=-(x-2)-1$
$\rightarrow x<2$일 때 $y=-x+1$

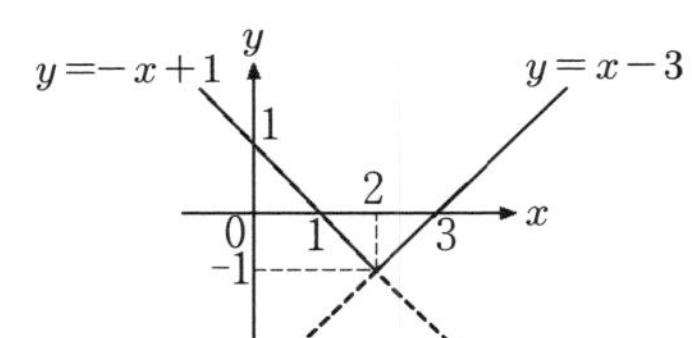

【예제 8】

$|y|=2x$의 그래프를 그려라.

풀이 (1) $y \geqq 0$일 때 $|y|=y$

$$\therefore y = 2x$$

(2) $y < 0$일 때 $|y|=-y$

$$\therefore -y = 2x$$
$$\rightarrow y = -2x$$

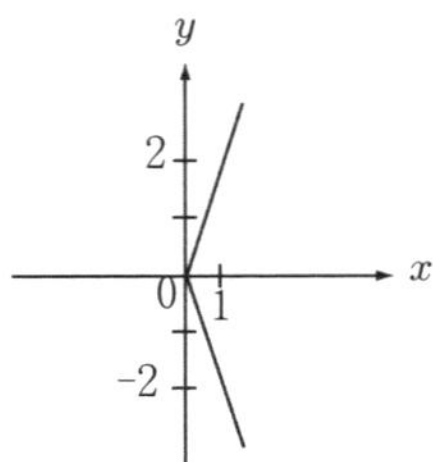

【예제 9】

$|x|+|y|=3$의 그래프를 그려라.

풀이 (1) $x \geqq 0,\ y \geqq 0$ 일 때 : $x+y=3$

(2) $x \geqq 0,\ y < 0$ 일 때 : $x-y=3$

(3) $x < 0,\ y \geqq 0$ 일 때 : $-x+y=3$

(4) $x < 0,\ y < 0$ 일 때 : $-x-y=3$

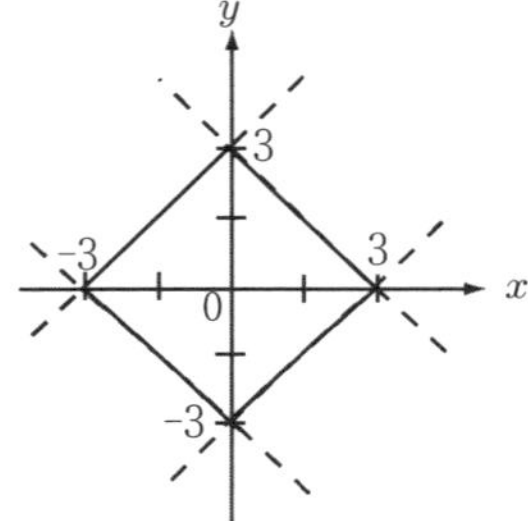

【예제 10】

$|x| \leqq 3$에서 $y=|x-2|+x$의 최대 값과 최소 값을 구하라.

풀이 $|x| \leqq 3$, 즉 $-3 \leqq x \leqq 3$에서

(1) $x-2 \geqq 0$ 일 때 $x \geqq 2$

$$y = x-2+x = 2x-2$$

(2) $x-2 < 0$ 일 때 $x < 2$

$$y = -(x-2)+x$$
$$= 2$$

$\therefore$ 최대 값 4

최소 값 2

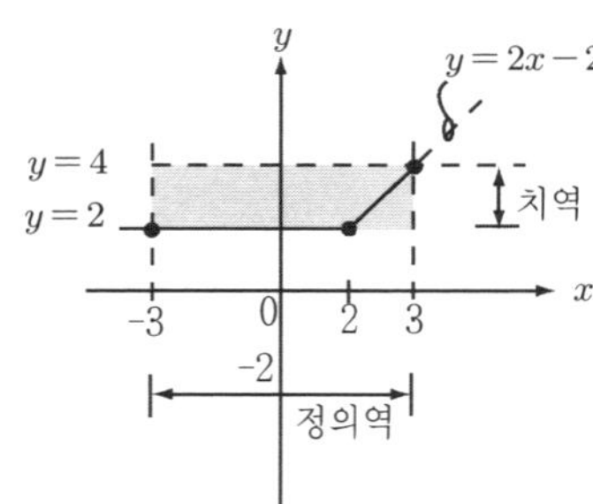

함수 $y = |x-3| + |x+4|$의 그래프를 그려라.

풀이 $y = |x-3| + |x+4|$에서

(1) $x < -4$ 일 때

$$y = -(x-3) - (x+4)$$
$$= -2x - 1$$

(2) $-4 \leqq x < 3$ 일 때

$$y = -(x-3) + (x+4)$$
$$= 7$$

(3) $x \geqq 3$ 일 때

$$y = (x-3) + (x+4)$$
$$= 2x + 1$$

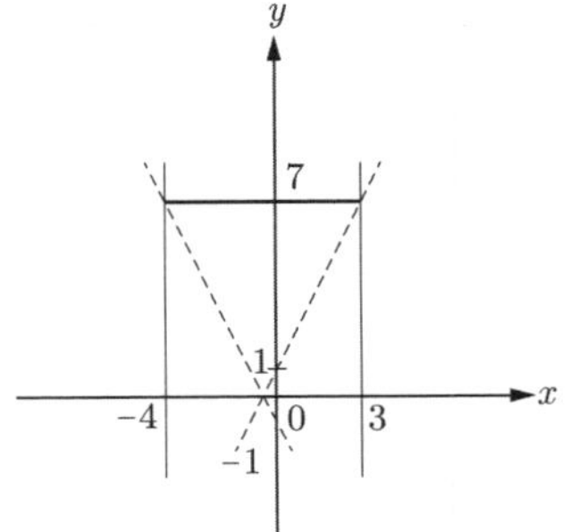

② 2차 함수

1) $y = ax^2$의 그래프

원점을 꼭지점으로 하고, y축을 축으로 하는 포물선이다.

· $a>0$이면 아래로 볼록한 포물선($\cup$꼴)이고,

$a<0$이면 위로 볼록한 포물선($\cap$꼴)이다.

· a의 값이 클수록 y축 쪽으로 오므라진다.

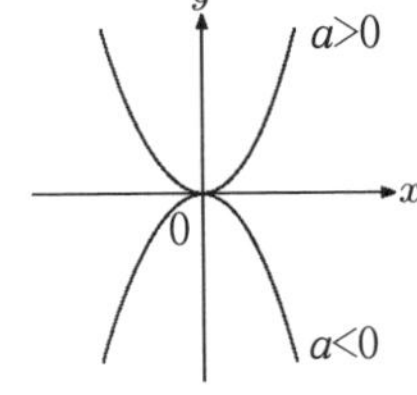

2) $y = a(x-m)^2 + n$의 그래프

$y = ax^2$의 그래프를 x축의 방향으로 m만큼,

y축의 방향으로 n만큼 평행 이동한 것이다.

따라서, $y = ax^2$의 그래프와 합동인 포물선이고,

꼭지점 : (m, n), 축 : $x = m$

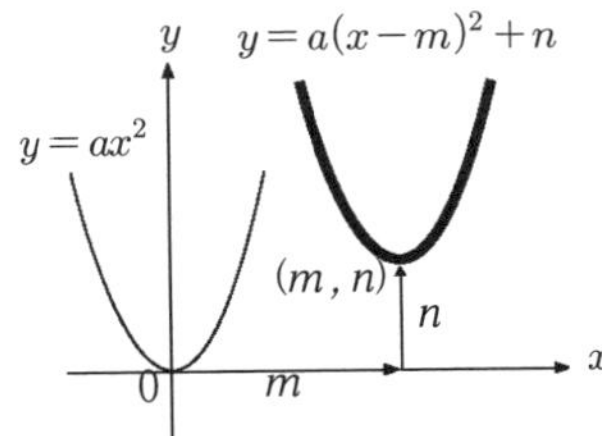

3) $y = ax^2 + bx + c$ **의 그래프**

$$y = ax^2 + bx + c$$

$$= a(x^2 + \frac{b}{a}x) + c$$

$$= a\left\{x^2 + \frac{b}{a}x + (\frac{b}{2a})^2 - (\frac{b}{2a})^2\right\} + c$$

$$= a\left\{x^2 + \frac{b}{a}x + (\frac{b}{2a})^2\right\} - a \times \frac{b^2}{4a^2} + c$$

$$= a(x + \frac{b}{2a})^2 - (\frac{b^2 - 4ac}{4a})$$

$y = ax^2 + bx + c$ 의 그래프는 $y = ax^2$ 의 그래프를 x 축의 방향으로 $-\dfrac{b}{2a}$,

y 축의 방향으로 $-\dfrac{b^2 - 4ac}{4a}$ 만큼 평행 이동한 것으로써

꼭지점 : $(-\dfrac{b}{2a} , -\dfrac{b^2 - 4ac}{4a})$, 축 : $x = -\dfrac{b}{2a}$, y 절편 : c

---

【예제 12】

다음 2차함수의 그래프를 그려라.

① $y = 2x^2 - 1$　　② $y = 2x^2 - 4x - 3$　　③ $y = -2x^2 - 6x$

풀이 (1) $y = 2x^2$ 의 그래프를 y 축의 방향으로 –1 만큼 평행 이동한 것이다.

(2) $y = 2x^2 - 4x - 3 = 2(x^2 - 2x) - 3 = 2(x - 1)^2 - 5$

　　$y = 2x^2$ 의 그래프를 x 축의 방향으로 1, y 축의 방향으로 –5 만큼 평행 이동한 것이다.

　　꼭지점 : (1, –5), 축 : $x = 1$, 아래로 볼록한 포물선

(3) $y = -2x^2 - 6x = -2(x^2 + 3x) = -2\left\{x^2 + 3x + (\frac{3}{2})^2 - (\frac{3}{2})^2\right\} = -2(x + \frac{3}{2})^2 + \frac{9}{2}$

　　$y = 2x^2$ 의 그래프를 x 축의 방향으로 $-\dfrac{3}{2}$, y 축의 방향으로 $\dfrac{9}{2}$ 만큼 평행 이동한 것이다.

　　꼭지점 : $(-\dfrac{3}{2} , \dfrac{9}{2})$, 축 : $x = -\dfrac{3}{2}$, 위로 볼록한 포물선

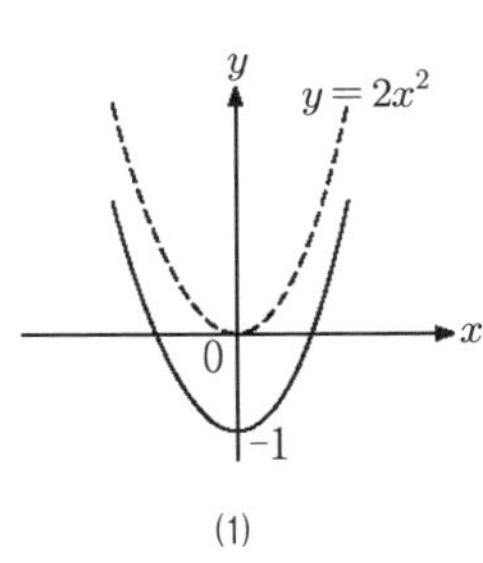

(1)

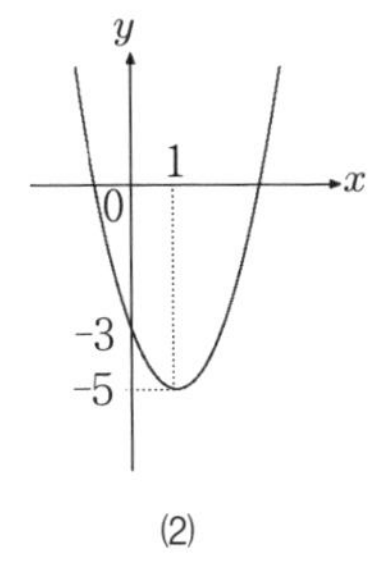

(2)

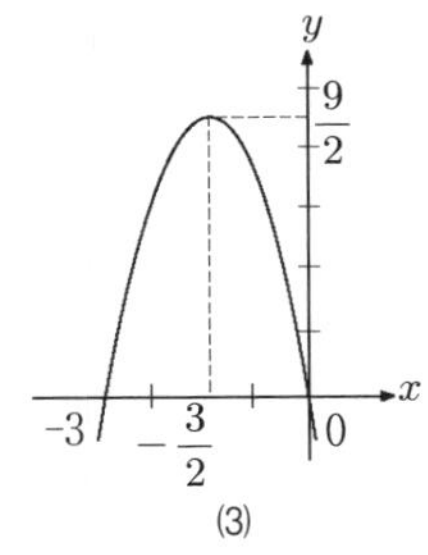

(3)

③ 3차 함수

1) $y = ax^3$의 그래프

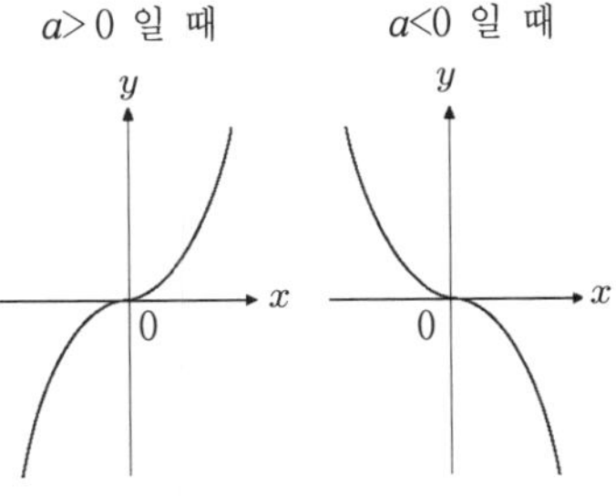

· 원점에 대하여 대칭이다.

· $a>0$이면, x가 증가하면 y도 증가한다.

  $a<0$이면, x가 증가하면 y는 감소한다.

2) $y = a(x-m)^3 + n$의 그래프

$y = ax^3$의 그래프를 x축의 방향으로 m만큼, y축의 방향으로 n만큼 평행 이동한 것이다.

3) 우함수와 기함수

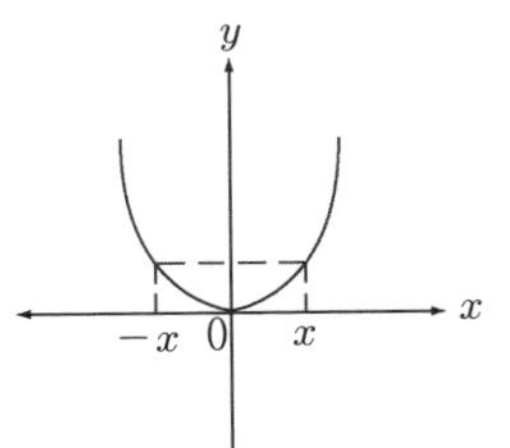

· 우함수 : $f(-x) = f(x)$인 성질을 가지는 함수,

  그래프는 y축에 대하여 대칭이다.

  $[\,y = x^2, \cdots\,]$

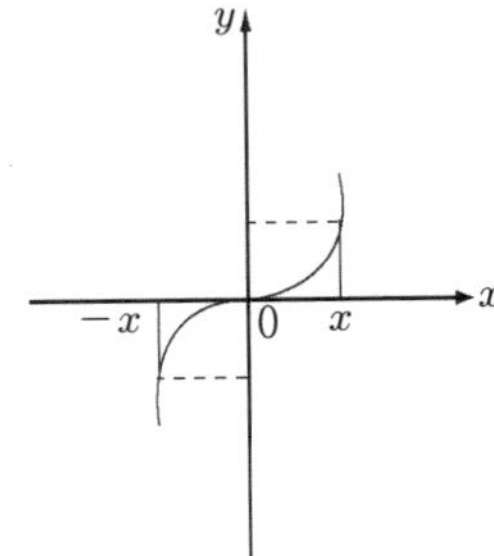

· 기함수 : $f(-x) = -f(x)$인 성질을 가지는 함수,

  그래프는 원점에 대하여 대칭이다.

  $[\,y = x^3, \cdots\,]$

···【예제 13】··

3차 함수 $y = x^3$, $y = \dfrac{1}{2}x^3$ 의 그래프를 그려라.

··

풀이 $y = \dfrac{1}{2}x^3$ 의 그래프는 $y = x^3$ 의 그래프에 비하여 x 축에 더 접근한 곡선이다.

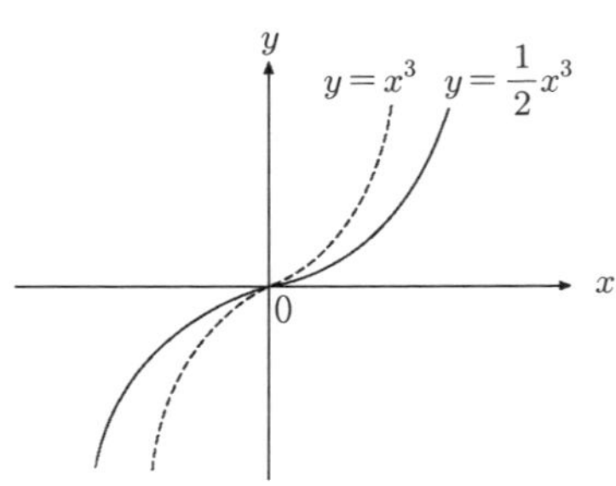

④ 분수함수

$\dfrac{1}{x}$, $\dfrac{x}{2x+1}$, …와 같이 분모가 상수가 아닌 유리함수를 분수함수라고 한다.

$y = \dfrac{1}{x}$ 에 있어서 x 에 여러 가지 값을 대입하고 이에 대응하는 y 값을 얻어, 그 x 값을 x 좌표, y 값을 y 좌표로 하는 점들의 그래프를 그리면 쌍곡선(한 쌍의 곡선)이 된다.

쌍곡선은 원점으로부터 멀어질수록 x 축 또는 y 축에 한없이 가까워진다.

이 x 축, y 축과 같은 직선을 점근선이라 하고, 점근선이 서로 수직인 쌍곡선을 직각쌍곡선이라고 한다.

1) $y = \dfrac{a}{x}$ 의 그래프

· $a > 0$이면 제 1, 3 사분면에 있고,
  $a < 0$이면 제 2, 4 사분면에 있다.
· 원점에 대하여 대칭이다.
· x 축과 y 축을 점근선으로 하는 직각 쌍곡선이다.
· $|a|$ 가 클수록 곡선은 원점에서 멀어진다.

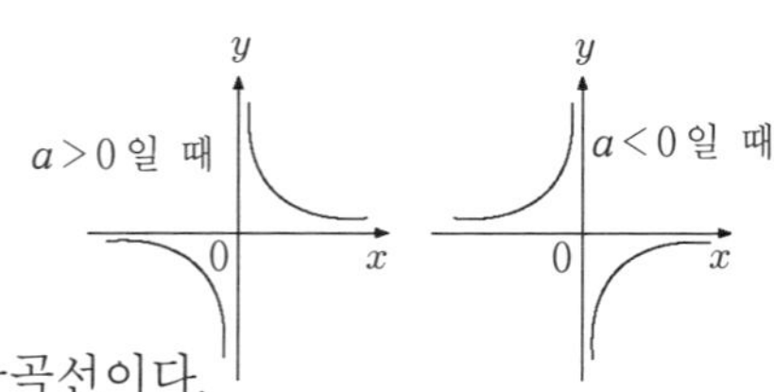

2) $y = \dfrac{a}{x-m} + n$의 그래프

$y = \dfrac{a}{x}$의 그래프를 x축의 방향으로 m 만큼,

y축의 방향으로 n 만큼 평행 이동한 것이다.

· 점(m, n)에 대하여 대칭인 직각 쌍곡선이다.

· 점근선은 $x = m$, $y = n$ 이다.

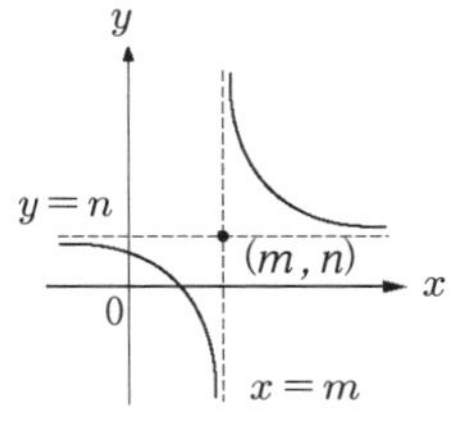

【예제 14】

분수함수 $y = \dfrac{1}{x}$, $y = \dfrac{2}{x}$의 그래프를 그려라.

풀이 $y = \dfrac{2}{x}$의 그래프는 $y = \dfrac{1}{x}$의 그래프에 비하여 원점에서 더 멀어진 직각 쌍곡선이다.

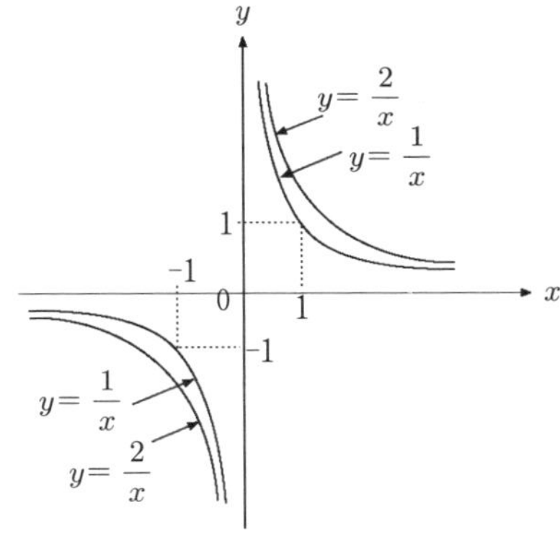

⑤ 무리함수

$y = f(x)$에서 $f(x)$가 $\sqrt{x-2}$, $\sqrt{4-x^2}$, …과 같이 x에 대한 무리식일 때, 이 함수를 무리함수라고 한다.

$y = \sqrt{x}$에 있어서, x에 $x \geqq 0$인 여러 가지 값을 대입하고 이에 대응하는 y값을 얻어, 그 x값을 x좌표, y값을 y좌표로 하는 점들의 집합을 생각하면 다음과 같은 그래프를 얻을 수 있다.

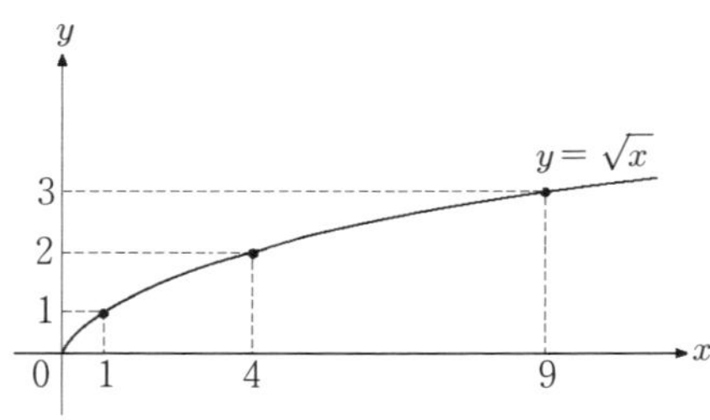

- $y= \sqrt{ax+b} +c$의 그래프

$$y= \sqrt{ax+b} +c = \sqrt{a\left(x+\dfrac{b}{a}\right)} + c$$

→ $y= \sqrt{ax}$ 의 그래프를 x축의 방향으로 $-\dfrac{b}{a}$, y축의 방향으로 c 만큼 평행 이동한 것이다.

무리함수 $y= \sqrt{4x-8} -1$의 그래프를 그려라.

풀이 $y= \sqrt{4x-8} -1 = \sqrt{4(x-2)} -1 \,(x \geq 2)$

→ $y= \sqrt{4x}$ 의 그래프를 x축의 방향으로 $+2$, y축의 방향으로 -1만큼 평행 이동한 것이다.

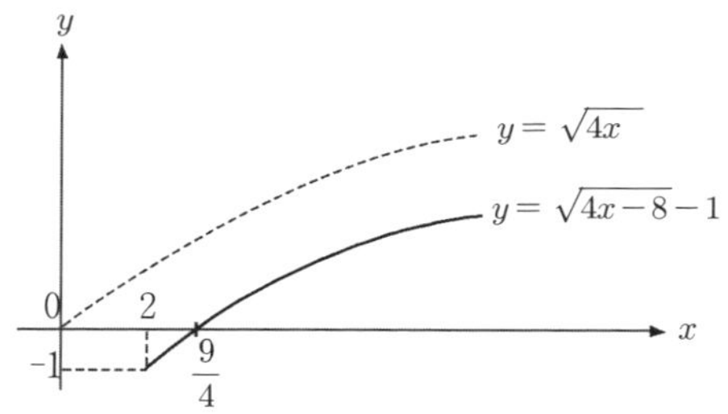

3. 지수함수와 로그함수

① 지수함수

1) 거듭제곱과 거듭제곱근

- 거듭제곱

임의의 실수 a와 양의 정수 n에 대하여

$a^n = a \times a \times a \times \cdots \times a \,(a$를 n번 곱한 것$)$, a^n은 a의 n제곱이라 한다.

특히, a^2을 a의 제곱, a^3을 a의 세제곱, $\cdots$이라 하고

또, a^1, a^2, a^3, $\cdots$을 통틀어서 a의 거듭제곱이라 한다.

또, a^n에서 a를 거듭제곱의 밑, n을 거듭제곱의 지수라 한다.

● 거듭제곱근

제곱해서 a가 되는 수를 a의 제곱근, 세제곱해서 a가 되는 수를 a의 세제곱근이라 한다.

n제곱해서 a가 되는 수, 즉 $x^n = a$를 만족시키는 수 x를 a의 n제곱근이라고 한다. 또한, 제곱근, 세제곱근, $\cdots$을 통틀어 a의 거듭제곱근이라 한다.

① n이 홀수일 때 : $\sqrt[n]{a}$

② n이 짝수일 때 : 절대 값이 같은 양수와 음수 2개 $\rightarrow \sqrt[n]{a}$, $-\sqrt[n]{a}$

> **예** $a^2 = 9 \Rightarrow a = \pm\sqrt[2]{3^2} = \pm 3$
>
> $a^3 = 27 \Rightarrow a = \sqrt[3]{3^3} = 3$
>
> $a^3 = -27 \Rightarrow a = \sqrt[3]{(-3)^3} = -3$

● 거듭제곱근의 성질

$x^n = a (x > 0,\ a > 0)$이면 $\rightarrow x = \sqrt[n]{a}$ 이고, $(\sqrt[n]{a})^n = a$

$a > 0$, $b > 0$이고, m, n이 양의 정수일 때

① $\sqrt[n]{a}\,\sqrt[n]{b} = \sqrt[n]{ab}$

② $\dfrac{\sqrt[n]{a}}{\sqrt[n]{b}} = \sqrt[n]{\dfrac{a}{b}}$

③ $(\sqrt[n]{a})^m = \sqrt[n]{a^m}$

④ $\sqrt[m]{\sqrt[n]{a}} = \sqrt[mn]{a} = \sqrt[n]{\sqrt[m]{a}}$

⑤ $\sqrt[np]{a^{mp}} = \sqrt[n]{a^m}$ (단, p는 양의 정수)

> **예** $\sqrt[2]{2^2} \cdot \sqrt[2]{3^2} = 2 \times 3 = 6$, $\sqrt[2]{2^2 \times 3^2} = \sqrt[2]{4 \times 9} = \sqrt[2]{6^2} = 6$
>
> $\dfrac{\sqrt[2]{2^2}}{\sqrt[2]{3^2}} = \dfrac{2}{3}$, $\sqrt[2]{\dfrac{2^2}{3^2}} = \sqrt[2]{\left(\dfrac{2}{3}\right)^2} = \dfrac{2}{3}$
>
> $(\sqrt[2]{2^2})^3 = 2^3$, $\sqrt[2]{(2^2)^3} = \sqrt[2]{2^6} = 2^{6 \times \frac{1}{2}} = 2^3$
>
> $\sqrt[3]{\sqrt[2]{2^2}} = \sqrt[3]{2} = 2^{\frac{1}{3}}$, $\sqrt[3 \times 2]{2^2} = 2^{2 \times \frac{1}{3 \times 2}} = 2^{\frac{1}{3}}$

$$2\sqrt{3\sqrt{2^2}} = 2\sqrt{2^{2\times\frac{1}{3}}} = 2^{\frac{2}{3}\times\frac{1}{2}} = 2^{\frac{1}{3}}$$

【예제 16】

다음 식을 간단히 하라.

(1) $\sqrt[4]{81}$ (2) $\sqrt[3]{-125}$ (3) $\sqrt[4]{3\sqrt{16}} \times \sqrt{3\sqrt{16}}$

풀이 (1) $\sqrt[4]{81} = \sqrt[4]{3^4} = 3$

(2) $\sqrt[3]{-125} = \sqrt[3]{(-5)^3} = -5$

(3) $\sqrt[4]{3\sqrt{16}} \times \sqrt{3\sqrt{16}} = \sqrt[3]{4\sqrt{16}} \times \sqrt[3]{2\sqrt{16}} = \sqrt[3]{2} \times \sqrt[3]{4} = \sqrt[3]{8} = 2$

【예제 17】

$\sqrt{2}$, $\sqrt[3]{3}$, $\sqrt[6]{10}$ 의 대소를 비교하라.

풀이 2, 3, 6의 최소 공배수가 6인 것에 착안하면,

· $\sqrt{2} = 2\sqrt{2} = {}^{2\times3}\sqrt{2^{1\times3}} = \sqrt[6]{2^3} = \sqrt[6]{8}$

· $\sqrt[3]{3} = {}^{3\times2}\sqrt{3^{1\times2}} = \sqrt[6]{3^2} = \sqrt[6]{9}$

∴ $\sqrt{2} < \sqrt[3]{3} < \sqrt[6]{10}$

【예제 18】

$5^{0.5}$, $\sqrt{125}$, $\sqrt[3]{25}$ 의 대소를 비교하라.

풀이 $\sqrt{125} = 125^{\frac{1}{2}} = (5^3)^{\frac{1}{2}} = 5^{\frac{3}{2}}$

$\sqrt[3]{25} = 25^{\frac{1}{3}} = (5^2)^{\frac{1}{3}} = 5^{\frac{2}{3}} \Rightarrow 0.5 < \frac{2}{3} < \frac{3}{2}$

밑이 1보다 클 때 : 지수가 큰 수가 크다.

∴ $5^{0.5} < \sqrt[3]{25} < \sqrt{125}$

【예제 19】

$\sqrt[4]{\dfrac{\sqrt{x}}{3\sqrt{x}}} \times \sqrt{\dfrac{6\sqrt{x}}{4\sqrt{x}}}$ (단, $x>0$)을 간단히 하시오.

풀이 $\dfrac{\sqrt[4]{\sqrt{x}}}{\sqrt[4]{3\sqrt{x}}} \times \dfrac{\sqrt{6\sqrt{x}}}{\sqrt{4\sqrt{x}}} = \dfrac{\sqrt[8]{x}}{\sqrt[12]{x}} \times \dfrac{\sqrt[12]{x}}{\sqrt[8]{x}} = 1$

2) 지수의 확장

지수가 자연수(양의 정수)인 경우에서 지수가 0과 음의 정수, 유리수의 범위까지를 지수의 확장이라 한다.

- 지수가 0또는 음의 정수인 경우

  $a \neq 0$이고 n이 양의 정수일 때 $a^{\circ} = 1,\ a^{-n} = \dfrac{1}{a^n}$

  예 $5^{\circ} = 1,\ (-2)^{\circ} = 1,\ 3^{-2} = \dfrac{1}{3^2},\ \left(\dfrac{1}{2}\right)^{-1} = (2^{-1})^{-1} = 2$

- 지수가 유리수인 경우

  $a > 0$이고 m은 정수, $n \geqq 2$인 자연수 일 때

  예 $\quad a^{\frac{m}{n}} = \sqrt[n]{a^m} \qquad\qquad\qquad a^{\frac{1}{n}} = \sqrt[n]{a}$

  $\quad a^{-\frac{m}{n}} = \dfrac{1}{a^{\frac{m}{n}}} = \dfrac{1}{\sqrt[n]{a^m}} \qquad\qquad a^{-\frac{1}{n}} = \dfrac{1}{a^{\frac{1}{n}}} = \dfrac{1}{\sqrt[n]{a}}$

  예 $\quad 8^{\frac{4}{3}} = \sqrt[3]{8^4} = \sqrt[3]{(2^3)^4} = \sqrt[3]{(2^4)^3} = 2^4 = 16$

  $\quad 81^{-\frac{1}{2}} = \dfrac{1}{81^{\frac{1}{2}}} = \dfrac{1}{\sqrt[2]{81}} = \dfrac{1}{\sqrt[2]{9^2}} = \dfrac{1}{9}$

- 지수법칙

  $a > 0,\ b > 0$이고 $m,\ n$이 유리수일 때

  ① $a^m \times a^n = a^{m+n}$

  ② $a^m \div a^n = a^{m-n}$

  ③ $(a^m)^n = a^{mn}$

  ④ $(ab)^n = a^n b^n$

  주의 $\quad \{(-3)^2\}^{1.5} = (3^2)^{1.5} = 3^{2 \times 1.5} = 27$

  $\qquad\qquad \neq (-3)^{2 \times 1.5} = -27$

【예제 20】

$x^a = y^b$일 때 x와 $a^x = k$일 때 a를 구하라.

풀이 $x^a = y^b$에서

$$(x^a)^{\frac{1}{a}} = (y^b)^{\frac{1}{a}}$$

$$x = y^{\frac{b}{a}}$$

$a^x = k$에서

$$(a^x)^{\frac{1}{x}} = (k)^{\frac{1}{x}}$$

$$a = k^{\frac{1}{x}}$$

【예제 21】

다음 식을 간단히 하라.

① $\left\{ \left(\dfrac{9}{16} \right)^{-\frac{4}{3}} \right\}^{\frac{3}{8}}$ 　　　② $\left(\sqrt[3]{2} \times 2^2 \div \sqrt{2^3} \right)^{-6}$ 　　　③ $\sqrt[4]{16a\sqrt{a}} \div \sqrt[8]{a^3}$

풀이 (1) $\left\{ \left(\dfrac{9}{16} \right)^{-\frac{4}{3}} \right\}^{\frac{3}{8}} = \left(\dfrac{9}{16} \right)^{-\frac{4}{3} \times \frac{3}{8}} = \left(\dfrac{9}{16} \right)^{-\frac{1}{2}} = \left\{ \left(\dfrac{3}{4} \right)^2 \right\}^{-\frac{1}{2}} = \left(\dfrac{3}{4} \right)^{-1} = \dfrac{1}{\frac{3}{4}} = \dfrac{4}{3}$

(2) $\left(\sqrt[3]{2} \times 2^2 \div \sqrt{2^3} \right)^{-6} = \left(2^{\frac{1}{3}} \times 2^2 \div 2^{\frac{3}{2}} \right)^{-6} = \left(2^{\frac{1}{3} + 2 - \frac{3}{2}} \right)^{-6} = \left(2^{\frac{5}{6}} \right)^{-6} = 2^{-5} = \dfrac{1}{2^5} = \dfrac{1}{32}$

(3) $\sqrt[4]{16a\sqrt{a}} \div \sqrt[8]{a^3} = \sqrt[4]{16} \cdot \sqrt[4]{a^{1+\frac{1}{2}}} \div a^{\frac{3}{8}} = 2 \cdot a^{\frac{3}{2} \times \frac{1}{4}} \div a^{\frac{3}{8}} = 2 \cdot a^{\frac{3}{8} - \frac{3}{8}} = 2a^0 = 2 \cdot 1 = 2$

별해 (3) $\left(2^4 \times a^{1+\frac{1}{2}} \right)^{\frac{1}{4}} \div a^{\frac{3}{8}}$

$$= 2^{\left(4 \times \frac{1}{4} \right)} \times a^{\left(\frac{3}{2} \times \frac{1}{4} \right)} \div a^{\frac{3}{8}} = 2 \times a^{\frac{3}{8}} \div a^{\frac{3}{8}} = 2 \times a^{\left(\frac{3}{8} - \frac{3}{8} \right)} = 2 \times a^\circ = 2$$

【예제 22】

콘크리트의 단위 중량 $W_c = 2.0\,\text{t/m}^3$, 콘크리트의 압축강도 $f_{ck} = 400\text{kg/cm}^2$일 때, 콘크리트의 탄성계수 E_c를 구하라.(단, $E_c = 3 \times 10^3\, W_c^{1.5} \sqrt{f_{ck}} + 70{,}000$, $\sqrt{2} = 1.414$)

풀이 $E_c = 3 \times 10^3\, W_c^{1.5} \sqrt{f_{ck}} + 70{,}000 = \left(3 \times 10^3 \times 2^{1.5} \times \sqrt{400} \right) + 70{,}000$

$$= \left\{ 3 \times 10^3 \times \left(2 \times 2^{\frac{1}{2}} \right) \times \sqrt{20^2} \right\} + 70{,}000 = \left(3 \times 10^3 \times 2 \times \sqrt{2} \times 20 \right) + 70{,}000 = 239{,}706\,\text{kg/cm}^2$$

$$\fallingdotseq 2.4 \times 10^5\,\text{kg/cm}^2$$

【예제 23】

철근콘크리트 보에서 β_c 를 도심에서 보 밑까지 거리를 도심에서 철근까지 거리로 나눈 값, f_s 를 철근의 인장응력, d_c 를 인장측 연단에서 철근 중심까지의 거리, A를 유효 인장단면적으로 하면, 균열 폭은 거글리-루츠 방정식에서 $w = 1.08\,\beta_c f_s{}^3\sqrt{d_c \cdot A} \times 10^{-5}(\mathrm{mm})$ 로 주어진다. 여기서, $\beta_c = 1.2$, $f_s = 2{,}400\,\mathrm{kg/cm^2}$, $d_c = 6\mathrm{cm}$, $A = 121.5\mathrm{cm^2}$ 인 철근콘크리트 보의 균열 폭을 구하라.

풀이

$$w = 1.08\,\beta_c f_s{}^3\sqrt{d_c \cdot A} \times 10^{-5} = 1.08 \times 1.2 \times 2{,}400 \times {}^3\sqrt{6 \times 121.5} \times 10^{-5}$$

$$= 1.08 \times 1.2 \times 2{,}400 \times {}^3\sqrt{729} \times \frac{1}{10^5} = 1.08 \times 1.2 \times 2{,}400 \times {}^3\sqrt{9^3} \times \frac{1}{100{,}000} = 0.28\mathrm{mm}$$

【예제 24】

$x^{\frac{1}{2}} + x^{-\frac{1}{2}} = 2$ 일 때, 다음 식을 구하라.

(1) $x + x^{-1}$ (2) $x^2 + x^{-2}$

풀이

(1) $x^{\frac{1}{2}} + x^{-\frac{1}{2}} = 2$ 의 양변을 제곱하면

$$(x^{\frac{1}{2}} + x^{-\frac{1}{2}})^2 = 2^2 \text{에서} \quad x^{(\frac{1}{2})} \cdot x^{(\frac{1}{2})} + 2x^{\frac{1}{2}} \cdot x^{-\frac{1}{2}} + x^{-\frac{1}{2}} \cdot x^{-\frac{1}{2}} = 4$$

$$x^{(\frac{1}{2} + \frac{1}{2})} + 2 \cdot x^{(\frac{1}{2} - \frac{1}{2})} + x^{(-\frac{1}{2} - \frac{1}{2})} = 4$$

$$\therefore \ x + 2 \cdot x^\circ + x^{-1} = 4$$

$$\Rightarrow x + x^{-1} = 2$$

(2) $(x + x^{-1}) = 2$ 에서 양변제곱하면

$$(x + x^{-1})^2 = 2^2 \ \Rightarrow \ x^2 + 2x^1 \cdot x^{-1} + (x^{-1})^2 = 4$$

$$x^2 + x^{-2} = 2$$

【예제 25】

$a^{2x} = 4$ 일때, 다음 식의 값을 구하라.

(1) $\dfrac{a^x - a^{-x}}{a^x + a^{-x}}$ (2) $\dfrac{a^{3x} + a^{-3x}}{a^x + a^{-x}}$

풀이 분모항을 간단히 한다.

(1) $\dfrac{a^x - a^{-x}}{a^x + a^{-x}} \times \left(\dfrac{a^x}{a^x}\right) = \dfrac{a^x \cdot a^x - a^{-x} \cdot a^x}{a^x \cdot a^x + a^{-x} \cdot a^x} = \dfrac{a^{2x} - 1}{a^{2x} + 1} = \dfrac{4-1}{4+1} = \dfrac{3}{5}$

(2) $\dfrac{a^{3x}+a^{-3x}}{a^x+a^{-x}}\times(\dfrac{a^x}{a^x})=\dfrac{a^{4x}+a^{-2x}}{a^{2x}+1}=\dfrac{(a^{2x})^2+\dfrac{1}{a^{2x}}}{a^{2x}+1}=\dfrac{4^2+\dfrac{1}{4}}{4+1}=\dfrac{13}{4}$

3) 지수함수

a가 1이 아닌 양의 상수일 때, 함수 $y=a^x$ 을 a를 밑으로 하는 지수함수라고 한다.
지수함수 $y=a^x$ 의 그래프는 다음과 같다.

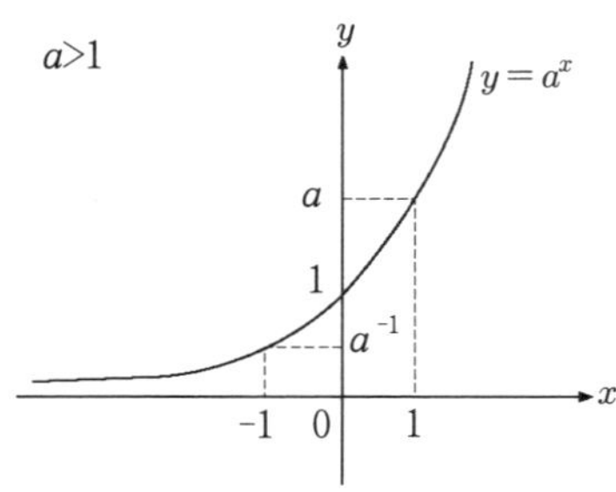

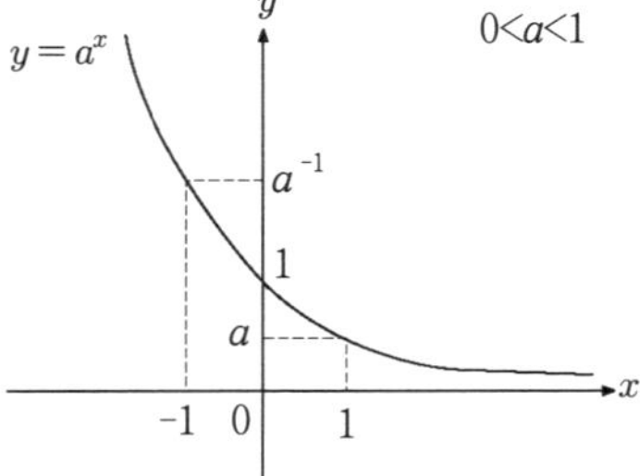

- 지수함수 $y=a^x$ 의 성질

① 그래프는 정점 $(0, 1)$을 지난다.

② 그래프는 x 축의 위쪽에 존재한다.$(y>0)$

③ 그래프는 x 축$(y=0)$을 점근선으로 한다.

④ $a>1$일 때 x 가 증가하면 y 도 증가한다.

　$0<a<1$일 때 x 가 증가하면 y 는 감소한다.

⑤ $y=a^x$ 와 $y=(\dfrac{1}{a})^x$ 의 그래프는 y 축에 대하여 대칭이다.

기호 지수함수 e^x를 $\exp x$ 또는 $\exp(x)$ 로 기술하며, exponential로 읽는다.

···· 【예제 26】 ·········

지수함수 $y=2^x$ 와 $y=(\dfrac{1}{2})^x$ 의 그래프를 그려라.

풀이 $y=2^x$ 의 그래프와 $y=(\dfrac{1}{2})^x$ 의 그래프는 y 축에 대하여 대칭이며, 이때의 점근선은 x 축이다.

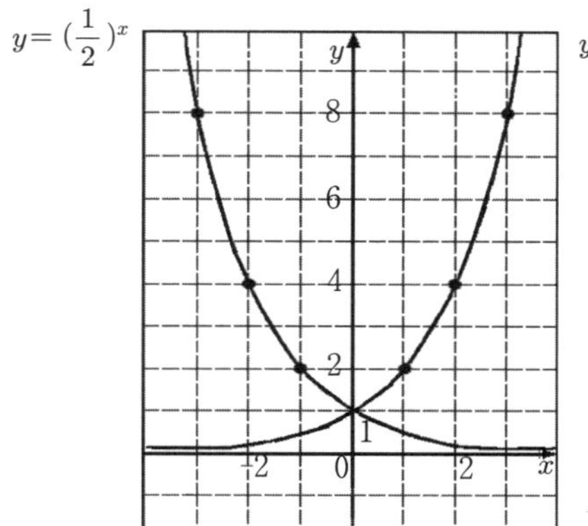

【예제 27】

지수함수의 그래프를 그려라.

(1) $y=-2^x$　　　(2) $y=2^{x-1}$　　　(3) $y=2^x+3$　　　(4) $y=2^{|x|}$

풀이 (1) $y=-(2)^x$

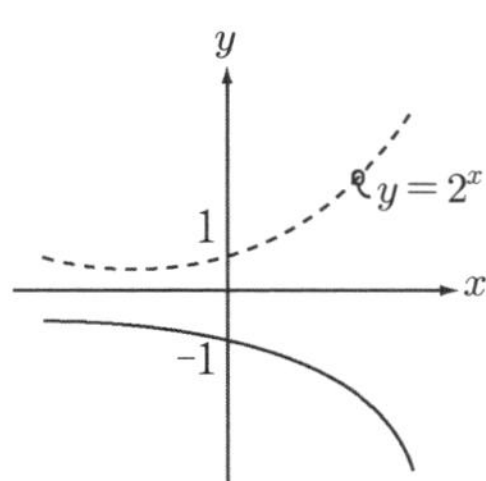

(2) $y=2^{x-1}$

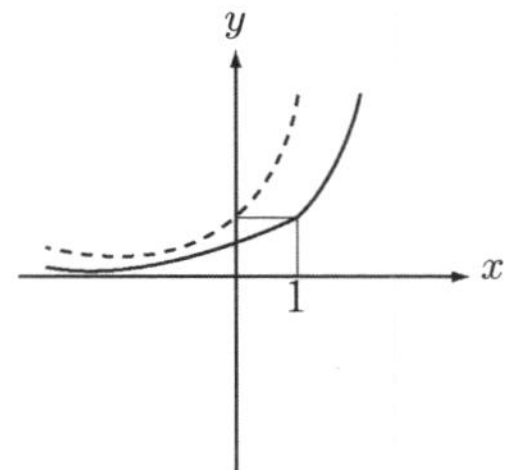

(3) $y=2^x+3$

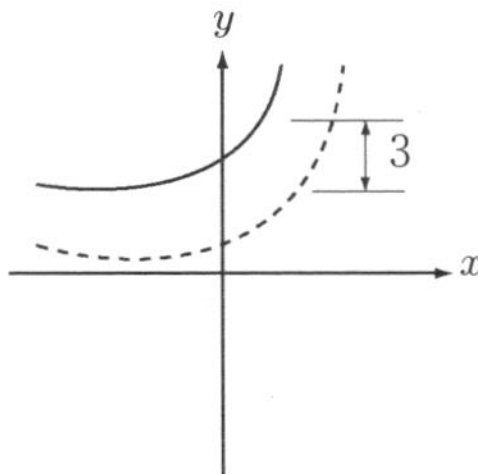

(4) $y=2^{|x|}$

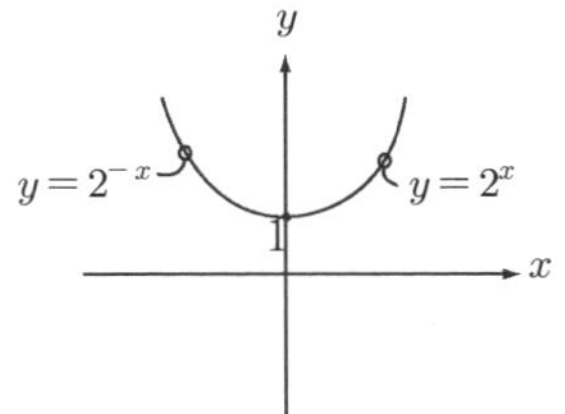

$x\geq 0 \rightarrow y=2^x$

$x<0 \rightarrow y=2^{-x}=(\frac{1}{2})^x$

$\qquad\qquad\qquad =\dfrac{1}{2^x}$

지역 : $y\geq 1$

【예제 28】

주어진 범위 내에서 다음 각 함수의 최대 값, 최소 값을 구하라.

① $y = 2^{1-x} \ (-2 \leq x \leq 2)$　　　　② $y = 3^x \cdot 2^{-x} \ (0 \leq x \leq 1)$

풀이 (1) $y = 2^{1-x} \quad (-2 \leq x \leq 2)$

$$= 2^{1-x} = 2^{-(x-1)}$$

$$= \left(\frac{1}{2}\right)^{x-1}$$

$x = -2$일 때 : $y = 2^{2+1} = 8$

$x = 2$일 때 : $y = 2^{1-2} = 2^{-1} = \dfrac{1}{2}$

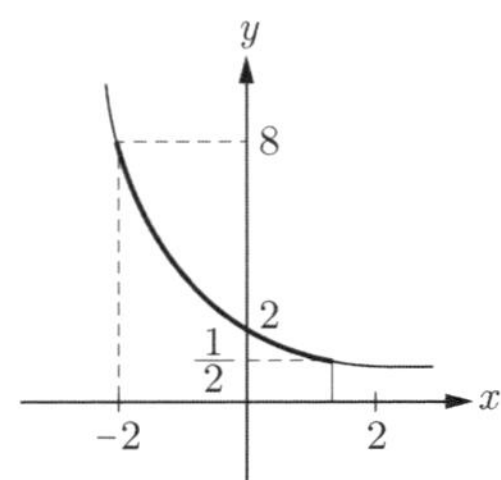

(2) $y = 3^x \cdot 2^{-x} \quad (0 \leq x \leq 1)$

$$= 3^x \cdot \left(\frac{1}{2}\right)^x = \left(\frac{3}{2}\right)^x$$

$x = 0 \ : \ y = \left(\dfrac{3}{2}\right)^0 = 1$

$x = 1 \ : \ y = \left(\dfrac{3}{2}\right)^1 = \dfrac{3}{2}$

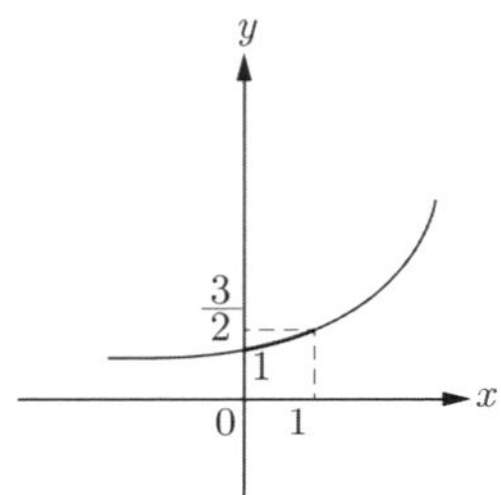

② 로그함수

1) 로그와 그 성질

- **로그의 정의**

  임의의 양수 b에 대하여 $a^x = b$를 만족시키는 실수 x는 단 하나 존재한다.
  이 x를 $x = \log_a b$로 나타내고, 이것을 a를 밑으로 하는 b의 로그라고 한다.
  이때 b를 $x = \log_a b$의 진수라고 한다.

  $a > 0$, $a \neq 1$, $b > 0$일 때 $a^x = b \ \Leftrightarrow \ x = \log_a b$

  기호 log는 logarithm의 약자이다.

  주의 밑 a는 1이 아닌 양수이며, 진수 b는 양수이다.

  $\rightarrow \log_1 3, \ \log_0 5, \ \log_a 0, \ \log(-2), \ \cdots$ 는 무의미하다.

  이를테면 $2^3 = 8$로부터 $3 = \log_2 8$

  즉, 3은 2를 밑으로 하는 8의 로그이고, 8은 $\log_2 8$의 진수이다.

【예제 29】

다음 식의 값이 존재하기 위한 x의 값의 범위를 구하라.

(1) $\log_3 (x-3)^2$

(2) $\log_{(x-2)}(-x^2+4x-3)$

풀이 (1) 진수 조건에서

$(x-3)^2 > 0$으로부터 $x \neq 3$인 모든 실수

(2) 밑조건에서 $x-2 \neq 1$, $x-2 > 0$으로부터 $x \neq 3$, $x > 2 \cdots$①

진수조건에서 $-x^2+4x-3 > 0$으로부터

$$x^2-4x+3 < 0, \ (x-1)(x-3) < 0$$
$$\therefore 1 < x < 3 \cdots ②$$

①, ②의 공통범위를 구하면 $2 < x < 3$

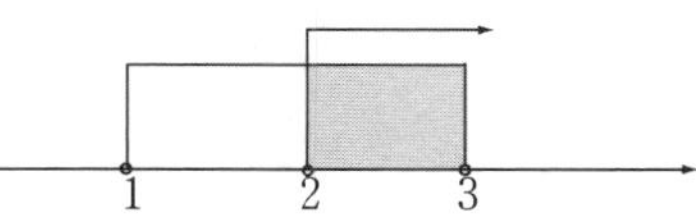

- **로그의 성질**

(a) 로그의 기본성질

$a>0$, $a \neq 1$, $A>0$, $B>0$ 그리고 p는 실수일 때

① $\log_a 1 = 0$, $\log_a a = 1$

② $\log_a AB = \log_a A + \log_a B$

③ $\log_a \dfrac{A}{B} = \log_a A - \log_a B$

④ $\log_a A^p = p \cdot \log_a A$

주의 $\log_1 1 \neq 1$, $\log_1 1 \neq 0$

$\log_a (A+B) \neq \log_a A + \log_a B$, $\log_a A \cdot \log_a B \neq \log_a A + \log_a B$

$\log_a (A-B) \neq \log_a A - \log_a B$, $\dfrac{\log_a A}{\log_a B} \neq \log_a A - \log_a B$

$(\log_a A)^p \neq p \cdot \log_a A$

(b) 밑의 변환공식

$a>0$, $a \neq 1$이고, $b>0$일 때

⑤ $\log_a b = \dfrac{\log_c b}{\log_c a} \ (c>0, c \neq 1)$

⑥ $\log_a b = \dfrac{1}{\log_b a} \ (b \neq 1)$

증명 ⑤ $\log_a b = x$라 하면 $a^x = b$

양변에 c를 밑으로 하는 로그를 취하면

$$\log_c a^x = \log_c b \quad \Rightarrow \quad x\log_c a = \log_c b$$

$$\therefore x = \frac{\log_c b}{\log_c a} \quad \text{즉, } \log_a b = \frac{\log_c b}{\log_c a}$$

⑥ $\log_a b = x$라 하면 $a^x = b$

양변에 b를 밑으로 하는 로그를 취하면

$$\log_b a^x = \log_b b \quad \Rightarrow \quad x\log_b a = 1$$

$$\therefore x = \frac{1}{\log_b a} \quad \text{즉, } \log_a b = \frac{1}{\log_b a}$$

··· 【예제 30】 ···

다음 식을 간단히 하라.

① $\log_2 \dfrac{4}{3} + 2 \cdot \log_2 \sqrt{12}$ (2) $\log_2 6 - \log_4 9$

풀이 (1) $\log_2 \dfrac{4}{3} + 2 \cdot \log_2 \sqrt{12} = (\log_2 4 - \log_2 3) + 2 \cdot \log_2 (4\times 3)^{\frac{1}{2}}$

$$= \log_2 4 - \log_2 3 + \left\{2 \times \frac{1}{2}(\log_2 4 + \log_2 3)\right\} = \log_2 4 - \log_2 3 + \log_2 4 + \log_2 3 = 2\log_2 4 = 2 \times 2\log_2 2 = 4$$

(2) $\log_4 9 = \dfrac{\log_2 9}{\log_2 4} = \dfrac{\log_2 3^2}{\log_2 2^2} = \dfrac{2\log_2 3}{2} = \log_2 3$ 이므로

$$\log_2 6 - \log_4 9 = \log_2 (2\times 3) - \log_2 3 = \log_2 2 + \log_2 3 - \log_2 3 = 1$$

··· 【예제 31】 ···

양수 x, y, z가 $\log_3 x + 2\log_9 y + 3\log_{27} z = 1$을 만족시킬 때, $\{(3^x)^y\}^z$의 값을 구하라.

풀이 조건식의 밑을 3으로 같게 하면

$$\log_3 x + 2 \times \frac{\log_3 y}{\log_3 9} + 3 \times \frac{\log_3 z}{\log_3 27} = 1, \quad \log_3 x + \log_3 y + \log_3 z = 1$$

$$\log_3 xyz = 1 \qquad\qquad \therefore xyz = 3 \qquad\qquad \therefore \{(3^x)^y\}^z = 3^{xyz} = 27$$

(c) 기타 주요 로그 공식

⑦ $a^{\log_a b} = b$

⑧ $a^{\log_c b} = b^{\log_c a}$

⑨ $\log_{a^m} b^n = \dfrac{n}{m} \log_a b \, (m \neq 0)$

증명 ⑦ $a^{\log_a b} = b$에서 밑을 a로 하는 로그를 취하면

$$\log_a a^{\log_a b} = \log_a b$$

좌변은 $\log_a b \cdot \log_a a = \log_a b = $우변

⑧ $a^{\log_c b} = b^{\log_c a}$에서

$a^{\log_c b} = x$라 놓고 밑을 c로 하는 로그를 취하면

$$\log_c a^{\log_c b} = \log_c x$$

$$\log_c b \cdot \log_c a = \log_c a \cdot \log_c b = \log_c b^{\log_c a}$$

$$\log_c b^{\log_c a} = \log_c x \qquad \therefore a^{\log_c b} = b^{\log_c a}$$

⑨ $\log_{a^m} b^n$ 에서

$$\frac{\log_a b^n}{\log_a a^m} = \frac{n}{m} \cdot \frac{\log_a b}{\log_a a} = \frac{n}{m} \cdot \log_a b$$

··· 【예제 32】 ·····································

x에 관한 이차방정식 $x^2 - 5x + 5 = 0$의 두 근을 α, β라 하고, $a = (\alpha - \beta)^2$라 할 때, $\log_a \alpha + \log_a \beta$의 값을 구하라.

풀이 $x^2 - 5x + 5 = 0$의 두 근이 α, β이므로

$$\alpha + \beta = 5, \ \alpha \cdot \beta = 5$$

또, $a = (\alpha - \beta)^2 = (\alpha + \beta)^2 - 4\alpha\beta$

$$= 5^2 - 4 \times 5 = 5$$

$$\therefore \log_a \alpha + \log_a \beta = \log_a \alpha\beta = \log_5 5 = 1$$

··· 【예제 33】 ·····································

$25^x = 4^y = 10^2$일 때, $\dfrac{2}{x} + \dfrac{2}{y}$의 값을 구하라.

풀이 $25^x = 4^y = 10^2$의 각 변에 밑이 10인 로그를 취하면

$$x \log_{10} 25 = y \log_{10} 4 = \log_{10} 10^2 = 2$$

$x \log_{10} 25 = 2$에서 $\dfrac{2}{x} = \log_{10} 25$

$y \log_{10} 4 = 2$에서 $\dfrac{2}{y} = \log_{10} 4$

$$\therefore \frac{2}{x} + \frac{2}{y} = \log_{10} 25 + \log_{10} 4 = \log_{10} 25 \times 4$$

$$= \log_{10} 10^2 = 2$$

2) 상용로그

10을 밑으로 하는 로그를 상용로그라 하고, 밑 10을 생략하여, $\log_{10} 9$ 를 간단히 $\log 9$ 로 나타낸다.

10^n (n 은 정수)인 형태의 수에 대한 로그 값은 간단히 구할 수 있다.

$$\log 1,000 = \log 10^3 = 3 \cdot \log 10 = 3$$

$$\log 0.0001 = \log 10^{-4} = -4 \cdot \log 10 = -4$$

【예제 34】

$\log 2 = 0.301$, $\log 3 = 0.4771$ 이다. 이를 이용하여 다음 값을 구하라.

(1) $\log 200$ 　　　　　　　　　　(2) $\log^4 \sqrt{150}$

풀이 (1) $\log 200 = \log(2 \times 100) = \log 2 + \log 10^2 = 0.301 + 2 = 2.301$

(2) $\log^4 \sqrt{150} = \frac{1}{4} \cdot \log\left(3 \times \frac{100}{2}\right) = \frac{1}{4}(\log 3 + \log 10^2 - \log 2)$

$= \frac{1}{4}(0.4771 + 2 - 0.301) = 0.544$

【예제 35】

실내 환기량을 측정하는 식은 $Q = 2.303 \dfrac{V}{t} log_{10} \dfrac{C_r - C_o}{C_t - C_o}$ 이다. 여기서, Q : 환기량(m^3/hr), V : 실의 용적(m^3), t : 경과시간(hr), C_r : 최초의 실내 가스농도(%), C_t : t시간 후의 가스농도(%), C_o : 외기 중의 가스농도(%)이다.

실의 형태가 15m×20m이고 천장 높이가 3m인 강의실이 있다. 환기량을 측정하기 위해 CO_2를 방출한 직후 그 농도를 측정하였더니 0.64%이었고, 30분 후에 다시 측정하였더니 0.24%였다. 외기의 CO_2농도는 0.04%이다. 이때의 환기량과 이 실의 환기횟수를 구하라.(단, log 3= 0.4771)

풀이 (1) 실의 용적 : $V = 15m \times 20m \times 3m = 900m^3$

(2) 환기량 : $Q = 2.303 \dfrac{V}{t} \log_{10} \dfrac{C_r - C_o}{C_t - C_o} = 2.303 \times \dfrac{900m^3}{0.5hr} \times \log_{10} \dfrac{0.64 - 0.04}{0.24 - 0.04}$

$= 2.303 \times 1,800 \times \log_{10} 3 = 2.303 \times 1,800 \times 0.4771 = 1,978(m^3/hr)$

(3) 환기횟수 : $n = \dfrac{Q}{V} = \dfrac{1,978m^3/hr}{900m^3} = 2.2 회/hr$

3) 자연로그

식 $(1+\dfrac{1}{n})^n$ 에서 n 이 제한없이 커지면 일정한 값에 근접한다.

이때 그 수를 e 라 쓰고 오일러(Euler) 수라 한다.

$$e = \lim_{n\to\infty}(1+\frac{1}{n})^n = 2.718281828\cdots\cdots$$

밑이 e 인 로그를 자연로그라 하며, 로그함수 $\log_e x$ 는 밑 e 를 쓰지 않고 그냥 $\ln x$ 라고 쓴다.

4) 로그 방정식

로그의 진수에 미지수를 포함한 방정식을 로그 방정식이라 한다.

【예제 36】

로그 방정식 $\log x + \log(x-3) = 1$을 풀어라.

풀이 $\log x(x-3) = \log 10$

$\log$가 없는 꼴로 만들면,

$x(x-3) = 10,\ x^2-3x-10 = 0,\ (x-5)(x+2) = 0 \ \therefore x=5 \ \text{또는} \ x=-2$

그런데, 진수 $x>0,\ x-3>0$, 즉 $x>3$이므로 구하는 해는 $x=5$

【예제 37】

1,000,000원을 연이율 1할 2푼, 1년마다의 복리로 10년간 예금할 때, 10년 후의 원리금 합계를 구하라.(단, $\log 1.12 = 0.0492$, $\log 3.104 = 0.492$ 로 한다.)

풀이 원금 a, 이율 r, 기간 n, 원리금 합계를 S라 할 때 복리법으로 계산하면,

$S = a(1+r)^n$

10년 후의 원리금 합계는 원금의 $(1+0.12)^{10}$ 배로 된다.[1할 2푼=0.12]

$S = 1,000,000(1+0.12)^{10}$

$\log S = \log\{1,000,000 \times (1+0.12)^{10}\} = \log 10^6 + \log(1+0.12)^{10} = 6\log 10 + 10\log 1.12$

$\qquad = 6 + (10 \times 0.0492) = 6.492$

따라서 $\log 10^6 + \log 3.104 = \log(3.104 \times 10^6) = 6.492$

$\therefore S = 3.104 \times 10^6 = 3,104,000(원)$

··· 【예제 38】 ···

철근콘크리트 벽체에서 매시간 2배로 발생하는 균열은 대략 몇 시간 후에 처음 수의 100배로
되는가?(단, $\log 2 = 0.301$)

풀이 처음 발생한 균열의 수 a, 구하는 시간 x라 하면,

$$a \cdot 2^x = 100a$$

$$\log 2^x = \log 100, \quad x \cdot \log 2 = \log 10^2, \quad x \times 0.301 = 2$$

$$\therefore x = \frac{2}{0.301} = 6.65 (\text{시간})$$

··· 【예제 39】 ···

다음 로그 방정식을 풀어라.

(1) $\log_3 (x-2) = \log_9 x$ 　　　　　　　　(2) $(\log_{10} x)^2 = 4 + \log_{10} x^3$

풀이 (1) $\log_3 (x-2) = \log_9 x$

진수는 양이므로 $x-2 > 0, \ x > 0$ 　　　$\therefore x > 2 \cdots$ ①

주어진 방정식은 $\log_3 (x-2) = \dfrac{\log_3 x}{\log_3 9} = \dfrac{\log_3 x}{2}$

양변에 2를 곱하면

$$2\log_3 (x-2) = \log_3 x$$

$$\log_3 (x-2)^2 = \log_3 x$$

$$\therefore (x-2)^2 = x \implies x^2 - 5x + 4 = 0$$

$$(x-1)(x-4) = 0$$

$$\therefore x = 1, 4$$

①에서 $x > 2$ 　　$\therefore x = 4$

(2) $(\log_{10} x)^2 = 4 + \log_{10} x^3$

$\log_{10} x = t$로 놓으면 주어진 방정식은

$$t^2 = 4 + 3t, \quad (t-4)(t+1) = 0 \qquad \therefore t = -1, 4$$

$t = -1$ 일 때, $\log_{10} x = -1$ 　　　$\therefore x = 10^{-1}$

$t = 4$ 일 때, $\log_{10} x = 4$ 　　　$\therefore x = 10^4$

【예제 40】

로그 방정식을 풀어라.

(1) $x^{\log_2 x} = x^2$ (2) $x^{\log x} = \dfrac{10000}{x^3}$ $(x > 1)$

풀이 (1) $x^{\log_2 x}$ 의 양변에 2를 밑으로 하는 로그를 취하면

$\log_2 x^{\log_2 x} = \log_2 x^2$, $\log_2 x \cdot \log_2 x = 2\log_2 x$

$(\log_2 x)^2 - 2\log_2 x = 0$, $\log_2 x = t$ 로 놓으면

$t^2 - 2t = 0$ $\rightarrow$ $t(t-2) = 0$ $\therefore t = 0, 2$

$t = 0$일 때 $\log_2 x = 0$에서 $x = 1$

$t = 2$일 때 $\log_2 x = 2$에서 $x = 4$

(2) $x^{\log x} = \dfrac{10000}{x^3}$ 의 양변에 상용로그를 취하여 정리하면

$\log x \cdot \log x = \log 10000 - 3\log x$, $(\log x)^2 + 3\log x - 4 = 0$

$\log x = t$ 라 좋으면 $t^2 + 3t - 4 = 0$

$(t+4)(t-1) = 0$ $\therefore t = -4, 1$

$t = -4$일 때 $\log x = -4$ $\rightarrow$ $x = 10^{-4} = \dfrac{1}{10000}$ $(x > 1$ 부적합$)$

$t = 1$일 때 $\log x = 1$ $\rightarrow$ $x = 10$

$\therefore x = 10$

5) 로그함수

지수함수 $y = a^x$ 의 역함수인 $y = \log_a x$를 a를 밑으로 하는 x 의 로그함수라 한다.
로그함수 $y = \log_a x$의 그래프는 다음과 같다.

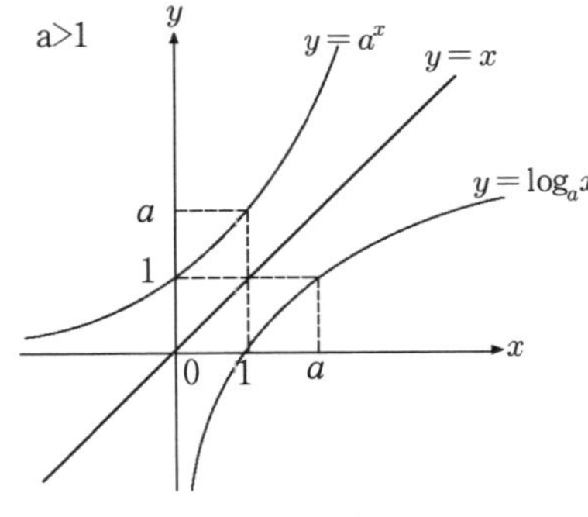

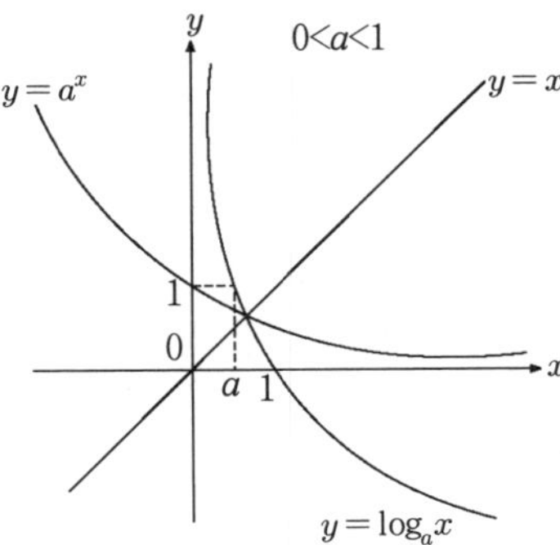

- 로그함수 $y = \log_a x$의 성질

① 그래프는 정점 $(1, 0)$을 지난다.

② 그래프는 y축의 오른쪽에 존재한다.$(x>0)$

③ 그래프는 y축$(x=0)$을 점근선으로 한다.

④ $a>1$일 때 x가 증가하면 y도 증가한다.

　　$0<a<1$일 때 x가 증가하면 y는 감소한다.

⑤ $y=a^x$와 $y=\log_a x$의 그래프는 $y=x$에 대하여 대칭이다.

【예제 41】

로그함수 $y=\log_2 x$의 그래프를 그려라.

풀이 $y=2^x$의 그래프와 $y=\log_2 x$의 그래프는 $y=x$에 대하여 대칭이며, 이때의 점근선은 y축이다.

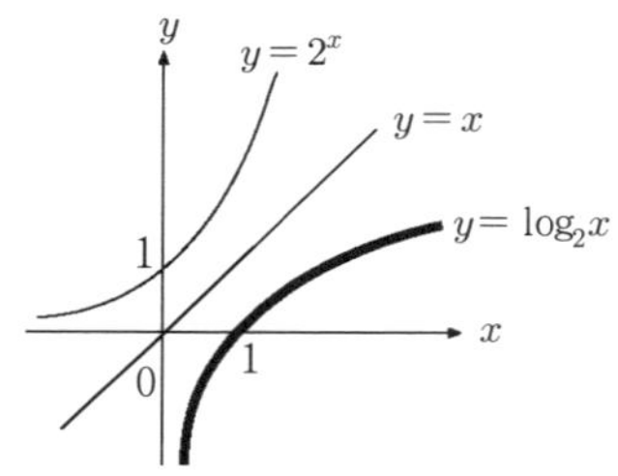

【예제 42】

역함수를 구하라.

(1) $y=2^{x+2}$　　　　　　　　　　(2) $y=\log_3(x-2)+2$

풀이 (1) $y=2^{x+2}$의 정의역은 모든 실수이고, 치역은 $y>0$이다.

양변에 2를 밑으로 하는 로그를 취하면 $\log_2 y=\log_2 2^{x+2}$

$\log_2 y=x+2$

$\therefore x=\log_2 y-2$

x와 y를 바꾸면

$y=\log_2 x-2(단\ x>0)$

(2) $y=\log_3(x-2)+2$에서 진수 $x-2>0$이므로

정의역은 $x>2$이고 치역은 모든 실수이다.

$\log_3(x-2)=y-2$에서 $x-2=3^{y-2}$　　　$\therefore x=3^{y-2}+2$

x와 y를 바꾸면 $y=3^{x-2}+2$

연 습 문 제

1. 함수 $f(x) = \dfrac{1}{2}x + 3$ 의 역함수를 구하라.

☞ $f(x) = y$ 로 놓은 다음 x 를 y 에 대하여 정리한다.

2. 1차 함수 $x - y + 4 = 0$ 의 그래프를 그리고, 기울기·y 절편·x 축의 양의 방향과 이루는 각을 구하라.

☞ $y = ax + b \rightarrow$ 기울기 a, y 절편 b

3. 절대 값을 가진 1차 함수 $|y - 3| = x + 2$ 의 그래프를 그려라.

☞ 꺾인 점의 좌표
기호 값 안=0 (y좌표),
y값 대입하여 x 값(x 좌표)

4. 다음 2차함수의 그래프를 그리고 최대 값 또는 최소 값을 구하라.

(1) $y = x^2 - 2x + 3$

(2) $y = -2x^2 - 8x - 7$

☞ $y = a(x - m)^2 + n$ 의 형태로 변형한다.

5. 다음 함수의 그래프를 그려라.

(1) $y = \dfrac{1}{x - 2} + 3$

(2) $y = \sqrt{x - 2} + 1$

☞ (1) 함수 $y = \dfrac{1}{x}$ 의 그래프를 평행 이동한 것이다.
(2) 함수 $y = \sqrt{x}$ 의 그래프를 평행 이동한 것이다.

6. 다음 값을 구하라.

  (1) $(-100)^0$

  (2) $(-5)^{-2}$

  (3) $\sqrt[5]{0.00032}$

  (4) $\sqrt[3]{\sqrt{64}}$

☞ (1) $a^0 = 1$

  (2) $a^{-2} = \dfrac{1}{a^2}$

  (3) $\sqrt[n]{a^n} = a$

  (4) $\sqrt[m]{\sqrt[n]{a}} = \sqrt[mn]{a}$

7. 다음 식을 간단히 하라.

  (1) $(32)^{-0.2}$

  (2) $\left\{\left(\dfrac{16}{25}\right)^{\frac{2}{5}}\right\}^{-\frac{5}{4}}$

  (3) $\sqrt[6]{2} \times \sqrt{8} \div \sqrt[3]{4}$

  (4) $\sqrt{a^3} \times \sqrt[4]{a^3} \div \sqrt[4]{a}$

☞ (1), (2) 지수법칙을 이용한다.

  (3), (4) 거듭제곱근의 성질을 이용한다.

8. 다음 함수의 그래프를 그려라.

  (1) $y = \left(\dfrac{1}{3}\right)^x$ (2) $y = \log_3 x$

☞ (1) $y = \left(\dfrac{1}{3}\right)^x$ 와 $y = 3^x$ 의 그래프는 y 축에 대해 대칭

  (2) $y = \log_3 x$ 와 $y = 3^x$ 의 그래프는 $y = x$ 에 대해 대칭

9. 다음 식을 간단히 하라.

  (1) $\log_2 \sqrt[3]{16}$

  (2) $\log_2 \sqrt{2} - \log_2 \dfrac{1}{\sqrt{2}}$

  (3) $\log_5 \sqrt[4]{2} - 4\log_5 \sqrt{2} + 2\log_5 2\sqrt{2}$

  (4) $3\log_2 \sqrt[3]{3} + \dfrac{1}{2}\log_2 \sqrt{2} + \log_2 \dfrac{\sqrt{2}}{3}$

☞ 로그의 성질을 이용한다.

10. $\log_{10} 2 = 0.301$, $\log_{10} 3 = 0.4771$ 를 이용하여, 다음 값을 구하라.

   (1) $\log_{10} 4$

   (2) $\log_{10} 600$

   (3) $\log_{10} \sqrt{30}$

   (4) $\log_9 4$

☞ $\log_{10} 2$, $\log_{10} 3$ 을 포함한 식으로 변형한다.

11. 로그 방정식 $\log_2 x + \log_2 (x-6) = 4$ 를 풀어라

☞ 로그의 성질을 이용하며, 이때 진수의 조건에 주의한다.

12. 연이율 8푼, 1년마다 복리로 원리금 합계가 원금의 2배 이상이 되는 것은 몇 년 이후부터인가?(단, 복리법에 의한 원리금 합계 $S = a(1+r)^n$, 원금 a, 이율 r, 기간 n, $\log 1.08 = 0.0333$, $\log 2 = 0.301$)

☞ $a(1+0.08)^n \geq 2a$

제5장

삼각함수

제5장

삼각함수

1. 일반각과 호도법

① 일반각

1) 일반각의 표시

동경 OP가 시초선 OX를 출발하여 회전한 양을 각의
크기라 하고, 시계바늘과 반대방향으로 회전한 것을
양의 각, 시계바늘과 같은 방향으로 회전한 것을
음의 각이라고 한다. 동경 OP가 시초선 OX와
이루는 최소의 양의 각을 $\alpha°$라 하면,
일반각 θ는 $\theta = 360°n + \alpha°$(단, n은 정수)

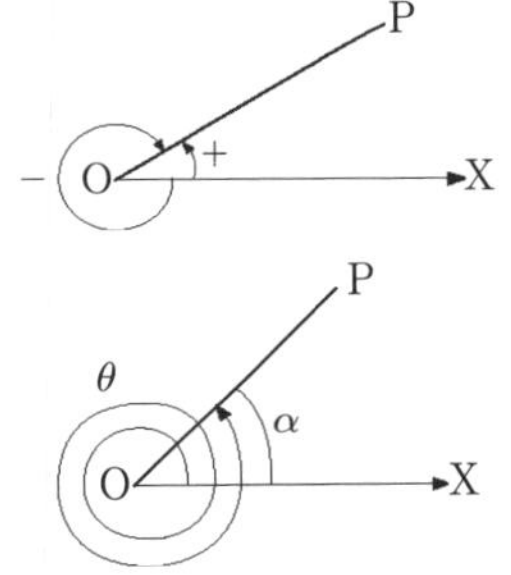

> **참고** 최소의 양의 각이 $\alpha(\text{rad})$로 주어질 때는
>
> $\theta = 2n\pi + \alpha$로 나타내어진다.

2) 사분면의 각

직각 좌표축에서 동경 OP가 어느 사분면에 속해 있느냐에 따라, 제1사분면의
각, 제2사분면의 각, 제3사분면의 각, 제4사분면의 각이라고 표현한다.

> **참고** $0°, 90°, 180°, 270°, 360°, \cdots$
>
> 등은 어느 사분면의 각도 아니다.

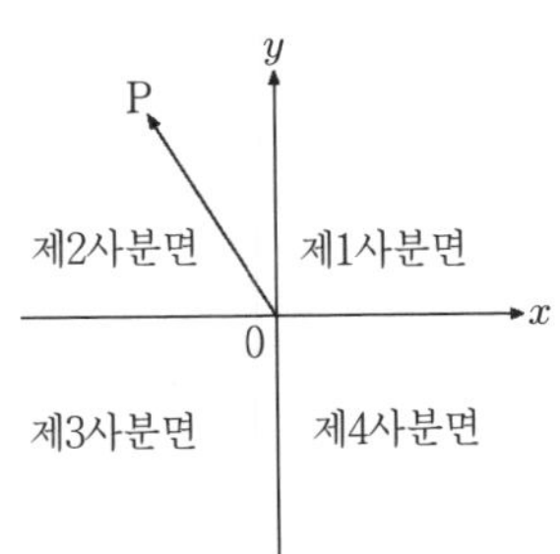

② 호도법

1) 호도법과 육십분법과의 관계

반지름 r과 호 AB의 길이가 같을 때, $\angle$AOB의 크기를 1호도(Radian)이라 하고, 이 '라디안' 단위로 각의 크기를 나타내는 방법을 호도법이라 한다.

$$1\text{rad} = \frac{180°}{\pi}, \quad 1° = \frac{\pi}{180°}$$

참고　• $1\text{rad} \fallingdotseq 57°17'45''\cdots$

　　　　　· 육십분법 : '도' 단위로 각의 크기를 나타내는 방법

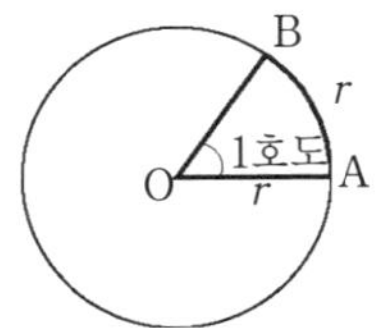

특수각에 대한 육십분법과 호도법 사이의 관계는 다음과 같다.

육십분법(°)	0°	30°	45°	60°	90°	180°	270°	360°
호도법(rad)	0	$\dfrac{\pi}{6}$	$\dfrac{\pi}{4}$	$\dfrac{\pi}{3}$	$\dfrac{\pi}{2}$	π	$\dfrac{3}{2}\pi$	2π

주의　• $180° = \pi\text{rad}$로 부터 양변에 $\dfrac{1}{4}$배, $\dfrac{1}{3}$배, $\cdots$ 2배 등을 해줌으로써 그때그때 계산해준다.

　　　　• 호도법의 단위 rad는 약하고 쓰지 않으며, $\pi = 180°$란 말은 3.14가 180°와 같다는 뜻은 아니다.

【예제 1】

육십분법의 각은 호도법의 각으로, 호도법의 각은 육십분법의 각으로 나타내라.

(1) $30°$　　　　(2) $150°$　　　　(3) $\dfrac{\pi}{3}$　　　　(4) $\dfrac{3}{4}\pi$

풀이　(1) $30° = \dfrac{\pi}{180°} \times 30° = \dfrac{\pi}{6}$

(2) $150° = \dfrac{\pi}{180°} \times 150° = \dfrac{5}{6}\pi$

(3) $\dfrac{\pi}{3} = 180° \times \dfrac{1}{3} = 60°$

(4) $\dfrac{3}{4}\pi = 180° \times \dfrac{3}{4} = 135°$

2) 부채꼴의 호의 길이와 넓이

반지름 r, 중심각 θ rad에 대한 부채꼴의 호의 길이를 l, 넓이를 S라 하면

$$\theta\,rad : \ell = 2\,\pi\,rad : 2\pi r$$

$$\therefore \ell = 2\pi r \cdot \theta / 2\pi \quad \rightarrow \quad \ell = r \cdot \theta$$

$$\theta\,rad : S = 2\,\pi\,rad : \pi r^2$$

$$\therefore S = \pi r^2 \cdot \theta / 2\pi \quad \rightarrow \quad S = \frac{r^2\theta}{2} = \frac{r\ell}{2}$$

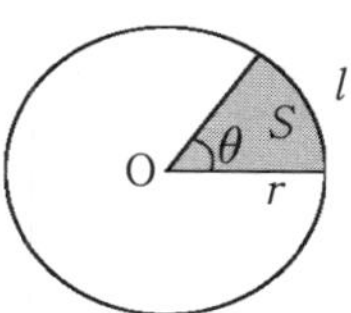

【예제 2】

반지름 8cm , 중심각 $\dfrac{\pi}{4}$ 인 부채꼴의 호의 길이와 넓이를 구하라.

풀이 호의 길이 : $l = r\theta = 8\text{cm} \times \dfrac{\pi}{4} = 2\pi\,(\text{cm}) = 6.28\text{cm}$

호의 넓이 : $S = \dfrac{1}{2}r^2\theta = \dfrac{1}{2} \times (8\text{cm})^2 \times \dfrac{\pi}{4} = 8\pi\,(\text{cm}^2) = 25.13\text{cm}^2$

2. 삼각함수의 성질

① 삼각비

1) 삼각비

$\angle C = 90°$ 인 직각삼각형 ABC에서 $\angle A = \theta$ 라 할 때, 세 변 a, b, c 사이의 비를 삼각비라 한다.

$$\sin\theta = \frac{a}{c} = \frac{대응변}{빗변}$$

$$\cos\theta = \frac{b}{c} = \frac{밑변}{빗변}$$

$$\tan\theta = \frac{a}{b} = \frac{대응변}{밑변}$$

$$\text{cosec}\,\theta = \frac{1}{\sin\theta} = \frac{c}{a}$$

$$\sec\theta = \frac{1}{\cos\theta} = \frac{c}{b}$$

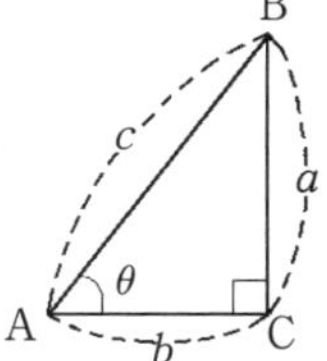

$$\cot\theta = \frac{1}{\tan\theta} = \frac{b}{a}$$

[기호] sin, cos, tan, cosec, sec, cot는 각각 sine(사인), cosine(코사인), tangent(탄젠트), cosecont(코시컨트), secont(시컨트), cotangent(코탄젠트)의 약자이다.

[용어] · 빗변(c) : 직각에 대응하는 변

· 높이(a) : 각(θ)에 대응하는 변

· 밑변(b) : 각(θ)에 접하는 밑변

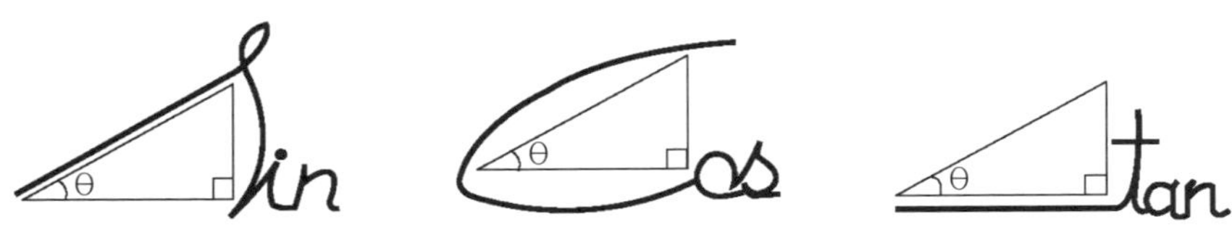

2) 특수각의 삼각비 값

$30°, 45°, 60°$와 같은 특수각의 삼각비 값은 도형(정삼각형, 정사각형)을 이용하여 구할 수 있다.

삼각비	0°	30°	45°	60°	90°
$\sin\theta$	0	$\frac{1}{2}$	$\frac{\sqrt{2}}{2}$	$\frac{\sqrt{3}}{2}$	1
$\cos\theta$	1	$\frac{\sqrt{3}}{2}$	$\frac{\sqrt{2}}{2}$	$\frac{1}{2}$	0
$\tan\theta$	0	$\frac{1}{\sqrt{3}}$	1	$\sqrt{3}$	–

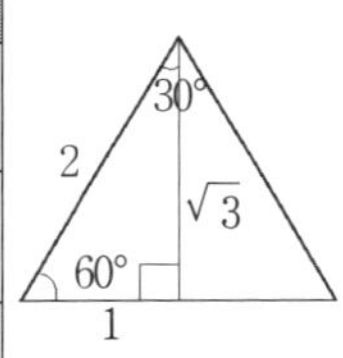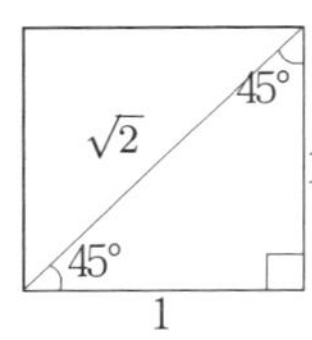

····· **【예제 3】** ···

그림과 같은 직각삼각형 ABC에서 변 AC, BC의 길이를 구하라.

[풀이] (1) $\sin 30° = \dfrac{AC}{AB} = \dfrac{AC}{6cm}$

$\rightarrow AC = 6cm \times \sin 30° = 6cm \times \dfrac{1}{2} = 3cm$

(2) $\cos 30° = \dfrac{BC}{AB} = \dfrac{BC}{6cm}$

$\rightarrow BC = 6cm \times \cos 30° = 6cm \times \dfrac{\sqrt{3}}{2} = 3\sqrt{3}\ cm$

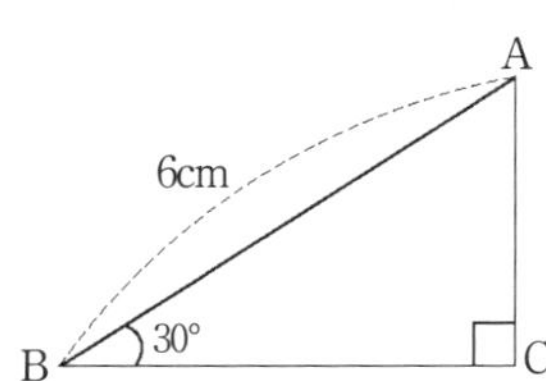

【예제 4】

그림과 같은 힘의 O점에 대한 모멘트를 구하라.

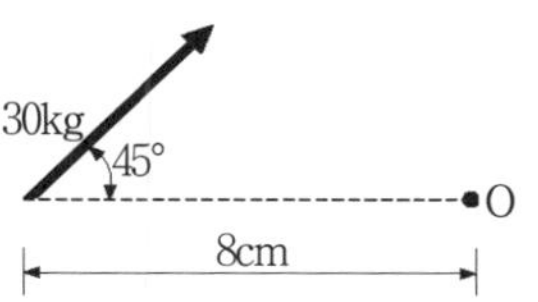

풀이 힘의 작용선까지의 수직거리를 l_1 라 하면

$$\sin 45° = \frac{l_1}{8\text{cm}} \rightarrow l_1 = 8\text{cm} \times \sin 45° = 8\text{cm} \times \frac{\sqrt{2}}{2} = 4\sqrt{2}\ \text{cm}$$

$$\therefore M_0 = P \times l_1 = 30\text{kg} \times 4\sqrt{2}\ \text{cm} = 120\sqrt{2}\ \text{kg·cm}$$

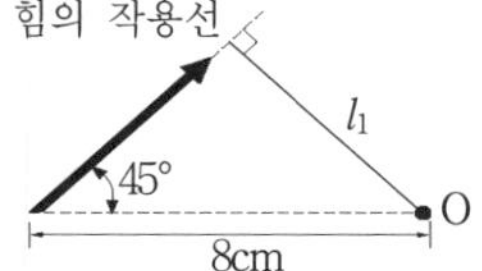

【예제 5】

철골구조의 모살용접에서 유효 목두께(a)는 용접 단면에 포함되는 삼각형의 빗변을 밑변으로 했을 때의 높이로 한다. 이때 용접치수를 S라 할 때 유효 목두께 a를 구하라.(단, $\sqrt{2} = 1.4$)

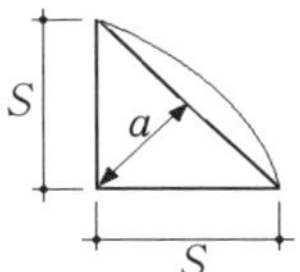

풀이 $\cos 45° = \dfrac{\text{밑변}}{\text{빗변}} = \dfrac{S}{2a}$

$$\rightarrow a = \frac{S}{2 \cdot \cos 45°} = \frac{S}{2 \cdot \frac{\sqrt{2}}{2}} = \frac{S}{\sqrt{2}} = \frac{\sqrt{2}}{2}S = \frac{1.4}{2}S = 0.7S$$

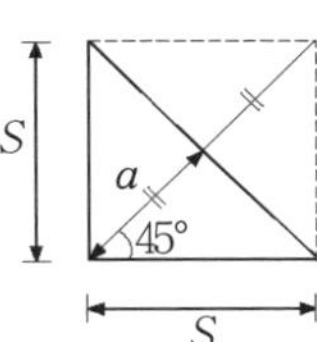

【예제 6】

층 높이가 3.2m인 건물에서 단 높이를 16cm로 하고 경사 28°인 곧은 계단을 설계할 때, 디딤판의 폭과 수평거리, 계단 경사길이를 구하라.(단, 계단참을 설치하지 않는 경우임)

풀이 층높이 320cm, 단높이 16cm이므로 단수 $= \dfrac{320\text{cm}}{16\text{cm}} = 20$

· $\tan 28° = \dfrac{16\text{cm}}{T} \rightarrow$ 디딤판의 폭 : $T = \dfrac{16\text{cm}}{\tan 28°} = 30\text{cm}$

· 단수 20이면 디딤판의 수는 (20-1)로 되고, 디딤판의 폭은 30cm이므로

수평거리 : H = 30cm×19개 = 570cm

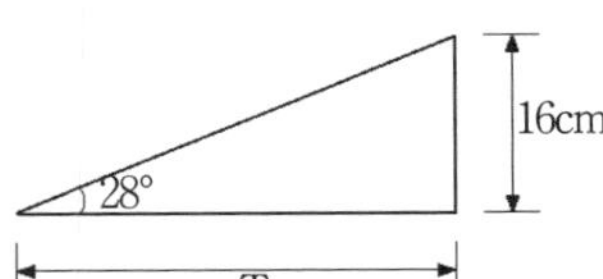

· 피타고라스의 정리에 의하여

계단 경사길이 : $L = \sqrt{(5.7\text{m})^2 + (3.2\text{m})^2} = 6.54\text{m}$

【예제 7】

그림과 같은 수평면과 45°의 경사를 가진 경사면의 길이 15m의
토사면이 있다. 이 경사면을 30°로 할 때, 경사면의 길이를 얼마
로 하면 좋은가? (단, $\sqrt{2} = 1.414$)

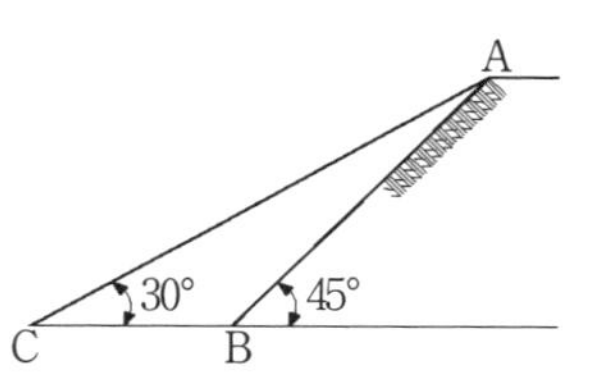

풀이 · $\sin 45° = \dfrac{AD}{AB} = \dfrac{AD}{15\text{m}}$

$\quad \to AD = 15\text{m} \times \sin 45° = 15\text{m} \times \dfrac{\sqrt{2}}{2} = 7.5\sqrt{2}\ \text{m}$

· $\sin 30° = \dfrac{AD}{AC}$

$\quad \to AC = \dfrac{AD}{\sin 30°} = \dfrac{7.5\sqrt{2}\ \text{m}}{\dfrac{1}{2}} = 15\sqrt{2}\ \text{m} = 21.21\text{m}$

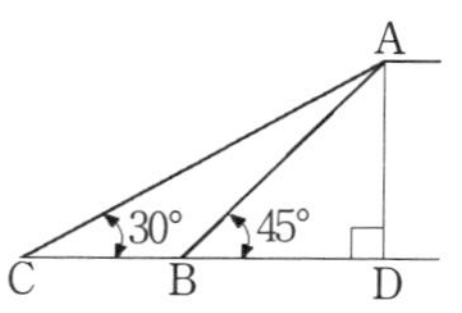

【예제 8】

산을 끼고 있는 두 지점 A, C 사이의 거리를 구하기 위하여
그림과 같이 각의 크기와 거리를 측량하였다. 두 지점 A, C
사이의 거리를 구하라.(단, $\sqrt{3} = 1.73$)

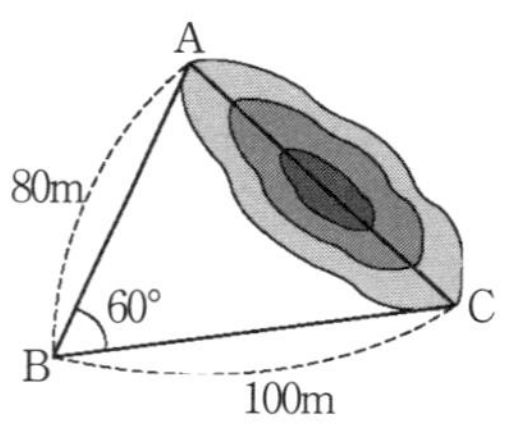

풀이 · $\sin 60° = \dfrac{AH}{AB} = \dfrac{AH}{80\text{m}}$

$\quad \to AH = 80\text{m} \times \sin 60° = 80\text{m} \times \dfrac{\sqrt{3}}{2} = 40\sqrt{3}\ \text{m} = 69.2\text{m}$

· $\cos 60° = \dfrac{BH}{AB} = \dfrac{BH}{80\text{m}}$

$\quad \to BH = 80\text{m} \times \cos 60° = 80\text{m} \times \dfrac{1}{2} = 40\text{m}$

· $CH = BC - BH = 100\text{m} - 40\text{m} = 60\text{m}$

∴ 피타고라스의 정리를 적용하면,

$\quad AC = \sqrt{AH^2 + CH^2} = \sqrt{69.2^2 + 60^2} = 91.59\text{m}$

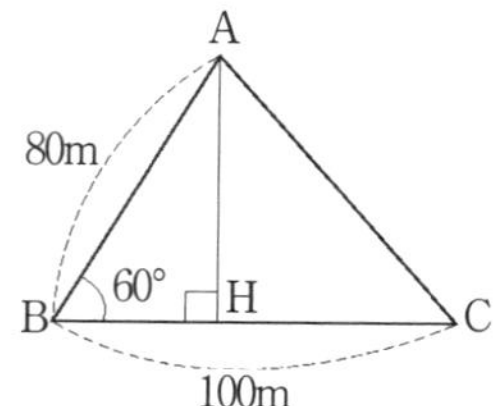

【예제 9】

그림과 같이 10m 높이의 건물 옥상에서 정면의 굴뚝을 올려다
본 각이 45°이고 내려다 본 각이 30°이었다. 이때, 굴뚝의 높이를
구하라.(단, $\sqrt{3}=1.73$)

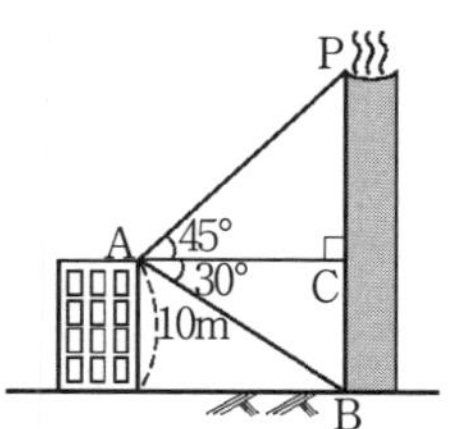

풀이 · $\tan 30° = \dfrac{BC}{AC} = \dfrac{10\text{m}}{AC} \rightarrow AC = \dfrac{10\text{m}}{\tan 30°} = \dfrac{10\text{m}}{\dfrac{1}{\sqrt{3}}} = 10\sqrt{3}\ \text{m}$

· $\tan 45° = \dfrac{PC}{AC} = \dfrac{PC}{10\sqrt{3}\ \text{m}} \rightarrow PC = 10\sqrt{3}\ \text{m} \times \tan 45° = 10\sqrt{3}\ \text{m} \times 1 = 10\sqrt{3}\ \text{m}$

∴ 굴뚝의 높이 : $PB = BC + PC = 10\text{m} + 10\sqrt{3}\,\text{m} = 27.3\text{m}$

【예제 10】

그림과 같은 트러스의 부재력 N_1, N_2를 구하라.

[단, 반력 $R_A = R_B = 3\text{t}\,(상향)$이다.]

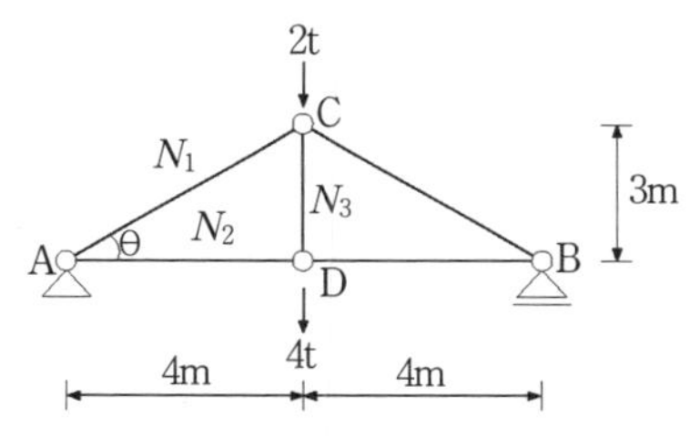

풀이 · N_1 부재의 길이는 피타고라스의 정리에서

N_1의 길이 $= \sqrt{(3\,\text{m})^2 + (4\,\text{m})^2} = 5\,\text{m}$

$\rightarrow \sin\theta = \dfrac{3}{5}, \ \cos\theta = \dfrac{4}{5}$

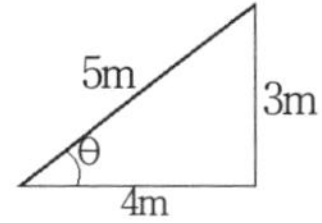

· 부재력 N_1을 분해하면,

$\sin\theta = \dfrac{y}{N_1} \rightarrow y = N_1 \cdot \sin\theta$

$\cos\theta = \dfrac{x}{N_1} \rightarrow x = N_1 \cdot \cos\theta$

· 절점 A에서 N_1, N_2를 인장으로 가정하면 [절점법에 의한 해석]

$\sum V = 0 \ : \ 3\text{t} + N_1 \cdot \sin\theta = 0, \ 3\text{t} + \left(N_1 \times \dfrac{3}{5}\right) = 0$

$\therefore \ N_1 = -3\text{t} \times \dfrac{5}{3} = -5\text{t}\ (압축)$

$\sum H = 0 \ : \ N_2 + N_1 \cdot \cos\theta = 0, \ N_2 + (-5\text{t}) \times \dfrac{4}{5} = 0$

$\therefore \ N_2 = 5t \times \dfrac{4}{5} = 4t\,(인장)$

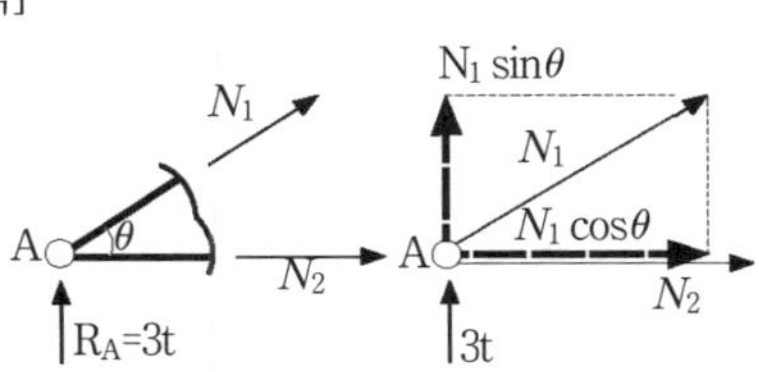

【예제 11】

그림과 같은 트러스에서 T 부재의 응력을 구하라.

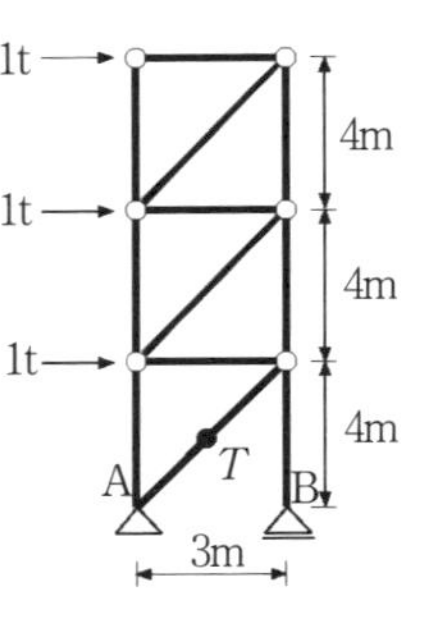

풀이 · 직각 삼각형 abc에서 bc의 길이는 피타고라스의 정리에서

$$bc = \sqrt{(3\text{m})^2 + (4\text{m})^2} = 5\text{m}$$

$$\rightarrow \sin\theta = \frac{4}{5}, \cos\theta = \frac{3}{5}$$

· 부재력 T를 분해하면,

$$\sin\theta = \frac{y}{T} \rightarrow y = T \cdot \sin\theta$$

$$\cos\theta = \frac{x}{T} \rightarrow x = T \cdot \cos\theta$$

· T를 인장으로 가정하면 [절단법에 의한 해석]

$$\sum H = 0 : 1\text{t} + 1\text{t} + 1\text{t} - T \cdot \cos\theta = 0$$

$$3\text{t} - \left(\text{T} \times \frac{3}{5}\right) = 0$$

$$\therefore T = 3\text{t} \times \frac{5}{3} = 5\text{t} \text{ (인장)}$$

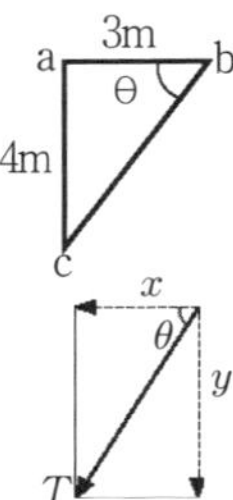

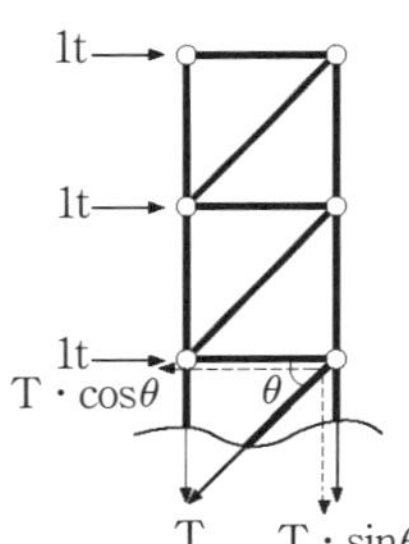

2 일반각의 삼각함수

1) 일반각의 삼각함수

그림과 같이 중심이 O, 반지름이 r인 원에서 동경 OP가 나타내는 일반각의 크기를 θ 라하고, 점 P의 좌표를 x, y라 하면, 일반각 θ 의 삼각함수를 다음과 같이 정의한다.

$$\sin\theta = \frac{y}{r}, \quad \mathrm{cosec}\theta = \frac{r}{y}$$

$$\cos\theta = \frac{x}{r}, \quad \sec\theta = \frac{r}{x}$$

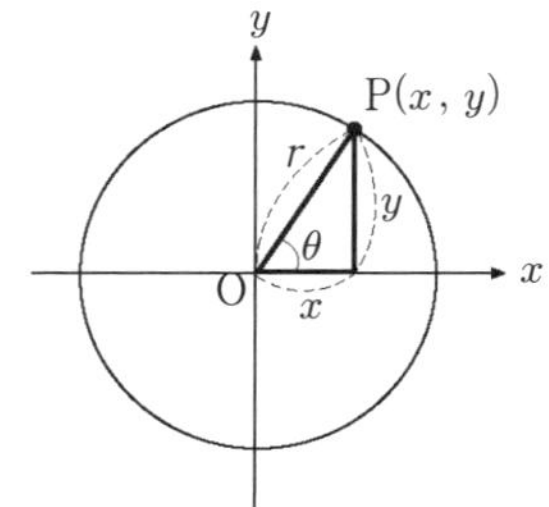

$$\tan\theta = \frac{y}{x}, \quad \cot\theta = \frac{x}{y}$$

2) 삼각함수의 값의 부호

동경 OP의 길이 r은 어느 사분면에 있든 관계없이 항상 양(+)으로 하며, x, y의 부호는 그 좌표의 부호에 따른다. 이와 같이 약속하면 sin, cos, tan 에 대하여 제1사분면에서는 모두(all) 양이고, 제2사분면에서는 sin 만, 제3사분면에서는 tan 만, 제4사분면에서는 cos 만 양이 된다.

	제1사분면	제2사분면	제3사분면	제4사분면
sin , cosec	+	+	−	−
cos , sec	+	−	−	+
tan , cot	+	−	+	−

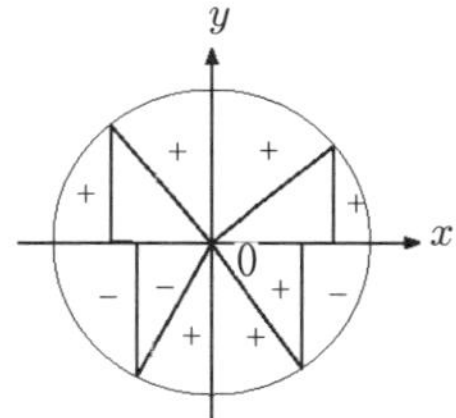
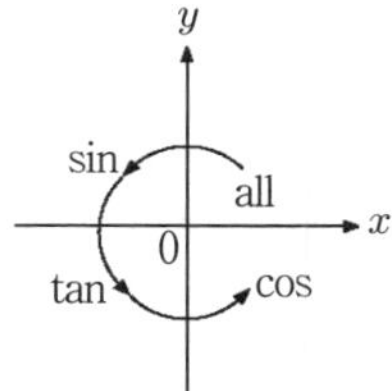

③ 삼각함수의 성질

1) 삼각함수의 상호관계

삼각함수의 정의에 따라 다음 등식을 얻는다.

- 상제관계 : $\tan\theta = \dfrac{\sin\theta}{\cos\theta}$, $\cot\theta = \dfrac{\cos\theta}{\sin\theta}$

- 역수관계 : $\mathrm{cosec}\,\theta = \dfrac{1}{\sin\theta}$, $\sec\theta = \dfrac{1}{\cos\theta}$, $\cot\theta = \dfrac{1}{\tan\theta}$

그림에서 각 θ 의 동경을 OP=r이라 하면,

$$\cdot \sin^2\theta + \cos^2\theta = \frac{y^2}{r^2} + \frac{x^2}{r^2} = \frac{y^2 + x^2}{r^2} = \frac{r^2}{r^2} = 1$$

$$\cdot \tan^2\theta + 1 = \frac{y^2}{x^2} + 1 = \frac{y^2 + x^2}{x^2} = \frac{r^2}{x^2} = \sec^2\theta$$

$$\cdot 1 + \cot^2\theta = 1 + \frac{x^2}{y^2} = \frac{y^2 + x^2}{y^2} = \frac{r^2}{y^2} = \operatorname{cosec}^2\theta$$

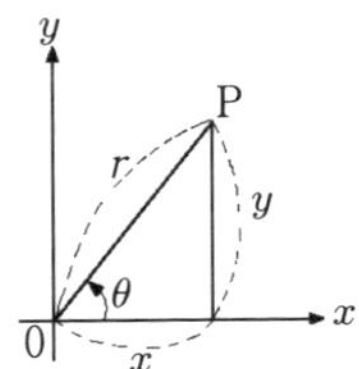

- 제곱관계 : $\sin^2\theta + \cos^2\theta = 1$, $\tan^2\theta + 1 = \sec^2\theta$, $1 + \cot^2\theta = \operatorname{cosec}^2\theta$

참고 삼각함수 사이의 관계는 육각형을 그리는 것으로 대략 얻어진다.

- 시계 방향의 예

  $\cdot \sin\theta$ 분의 $\cos\theta(= \frac{\cos\theta}{\sin\theta}) \rightarrow \cot\theta$

  $\cdot \cos\theta$ 분의 $\cot\theta(= \frac{\cot\theta}{\cos\theta}) \rightarrow \operatorname{cosec}\theta$

- 반시계 방향의 예

  $\cdot \cos\theta$ 분의 $\sin\theta(= \frac{\sin\theta}{\cos\theta}) \rightarrow \tan\theta$

  $\cdot \sin\theta$ 분의 $\tan\theta(= \frac{\tan\theta}{\sin\theta}) \rightarrow \sec\theta$

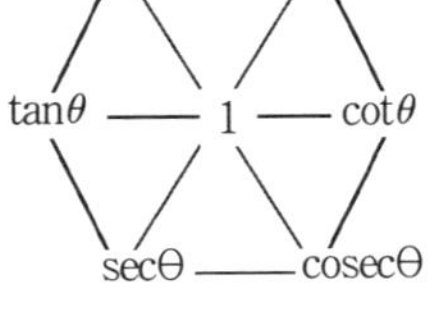

- 대각선의 예

  $\cdot \frac{1}{\sin\theta} = \operatorname{cosec}\theta$, $\frac{1}{\operatorname{cosec}\theta} = \sin\theta$, $\frac{1}{\cos\theta} = \sec\theta$, $\frac{1}{\tan\theta} = \cot\theta$

- 제곱의 관계(육각형 중 역삼각형 부분을 사용한다)

  $\cdot \sin^2\theta + \cos^2\theta = 1$, $\tan^2\theta + 1 = \sec^2\theta$, $1 + \cot^2\theta = \operatorname{cosec}^2\theta$

【예제 12】

θ가 제2사분면의 각이고, $\sin\theta = \dfrac{2}{3}$일 때 $\cos\theta, \tan\theta$의 값을 각각 구하라.

풀이 $\sin^2\theta + \cos^2\theta = 1$에서 $\cos^2\theta = 1 - \sin^2\theta = 1 - \left(\dfrac{2}{3}\right)^2 = \dfrac{5}{9} \rightarrow \cos\theta = \pm\dfrac{\sqrt{5}}{3}$

θ는 제2사분면의 각이므로 $\cos\theta < 0 \rightarrow \cos\theta = -\dfrac{\sqrt{5}}{3}$

$$\tan\theta = \frac{\sin\theta}{\cos\theta} = \frac{\dfrac{2}{3}}{-\dfrac{\sqrt{5}}{3}} = -\frac{2}{\sqrt{5}} = -\frac{2\sqrt{5}}{5}$$

2) $90°\,n \pm \theta$의 삼각함수

① 주기공식(단, $n = 0, \pm1, \pm2, \cdots$)

$$\sin(360°n + \theta) = \sin\theta$$

$$\cos(360°n + \theta) = \cos\theta$$

$$\tan(180°n + \theta) = \tan\theta$$

② 음각공식

$$\sin(-\theta) = -\sin\theta,\ \cos(-\theta) = \cos\theta,\ \tan(-\theta) = -\tan\theta$$

③ 보각공식

$$\sin(180° - \theta) = \sin\theta,\ \cos(180° - \theta) = -\cos\theta,\ \tan(180° - \theta) = -\tan\theta$$

④ 여각공식

$$\sin(90° - \theta) = \cos\theta,\ \cos(90° - \theta) = \sin\theta,\ \tan(90° - \theta) = \cot\theta$$

참고 (1) $[(90°\times n)\pm\theta]$의 형태로 고쳐서,

·n이 짝수 : $\sin\to\sin$, $\cos\to\cos$, $\tan\to\tan$ 그대로 되며,

n이 홀수 : $\sin\to\cos$, $\cos\to\sin$, $\tan\to\cot$ 로 변한다.

·θ를 예각으로 간주하고, 몇 사분면에 있는 가로 삼각함수의 부호에 따라 부호를 정한다.

(2) 삼각함수의 그래프를 그려서 그 예각에 대한 크기와 부호를 정한다.

···【예제 13】···

$\sin\theta + \cos\theta = \dfrac{1}{3}$ 일 때, 다음 각 식의 값을 구하라.

① $\sin\theta\cos\theta$ ② $\sin\theta - \cos\theta$ ③ $\tan\theta + \cot\theta$

풀이 (1) 주어진 식의 양변을 제곱하면

$$(\sin\theta + \cos\theta)^2 = \frac{1}{9},\ \sin^2\theta + 2\sin\theta\cdot\cos\theta + \cos^2\theta = \frac{1}{9},\ 1 + 2\sin\theta\cdot\cos\theta = \frac{1}{9}$$

$$\therefore\ \sin\theta\cdot\cos\theta = -\frac{4}{9}$$

(2) $(\sin\theta - \cos\theta)^2 = \sin^2\theta - 2\sin\theta\cdot\cos\theta + \cos^2\theta$

$$= 1 - 2\cdot\sin\theta\cdot\cos\theta$$

$$= 1 - 2\times\left(-\frac{4}{9}\right) = \frac{17}{9}$$

$$\therefore\ \sin\theta - \cos\theta = \pm\sqrt{\frac{17}{9}} = \pm\frac{\sqrt{17}}{3}$$

(3) $\tan\theta + \cot\theta = \dfrac{\sin\theta}{\cos\theta} + \dfrac{\cos\theta}{\sin\theta} = \dfrac{\sin^2\theta + \cos^2\theta}{\sin\theta\cdot\cos\theta} = \dfrac{1}{\sin\theta\cdot\cos\theta} = -\dfrac{9}{4}$

···【예제 14】···

이차방정식 $x^2 - 2x + P = 0$의 두 근이 $\sin\theta$, $\cos\theta$일 때, 상수 P의 값을 구하라.

풀이 이차방정식의 근과 계수의 관계에서

$$\sin\theta + \cos\theta = 2\cdots①,\qquad \sin\theta\cdot\cos\theta = P\cdots②$$

①의 양변을 제곱하면

$$1 + 2 \cdot \sin\theta \cdot \cos\theta = 4 \qquad \therefore \sin\theta \cdot \cos\theta = \frac{3}{2} \cdots ③$$

$\therefore$ ②=③에서

$$P = \frac{3}{2}$$

··· 【예제 15】 ···

다음 값을 구하라.

(1) $\sin 120^\circ$ (2) $\cos 225^\circ$ (3) $\tan 300^\circ$

풀이 (1) $\sin 120^\circ = \sin\left[(90^\circ \times 2) - 60^\circ\right] = \sin 60^\circ = + \frac{\sqrt{3}}{2}$

$\qquad = \sin\left[(90^\circ \times 1) + 30^\circ\right] = \cos 30^\circ = + \frac{\sqrt{3}}{2}$

(2) $\cos 225^\circ = \cos\left[(90^\circ \times 2) + 45^\circ\right] = -\cos 45^\circ = -\frac{\sqrt{2}}{2}$

$\qquad = \cos\left[(90^\circ \times 3) - 45^\circ\right] = -\sin 45^\circ = -\frac{\sqrt{2}}{2}$

(3) $\tan 300^\circ = \tan\left[(90^\circ \times 4) - 60^\circ\right] = -\tan 60^\circ = -\sqrt{3}$

$\qquad = \tan\left[(90^\circ \times 3) + 30^\circ\right] = -\cot 30^\circ = -\sqrt{3}$

3) 삼각함수의 덧셈정리

$\cdot \sin(\alpha \pm \beta) = \sin\alpha \cos\beta \pm \cos\alpha \sin\beta \text{ (복부호 동순)}$

$\cdot \cos(\alpha \pm \beta) = \cos\alpha \cos\beta \mp \sin\alpha \sin\beta \text{ (복부호 동순)}$

$\cdot \tan(\alpha \pm \beta) = \dfrac{\tan\alpha \pm \tan\beta}{1 \mp \tan\alpha \tan\beta} \text{ (복부호 동순)}$

··· 【예제 16】 ···

다음 삼각함수의 값을 구하라.

(1) $\sin 75^\circ$ (2) $\cos 105^\circ$

풀이 (1) $\sin 75^\circ = \sin(45^\circ + 30^\circ) = \sin 45^\circ \cos 30^\circ + \cos 45^\circ \sin 30^\circ$

$\qquad = \left(\frac{\sqrt{2}}{2} \cdot \frac{\sqrt{3}}{2}\right) + \left(\frac{\sqrt{2}}{2} \cdot \frac{1}{2}\right) = \frac{\sqrt{6} + \sqrt{2}}{4}$

(2) $\cos 105^\circ = \cos(60^\circ + 45^\circ) = \cos 60^\circ \cos 45^\circ - \sin 60^\circ \sin 45^\circ$

$\qquad = \left(\frac{1}{2} \cdot \frac{\sqrt{2}}{2}\right) - \left(\frac{\sqrt{3}}{2} \cdot \frac{\sqrt{2}}{2}\right) = \frac{\sqrt{2} - \sqrt{6}}{4}$

4) 배각의 공식

- $\sin 2\alpha = 2\sin\alpha\cos\alpha$
- $\cos 2\alpha = \cos^2\alpha - \sin^2\alpha = 2\cos^2\alpha - 1 = 1 - 2\sin^2\alpha$
- $\tan 2\alpha = \dfrac{2\tan\alpha}{1 - \tan^2\alpha}$

【예제 17】

$0 < \alpha < \dfrac{\pi}{2}$ 이고 $\sin\alpha = \dfrac{3}{5}$ 일 때, $\sin 2\alpha$, $\cos 2\alpha$의 값을 구하라.

풀이 $\sin^2\alpha + \cos^2\alpha = 1$ 에서 $\cos\alpha = \sqrt{1 - \sin^2\alpha} = \sqrt{1 - \left(\dfrac{3}{5}\right)^2} = \pm\dfrac{4}{5}$

$0 < \alpha < \dfrac{\pi}{2}$ 이므로, $\cos\alpha > 0 \ \rightarrow \ \cos\alpha = \dfrac{4}{5}$

- $\sin 2\alpha = 2\sin\alpha\cos\alpha = 2 \cdot \dfrac{3}{5} \cdot \dfrac{4}{5} = \dfrac{24}{25}$
- $\cos 2\alpha = 1 - 2\sin^2\alpha = 1 - 2\left(\dfrac{3}{5}\right)^2 = \dfrac{7}{25}$

5) 반각의 공식

- $\sin^2\dfrac{\alpha}{2} = \dfrac{1 - \cos\alpha}{2}$
- $\cos^2\dfrac{\alpha}{2} = \dfrac{1 + \cos\alpha}{2}$
- $\tan^2\dfrac{\alpha}{2} = \dfrac{1 - \cos\alpha}{1 + \cos\alpha}$

【예제 18】

$\sin 22.5°$, $\cos 22.5°$의 값을 구하라.

풀이 (1) $\sin^2 22.5° = \sin^2\dfrac{45°}{2} = \dfrac{1 - \cos 45°}{2} = \dfrac{1 - \dfrac{\sqrt{2}}{2}}{2} = \dfrac{2 - \sqrt{2}}{4}$

$\therefore \ \sin 22.5° = \sqrt{\dfrac{2 - \sqrt{2}}{4}} = \dfrac{\sqrt{2 - \sqrt{2}}}{2}$

(2) $\cos^2 22.5° = \cos^2\dfrac{45°}{2} = \dfrac{1 + \cos 45°}{2} = \dfrac{1 + \dfrac{\sqrt{2}}{2}}{2} = \dfrac{2 + \sqrt{2}}{4}$

$$\therefore \cos 22.5° = \sqrt{\frac{2+\sqrt{2}}{4}} = \frac{\sqrt{2+\sqrt{2}}}{2}$$

6) 합·차 및 곱의 공식

- 곱을 합 또는 차로 고치는 공식

$$① \quad \sin\alpha \cos\beta = \frac{1}{2}\{\sin(\alpha+\beta)+\sin(\alpha-\beta)\}$$

$$② \quad \cos\alpha \sin\beta = \frac{1}{2}\{\sin(\alpha+\beta)-\sin(\alpha-\beta)\}$$

$$③ \quad \cos\alpha \cos\beta = \frac{1}{2}\{\cos(\alpha+\beta)+\cos(\alpha-\beta)\}$$

$$④ \quad \sin\alpha \sin\beta = -\frac{1}{2}\{\cos(\alpha+\beta)-\cos(\alpha-\beta)\}$$

- 합 또는 차를 곱으로 고치는 공식

$$① \quad \sin A + \sin B = 2\sin\frac{A+B}{2}\cos\frac{A-B}{2}$$

$$② \quad \sin A - \sin B = 2\cos\frac{A+B}{2}\sin\frac{A-B}{2}$$

$$③ \quad \cos A + \cos B = 2\cos\frac{A+B}{2}\cos\frac{A-B}{2}$$

$$④ \quad \cos A - \cos B = -2\sin\frac{A+B}{2}\sin\frac{A-B}{2}$$

【예제 19】

다음 식의 값을 구하라.

(1) $\sin 75° \cos 15°$ (2) $\sin 75° + \sin 15°$

풀이 (1) $\sin 75°\cos 15° = \frac{1}{2}\{\sin(75°+15°)+\sin(75°-15°)\}$

$$= \frac{1}{2}sin(90° + \sin 60°) = \frac{1}{2}(1+\frac{\sqrt{3}}{2}) = \frac{2+\sqrt{3}}{4}$$

(2) $\sin 75° + \sin 15° = 2\cdot\sin\frac{75°+15°}{2}\cos\frac{75°-15°}{2} = 2\cdot\sin 45°\cos 30°$

$$= 2\cdot\frac{\sqrt{2}}{2}\cdot\frac{\sqrt{3}}{2} = \frac{\sqrt{6}}{2}$$

3. 삼각함수의 그래프

① 사인, 코사인, 탄젠트 함수의 그래프

아래 그림의 $\sin x = MP$, $\cos x = OM$, $\tan x = BT$에서 x의 값의 변화에 따라 MP, OM, BT의 길이가 어떻게 변하는 가를 조사해 보면 $y = \sin x$, $y = \cos x$, $y = \tan x$의 그래프를 얻는다.

1) $y = \sin x$ **의 그래프** : 아래 그림(단위 원)에서 $\sin x = MP$

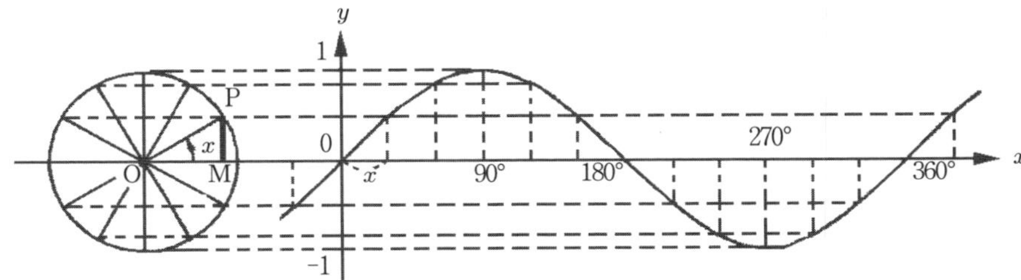

2) $y = \cos x$ **의 그래프** : 아래 그림(단위 원)에서 $\cos x = OM$

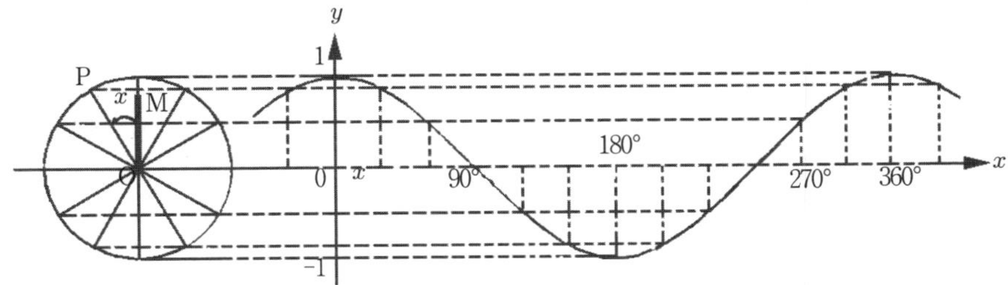

3) $y = \tan x$ **의 그래프** : 아래 그림(단위 원)에서 $\tan x = BT$

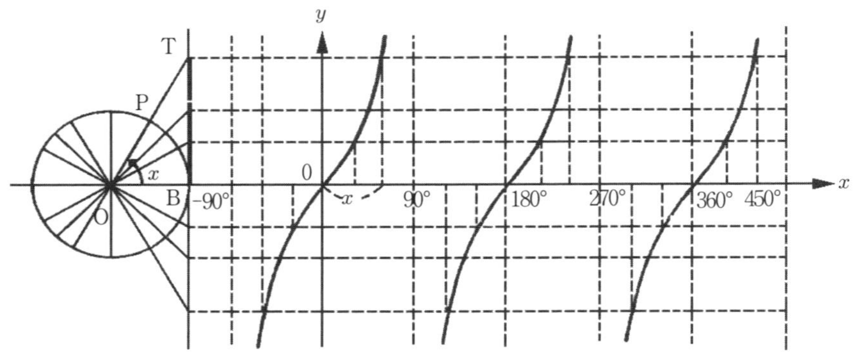

② 삼각함수 그래프의 성질

1) 주기

$n = 0, \pm 1, \pm 2, \cdots$ 일 때 $\sin(x + 2n\pi) = \sin x$, $\cos(x + 2n\pi) = \cos x$,
$\tan(x + n\pi) = \tan x$ 에서와 같이, 어떤 x 에 대하여 $f(x + a) = f(x)$ 인 양의
상수 a가 있을 때 함수 $y = f(x)$를 주기함수, 상수 a를 주기라 하며, a 중에서
최소의 양수를 기본 주기라 한다.
[기본주기] $y = \sin x : 2\pi(360°)$, $y = \cos x : 2\pi(360°)$, $y = \tan x : \pi(180°)$

2) 최대 값과 최소 값

- $y = \sin x : -1 \leq \sin x \leq 1$

- $y = \cos x : -1 \leq \cos x \leq 1$

- $y = \tan x :$ 최대 값과 최소 값은 없다.

3) 대칭성

$\sin(-x) = -\sin x$, $\cos(-x) = \cos x$, $\tan(-x) = -\tan x$ 이므로

- $y = \cos x :$ 우함수 → y 축에 대하여 대칭

- $y = \sin x$, $y = \tan x :$ 기함수 → 원점에 대하여 대칭

참고 $\cos x = \sin(x + 90°)$ 이므로 $y = \cos x$ 의 그래프는 $y = \sin x$ 의 그래프를 x 축에 따라 음의 방향으로 $90°$ 만큼 평행 이동한 것이 된다.

4. 삼각 방정식

삼각함수의 각의 크기를 미지수로 하는 방정식을 삼각 방정식이라 한다.

값 y가 주어졌을 때 역으로 $y = \sin x$, $y = \cos x$, $y = \tan x$를 만족하는 각 x는 $x = \sin^{-1} y$, $x = \cos^{-1} y$, $x = \tan^{-1} y$로 표기하고 이를 역삼각함수라 한다.

이때 $\sin^{-1}$은 아크 사인, $\cos^{-1}$은 아크 코사인, $\tan^{-1}$은 아크 탄젠트로 읽는다.

【예제 20】

$2\cos^2 x + 3\sin x = 3$ 의 삼각 방정식을 풀어라.(단, $0 \leq x \leq 180°$)

풀이 $2\cos^2 x + 3\sin x = 3$ 에서 $2(1 - \sin^2 x) + 3\sin x - 3 = 0$

$2\sin^2 x - 3\sin x + 1 = 0$, $(2\sin x - 1)(\sin x - 1) = 0$

$\therefore \sin x = \dfrac{1}{2}$ 또는 $\sin x = 1$

・$\sin x = \dfrac{1}{2} \;\rightarrow\; x = 30°,\ 150°$

・$\sin x = 1 \;\rightarrow\; x = 90°$

【예제 21】

계산기를 이용하여 다음 식을 만족시키는 x의 값을 구하라.

(1) $\sin x = 0.387$ (단, $0 < x < 90°$)   (2) $\cos x = 0.872$ (단, $0 < x < \dfrac{\pi}{2}$)

풀이 (1) $\sin x = 0.387 \;\rightarrow\; x = \sin^{-1} 0.387 = 22.77°$

(2) $\cos x = 0.872 \;\rightarrow\; x = \cos^{-1} 0.872 = 29.31°$

【예제 22】

경사가 25%인 계단에서 경사면의 거리 l이 10m일 때 수평거리 D를 구하라.

풀이 경사 25%는 $\tan\theta = 0.25$ 를 의미하므로,

$\theta = \tan^{-1} 0.25 = 14.04°$

$\therefore \cos\theta = \dfrac{D}{l} \;\rightarrow\; D = l \cdot \cos\theta = 10\text{m} \times \cos 14.04° = 9.7\text{m}$

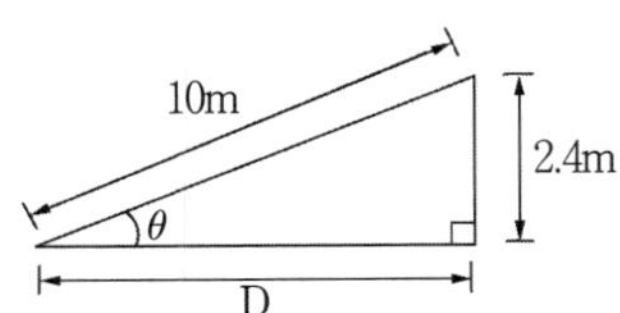

5. 삼각함수의 응용

① 사인 법칙

삼각형 ABC에서 세 각의 크기 A, B, C와 세 변의 길이 a, b, c 사이의 관계를 살펴보면, 직각삼각형의 경우 $\sin A : \sin B = \dfrac{a}{c} : \dfrac{b}{c} = a : b$ 이므로

$b \cdot \sin A = a \cdot \sin B$ 따라서 $\dfrac{a}{\sin A} = \dfrac{b}{\sin B}$

이는 일반 삼각형에서도 적용된다.

$$\frac{a}{\sin A} = \frac{b}{\sin B} = \frac{c}{\sin C}$$

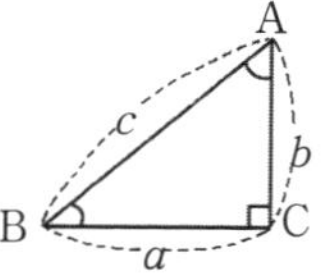
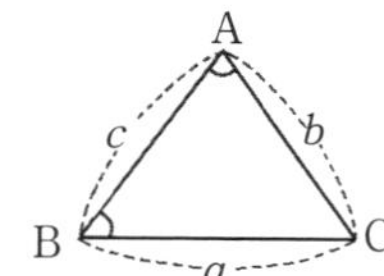

【예제 23】

△ ABC에서 $A = 60°$, $B = 45°$, a=10일 때 b를 구하라.

풀이 $\dfrac{a}{\sin A} = \dfrac{b}{\sin B} \rightarrow \dfrac{10}{\sin 60°} = \dfrac{b}{\sin 45°}$

$\therefore b = \dfrac{10 \times \sin 45°}{\sin 60°} = \dfrac{10 \times \dfrac{\sqrt{2}}{2}}{\dfrac{\sqrt{3}}{2}} = \dfrac{10\sqrt{2}}{\sqrt{3}} = \dfrac{10\sqrt{6}}{3}$

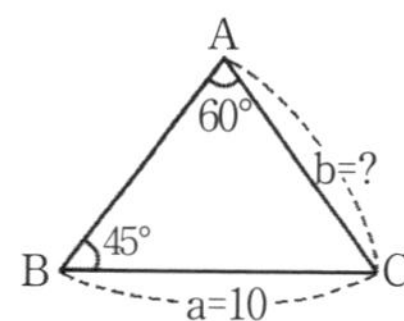

【예제 24】

굴뚝의 높이를 구하고자 굴뚝과 연결한 직선상의 두 점 A, B에서 굴뚝 정상의 경사각을 측정한 바 A에서는 30°, B에서는 45°이고, A, B간의 거리는 22m였다. 이때 굴뚝의 높이를 구하라.(단, A, B와 굴뚝 밑은 같은 높이고, A와 B에 설치한 기계 높이는 다 같이 1m이며, $\sin 15° = 0.26$ 이다.)

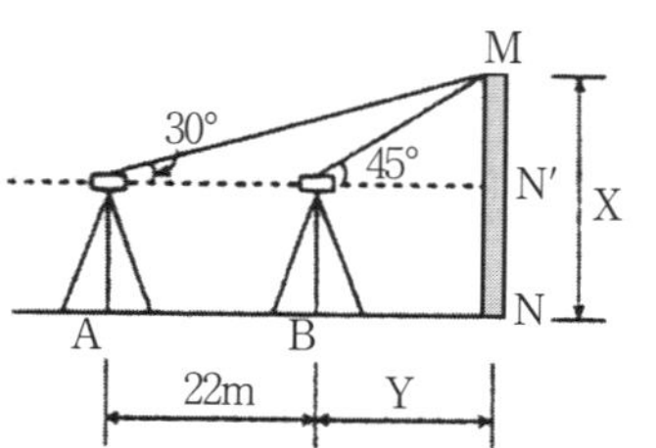

풀이 $\cdot \dfrac{bc}{\sin 30°} = \dfrac{22m}{\sin(180° - 30° - 135°)}$

$\rightarrow bc = \dfrac{22m \times \sin 30°}{\sin 15°} = \dfrac{22m \times \dfrac{1}{2}}{0.26} = 42.3m$

$\cdot \sin 45° = \dfrac{MN'}{bc}$

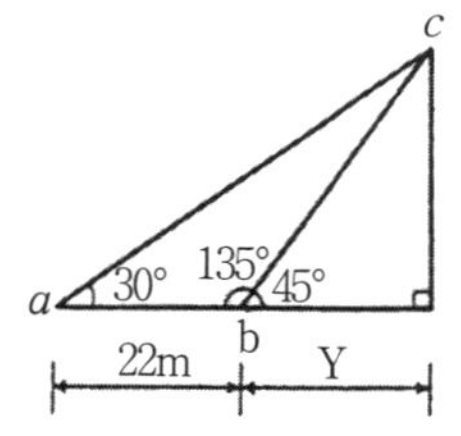

$$\rightarrow \quad \overline{MN'} = bc \times \sin45° = 42.3\text{m} \times \frac{\sqrt{2}}{2} = 21.15\sqrt{2}\ \text{m}$$

$$\therefore X = \overline{MN'} + \overline{NN'} = 21.15\sqrt{2}\ \text{m} + 1\text{m} = 30.91\text{m}$$

【예제 25】

그림과 같이 무게 100kg인 물체를 2개의 줄로 매달았을 때
줄 AB, BC에 작용하는 인장력 T_1, T_2를 구하라.

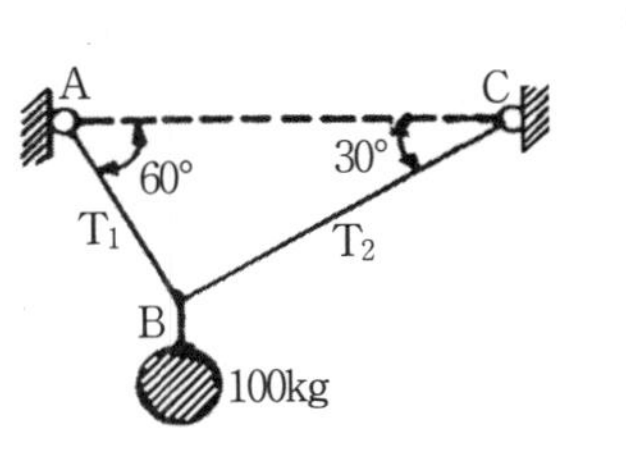

풀이 B점에서의 평형을 생각할 때 T_1, T_2는 인장을 받으므로 그림과 같이 B점의 바깥 방향으로 작용한다. 평행
이동하여 삼각형을 그리고 사인법칙을 적용한다.

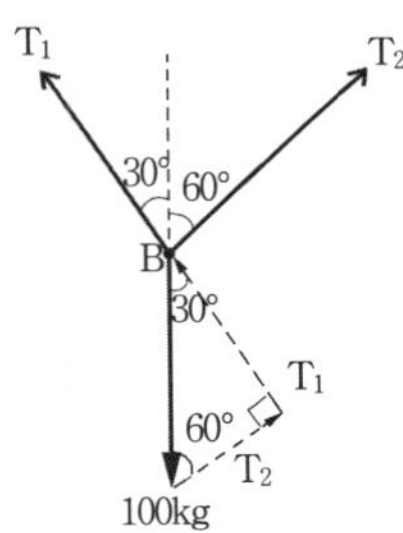

$$\frac{100\text{kg}}{\sin90°} = \frac{T_1}{\sin60°} = \frac{T_2}{\sin30°}$$

$$\therefore\ T_1 = \frac{100\text{kg} \times \sin60°}{\sin90°} = \frac{100\text{kg} \times \frac{\sqrt{3}}{2}}{1} = 50\sqrt{3}\ (\text{kg})$$

$$T_2 = \frac{100\text{kg} \times \sin30°}{\sin90°} = \frac{100\text{kg} \times \frac{1}{2}}{1} = 50\ (\text{kg})$$

② 코사인 법칙

1) 제1코사인 법칙

- $a = b\cos C + c\cos B$
- $b = c\cos A + a\cos C$
- $c = a\cos B + b\cos A$

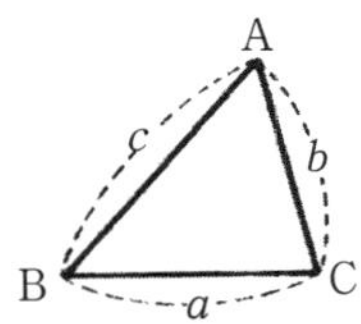

2) 제2코사인 법칙

$\cdot\ a^2 = b^2 + c^2 - 2bc\cos A$

$\cdot\ b^2 = c^2 + a^2 - 2ca\cos B$

$\cdot\ c^2 = a^2 + b^2 - 2ab\cos C$

● 제1코사인법칙 증명

$\triangle ABC$의 꼭지점 A에서 대변 $\overline{BC}$ 또는 그 연장선 위에 내린 수선의 발을 D라고 하자.

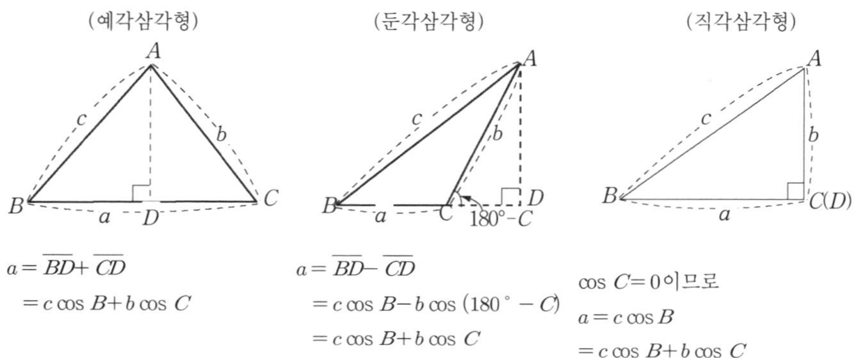

● 제2코사인법칙 증명

$\triangle ABC$의 꼭지점 B에서 대변 $\overline{CA}$ 또는 그 연장선 위에 내린 수선의 발을 D, $\overline{BD} = h$, $\overline{AD} = x$라고 하자.

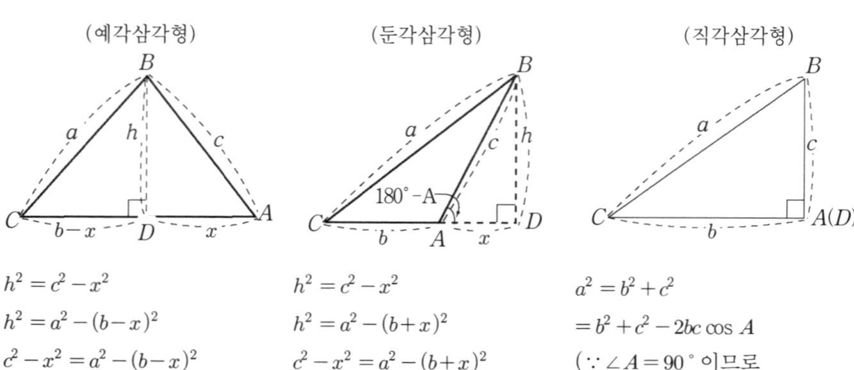

$$a^2 = b^2 + c^2 - 2bx \qquad\qquad a^2 = b^2 + c^2 + 2bx \qquad\qquad \cos A = 0)$$
$$ = b^2 + c^2 - 2bc\cos A \qquad\quad = b^2 + c^2 - 2bc\cos A$$
$$(\because x = c\cos(180° - A)$$
$$= -c\cos A)$$

같은 방법으로 $b^2 = c^2 + a^2 - 2ca\cos B$, $c^2 = a^2 + b^2 - 2ab\cos C$도 증명된다.

【예제 26】

△ ABC에서 $A = 60°$, b=5cm, c=7cm일 때, a의 값을 구하라.

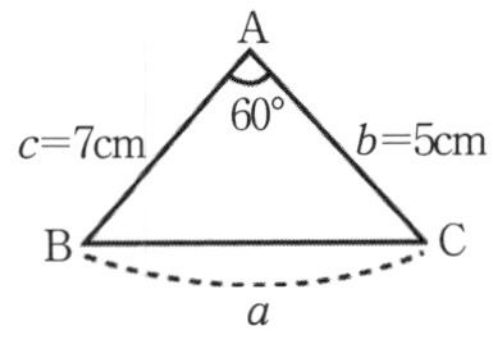

풀이 제2코사인법칙 $a^2 = b^2 + c^2 - 2bc\cos A$ 에서

$$a^2 = 5^2 + 7^2 - (2\times5\times7\times\cos60°) = 25 + 49 - \left(70\times\frac{1}{2}\right) = 39$$

$$\therefore \ a = \sqrt{39}\,\text{cm}$$

【예제 27】

그림은 3변 측량의 결과이다. 여기서 A점의 내각을 구하라.

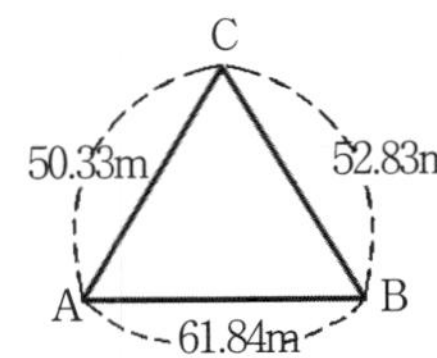

풀이 제2코사인 법칙 $a^2 = b^2 + c^2 - 2bc\cos A$ 에서

$$\cos A = \frac{b^2 + c^2 - a^2}{2bc} = \frac{61.84^2 + 50.33^2 - 52.83^2}{2\times61.84\times50.33}$$

$$= 0.572$$

$$\therefore \ \angle A = \cos^{-1}0.572 \fallingdotseq 55°$$

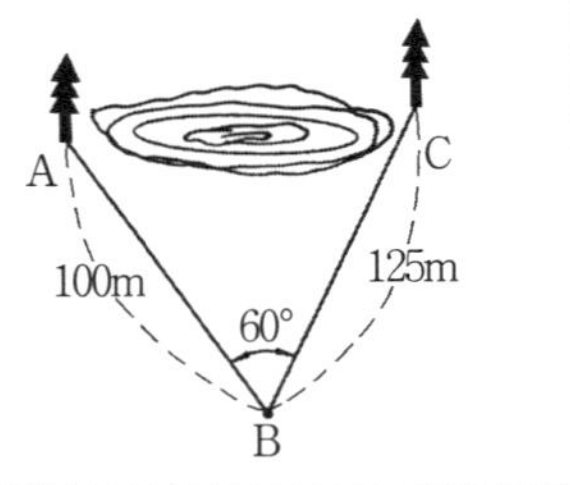

【예제 28】

장애물이 있어 직접 거리를 측량하기 곤란한 위치에 서 있는 두 나무 사이의 거리를 구하기 위하여 측량한 결과 AB=100m, BC=125m, $\angle ABC = 60°$를 얻었다. 두 나무 AC 사이의 거리를 구하라.

풀이 제2코사인법칙으로부터

$$AC^2 = AB^2 + BC^2 - 2AB \cdot BC \cdot \cos 60° = (100)^2 + (125)^2 - \left(2 \times 100 \times 125 \times \frac{1}{2}\right) = 13,125$$

$$\therefore AC = \sqrt{13,125} = 114.6m$$

③ 삼각형의 면적

1) 두 변과 그 사이각을 알 때의 넓이

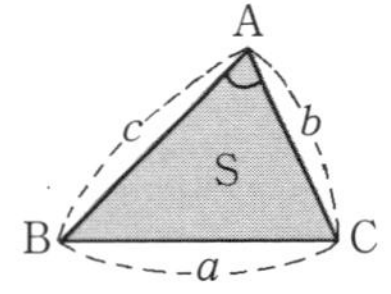

$\triangle ABC$의 넓이를 S라 하면,

$$S = \frac{1}{2}bc\sin A = \frac{1}{2}ca\sin B = \frac{1}{2}ab\sin C$$

2) 세 변을 알 때의 넓이(헤론의 공식)

$\triangle ABC$의 넓이를 S라고 하면

$$S = \sqrt{p(p-a)(p-b)(p-c)} \quad (단, \ 2p = a+b+c)$$

참고 밑변 a, 높이 h인 삼각형의 면적 : $S = \frac{1}{2}ah$

- 삼각형의 넓이 공식에 대한 증명

(a) 두변과 그 사이각을 알 때

오른쪽 그림에서 $\triangle ABC$의 넓이를 S라 하고 꼭지점 A에서 변 BC에 수선 AH를 내리면

$$S = \frac{1}{2}\overline{BC} \cdot \overline{AH}$$

그런데 $\overline{BC} = a$, $\overline{AH} = b\sin C$이므로

$$S = \frac{1}{2}ab \sin C$$

같은 방법으로

$$S = \frac{1}{2}ac \sin B, \ S = \frac{1}{2}bc \sin A$$

(b) 세 변을 알 때(헤론의 공식)

$$S = \frac{1}{2}bc \sin A$$

$$= \frac{1}{2}bc \sqrt{(1 - \cos^2 A)} \quad \leftarrow 0 < A < 180°\text{일 때}, \ \sin A > 0$$

$$= \frac{1}{2}bc \sqrt{(1 + \cos A)(1 - \cos A)}$$

$$= \frac{1}{2}bc \sqrt{(1 + \frac{b^2 + c^2 - a^2}{2bc})(1 - \frac{b^2 + c^2 - a^2}{2bc})}$$

[제2 코사인 법칙에 의해]

$$= \frac{1}{2}bc \sqrt{\frac{\{2bc + (b^2 + c^2 - a^2)\}\{2bc - (b^2 + c^2 - a^2)\}}{(2bc)^2}}$$

$$= \frac{bc}{4bc} \sqrt{\{(b + c)^2 - a^2\}\{a^2 - (b - c)^2\}}$$

$$= \frac{1}{4} \sqrt{(a + b + c)(-a + b + c)(a - b + c)(a + b - c)} \cdots\cdots ①$$

여기서 $\frac{1}{2}(a + b + c) = p$로 놓으면

$$a + b + c = 2p$$

$$-a + b + c = a + b + c - 2a = 2p - 2a = 2(p - a)$$

이와 같이 하면

$$a - b + c = 2(p - b), \ a + b - c = 2(p - c)$$

이들을 ①에 대입하면

$$S = \frac{1}{4} \sqrt{2p \cdot 2(p - a) \cdot 2(p - b) \cdot 2(p - c)}$$

$$= \sqrt{p(p - a)(p - b)(p - c)}$$

【예제 29】

두 변이 4cm, 5cm이고, 그 사이각이 30°인 삼각형의 넓이 S를 구하라.

풀이 $S = \dfrac{1}{2} bc \sin A = \dfrac{1}{2} \times 4\text{cm} \times 5\text{cm} \times \sin 30° = \dfrac{1}{2} \times 4\text{cm} \times 5\text{cm} \times \dfrac{1}{2} = 5\text{cm}^2$

【예제 30】

세 변의 길이가 5cm, 6cm, 7cm인 삼각형의 넓이 S를 구하라.

풀이 $p = \dfrac{1}{2}(a+b+c) = \dfrac{1}{2}(5+6+7) = 9$ 이므로

$$\therefore\ S = \sqrt{p(p-a)(p-b)(p-c)} = \sqrt{9 \times (9-5) \times (9-6) \times (9-7)} = \sqrt{9 \cdot 4 \cdot 3 \cdot 2} = \sqrt{36 \times 6}$$
$$= 6\sqrt{6}\ \text{cm}^2$$

【예제 31】

그림과 같은 지역의 면적을 구하라.

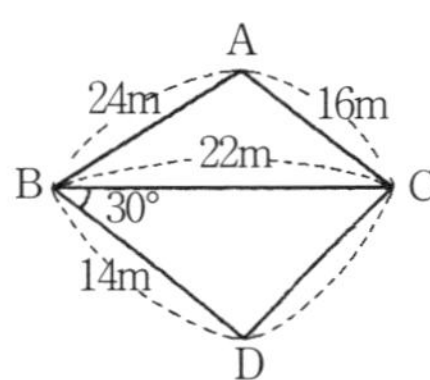

풀이 (1) △ABC의 면적(A_1)

$$p = \dfrac{1}{2}(a+b+c) = \dfrac{1}{2}(24+16+22) = 31\text{m}$$

$$\therefore\ A_1 = \sqrt{p(p-a)(p-b)(p-c)}$$
$$= \sqrt{31 \times (31-24) \times (31-16) \times (31-22)} = 171.2\text{m}^2$$

(2) △BCD의 면적(A_2)

$$A_2 = \dfrac{1}{2} ab \sin C = \dfrac{1}{2} \times 22 \times 14 \times \sin 30° = \dfrac{1}{2} \times 22 \times 14 \times \dfrac{1}{2} = 77\text{m}^2$$

$$\therefore\ A = A_1 + A_2 = 171.2\text{m}^2 + 77\text{m}^2 = 248.2\text{m}^2$$

연 습 문 제

1. 육십분법의 각은 호도법의 각으로, 호도법의 각은 육십분법의 각으로 나타내라.

   (1) $60°$ (2) $210°$ (3) $\dfrac{\pi}{4}$ (4) $-\dfrac{2}{3}\pi$

☞ $1° = \dfrac{\pi}{180},\ \pi = 180°$

2. 반지름 3cm , 중심각의 크기가 $\dfrac{\pi}{6}$ 인 부채꼴의 호의 길이와 넓이를 구하라.

☞ $l = r\theta,\ S = \dfrac{1}{2}r^2\theta$

3. 길이 3.7m인 사다리가 건물 벽에 걸쳐 있다. 사다리와 지면이 이루는 각의 크기는 60°이다. 이때, 사다리는 지면에서 몇 m 되는 곳에 걸쳐 있으며, 사다리의 아래 끝점 B는 건물 벽 C에서 몇 m 되는 곳에 놓여 있는가?(단, $\sqrt{3} = 1.73$)

☞ $\sin 60° = \dfrac{x}{3.7\text{m}}$,

   $\cos 60° = \dfrac{y}{3.7\text{m}}$

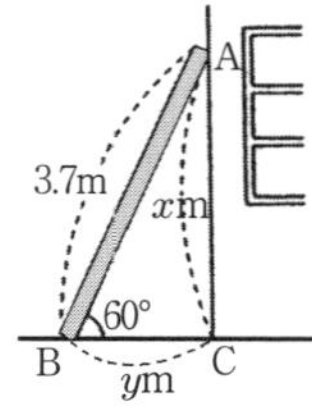

4. θ 가 제4사분면의 각이고, $\cos\theta = \dfrac{3}{5}$ 일 때 $\sin\theta,\ \tan\theta$ 의 값을 구하라.

☞ θ 가 제4사분면의 각이므로 $\sin\theta < 0,\ \tan\theta < 0$

5. 다음 삼각함수의 값을 구하라.

   (1) $\sin 390°$ (2) $\cos 1140°$

   (3) $\sin 15°$ (4) $\cos 75°$

☞ (1),(2) 주어진 각을 $360°n+\theta$
의 꼴로 고친다.
  (3) $\sin(45°-30°)$
  (4) $\cos(45°+30°)$

6. $\dfrac{\pi}{2} < \alpha < \pi$ 이고 $\cos\alpha = -\dfrac{1}{3}$ 일 때, $\sin 2\alpha, \cos 2\alpha$의 값을 구하라.

☞ $\sin\alpha = \sqrt{1-(-\dfrac{1}{3})^2}$,
$\sin 2\alpha = 2\sin\alpha\cos\alpha$,
$\cos 2\alpha = 1 - 2\sin^2\alpha$

7. 다음 식의 값을 구하라.

   (1) $\cos 45° \sin 15°$ (2) $\cos 15° - \cos 75°$

☞ (1) $\cos\alpha\sin\beta = \dfrac{1}{2}$
$\{\sin(\alpha+\beta) - \sin(\alpha-\beta)\}$
  (2) $\cos A - \cos B =$
$-2\sin\dfrac{A+B}{2}\sin\dfrac{A-B}{2}$

8. $\cos 2x - 5\cos x + 3 = 0$ 의 삼각 방정식을 풀어라
   (단, $0 \le x \le 90°$)

☞ $\cos 2x = \cos^2 x - \sin^2 x$
$= 2\cos^2 x - 1$

9. $\triangle ABC$에서 b=10m, $A = 105°$, $B = 30°$일 때 c의 값을 구하라.

☞ 삼각형 내각의 합=180°,
사인 법칙을 이용한다.

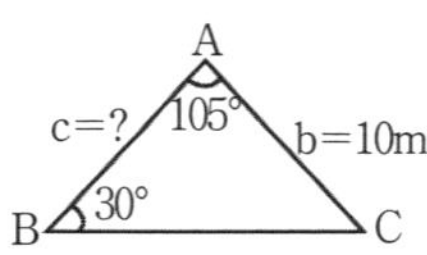

10. P=1t이 수직방향으로 작용할 때 T_1 과 T_2 가 받는 힘을 구하라.(단, T_1 은 인장, T_2 는 압축을 받는다.)

☞ 평행이동하여 폐합 삼각형을 그리고 사인 법칙을 적용한다.

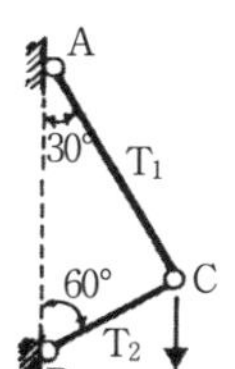

11. 두 변의 길이가 각각 3cm, 4cm이며 그 끼인각이 60°인 삼각형의 나머지 변의 길이를 구하라.

☞ 두 변의 길이와 그 끼인각이 주어진 경우이므로 제2코사인 법칙을 적용한다.

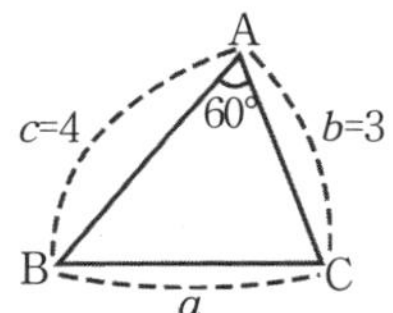

12. 한 변의 길이가 a인 정삼각형의 넓이 S를 구하라.

☞ 정삼각형은 세 변의 길이가 같고 한 내각은 60°이다.

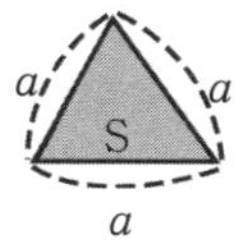

13. 볼록 사각형 ABCD에서 AB=7cm, BC=8cm, CD=10cm, DA=9cm, $\angle B = 120°$ 일 때 이 사각형의 넓이 S를 구하라.

(단, $\sin 120° = \dfrac{\sqrt{3}}{2}, \cos 120° = -\dfrac{1}{2}$)

☞ 사각형을 2개의 삼각형으로 나눈 후, 삼각함수를 이용하여 넓이를 구한다.

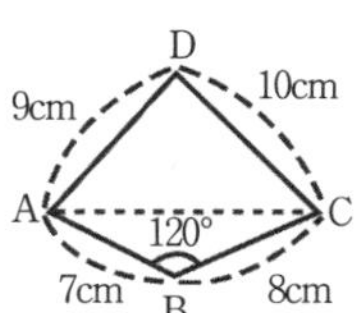

제6장

벡터

제6장

벡터

1. 벡터의 뜻과 연산

① 벡터의 뜻과 표시

1) 스칼라와 벡터

길이·넓이·부피·시간 등과 같이 크기만으로 나타낼 수 있는 양을 스칼라(Scalar)라고 하며, 힘·속도·가속도 등과 같이 크기와 방향을 갖는 양을 벡터(Vector)라고 한다.

벡터는 그림과 같이 크기는 선분의 길이로 나타내고, 방향은 선분의 방향을 표시하는 유향선분 AB로 나타낸다. 이때 화살표가 시작되는 점 A를 시점, 끝나는 점 B를 종점이라 한다.

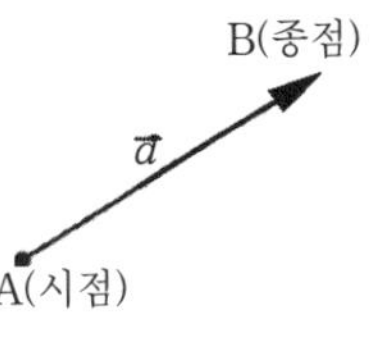

벡터는 $\vec{a}$, $\vec{b}$, $\overrightarrow{AB}$, $\overrightarrow{CD}$, … 등과 같이 나타낸다.

벡터의 크기는 $|\vec{a}|$, $|\vec{b}|$, $|\overrightarrow{AB}|$, … 등과 같이 절대 값 기호를 써서 나타내며, 특히 크기가 1인 벡터를 단위벡터라 한다.

2) 벡터의 상등과 역벡터

두 벡터 $\overrightarrow{AB}\,(=\vec{a})$, $\overrightarrow{CD}\,(=\vec{b})$의 크기와 방향이 같을 때, 두 벡터는 같다 또는 상등하다고 하며, $\overrightarrow{AB}=\overrightarrow{CD}$(또는 $\vec{a}=\vec{b}$)로 나타낸다.

한 벡터를 평행이동한 것은 모두 같은 벡터이다.

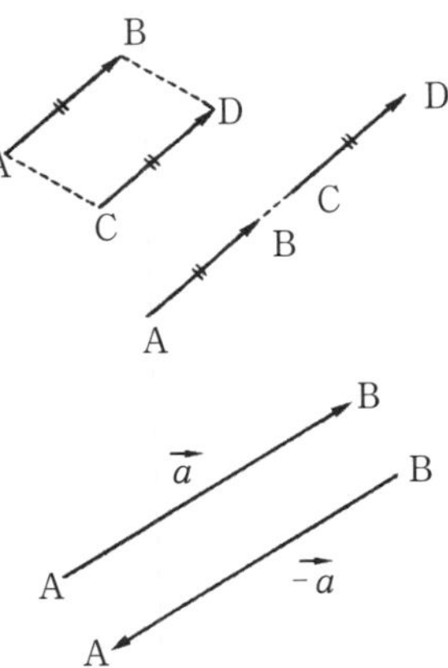

그림과 같이 벡터 $\vec{a}$와 크기는 같고, 방향이 반대인 벡터를 $\vec{a}$의 역벡터라고 하며, 기호로는 $-\vec{a}$로 나타낸다.

이때 $|-\vec{a}|=|\vec{a}|$이다. 시점과 종점이 일치하는 벡터

즉, 크기가 0인 벡터를 영벡터라고 하며, 기호 $\vec{0}$ 으로 나타낸다.

즉, $\overrightarrow{AA} = \overrightarrow{BB} = \overrightarrow{CC} = \cdots = \vec{0}$ 이다.

② 벡터의 덧셈과 뺄셈

1) 벡터의 덧셈

- 삼각형의 법칙

  두 벡터 $\vec{a}$, $\vec{b}$가 있을 때, $\vec{a}$와 같게
  $\overrightarrow{AB}$를 잡고, B를 시점으로 하여 $\vec{b}$와 같게
  $\overrightarrow{BC}$를 잡는다. 이때 $\overrightarrow{AC}(=\vec{c})$를 $\vec{a}$와 $\vec{b}$의
  합이라 하고 $\vec{a}+\vec{b}(=\vec{c})$로 나타낸다.

  $$\vec{a} + \vec{b} = \vec{c} \quad \text{또는} \quad \overrightarrow{AB} + \overrightarrow{BC} = \overrightarrow{AC}$$

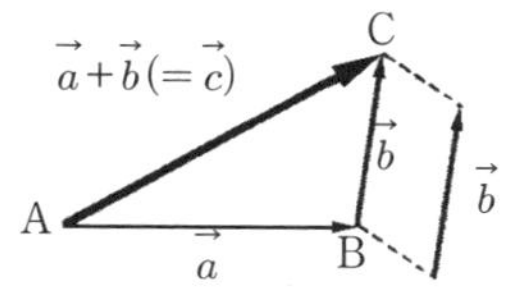

- 평행사변형의 법칙

  두 벡터 $\vec{a}$, $\vec{b}$가 있을 때 O를 시점으로 하여
  $\vec{a}$, $\vec{b}$와 같게 각각 $\overrightarrow{OA}$, $\overrightarrow{OB}$를 잡는다.
  이때 선분 OA, OB를 두 변으로 하는
  평행사변형 OACB를 만들 때 $\overrightarrow{OC}(=\vec{c})$는
  $\vec{a}$와 $\vec{b}$의 합을 나타낸다.

  $$\vec{a} + \vec{b} = \vec{c} \quad \text{또는} \quad \overrightarrow{OA} + \overrightarrow{OB} = \overrightarrow{OC}$$

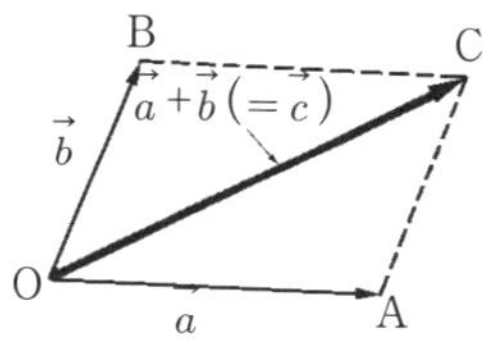

- 벡터의 덧셈에 대한 성질

  ① 교환법칙 : $\vec{a} + \vec{b} = \vec{b} + \vec{a}$

  ② 결합법칙 : $(\vec{a} + \vec{b}) + \vec{c} = \vec{a} + (\vec{b} + \vec{c})$

2) 벡터의 뺄셈

두 벡터 $\vec{a}$, $\vec{b}$에 대하여 $\vec{b} + \vec{x} = \vec{a}$를 만족하는 x를
$\vec{a}$에서 $\vec{b}$를 뺀 차라고 하며, $\vec{a} - \vec{b}$로 나타낸다.

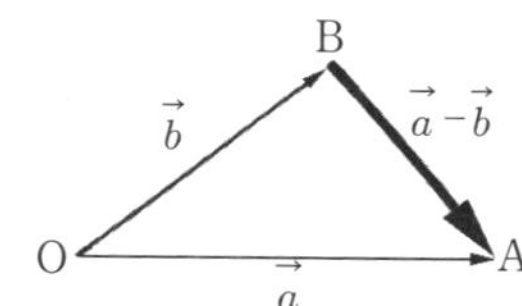

그림과 같이 $\vec{a} = \overrightarrow{OA}$, $\vec{b} = \overrightarrow{OB}$ 라고 하면,

$$\vec{x} = \vec{a} - \vec{b} \ \text{또는} \ \overrightarrow{BA} = \overrightarrow{OA} - \overrightarrow{OB}$$

3) 벡터와 실수와의 곱

실수 k와 벡터 $\vec{a}$와의 곱 $k\vec{a}$는

① $k > 0$일 때, $k\vec{a}$는 $\vec{a}$와 방향이 같고, 크기는 $k|\vec{a}|$

② $k < 0$일 때, $k\vec{a}$는 $\vec{a}$와 방향이 반대이고, 크기는 $|k||\vec{a}|$

③ $k = 0$일 때, $k\vec{a} = = \vec{0}$

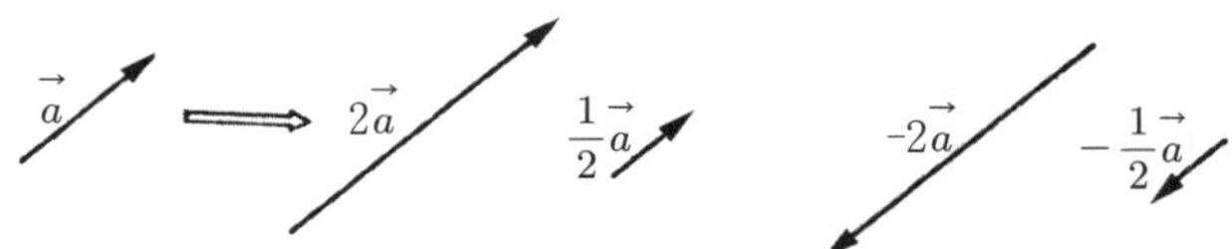

두 벡터 $\vec{a}$, $\vec{b}$의 방향이 같거나 반대일 때, $\vec{a}$와 $\vec{b}$는 서로 평행하다고 하며, 이것을 기호 $\vec{a} \, /\!/ \, \vec{b}$로 나타낸다.

【예제 1】

그림과 같은 두 벡터 $\vec{a}$, $\vec{b}$에 대하여 합 $\vec{a} + \vec{b}$를 그림으로 나타내라.

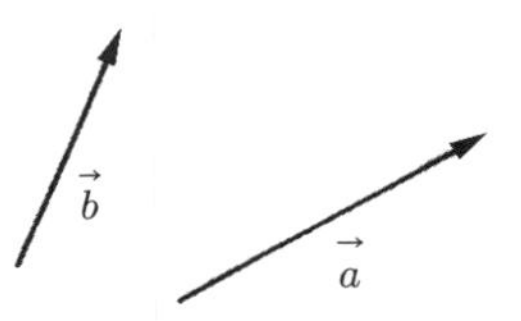

풀이 (1) 삼각형의 법칙 이용

$\vec{a}$의 종점에 $\vec{b}$의 시점을 평행 이동하여 삼각형의 법칙을 이용한다.

(2) 평행사변형의 법칙 이용

$\vec{a}$의 시점에, $\vec{b}$의 시점을 평행 이동하여 평행사변형의 법칙을 이용한다.

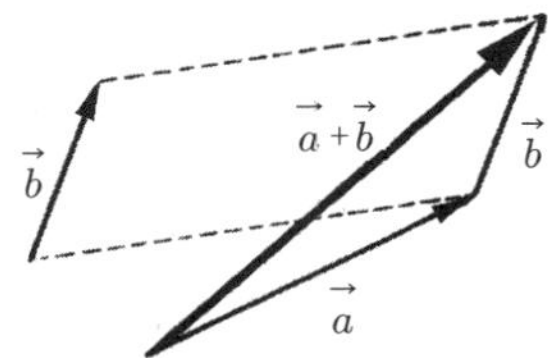
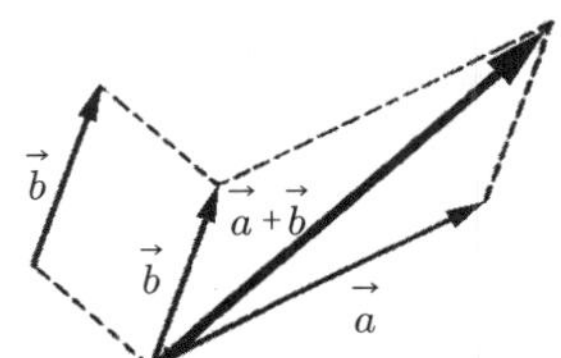

【예제 2】

그림과 같은 평행사변형 ABCD에서 대각선의 교점을 O라 하고
$\overrightarrow{OA} = \vec{a}$, $\overrightarrow{OB} = \vec{b}$ 라 하면, 다음 벡터를 $\vec{a}$, $\vec{b}$ 로 나타내라.

 (1) $\overrightarrow{BA}$ (2) $\overrightarrow{BC}$

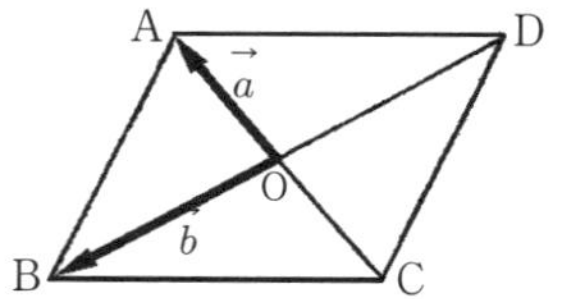

풀이 (1) $\overrightarrow{BA} = \overrightarrow{BO} + \overrightarrow{OA}$ 에서 $\overrightarrow{BA} = (-\vec{b}) + \vec{a} = \vec{a} - \vec{b}$

     (2) $\overrightarrow{BC} = \overrightarrow{BO} + \overrightarrow{OC}$ 에서 $\overrightarrow{BC} = (-\vec{b}) + (-\vec{a}) = -\vec{a} - \vec{b}$

【예제 3】

한 변의 길이가 1인 정사각형 ABCD에서 $\overrightarrow{AB} = \vec{a}$, $\overrightarrow{AC} = \vec{b}$,
$\overrightarrow{AD} = \vec{c}$ 라고 할 때, 다음 벡터의 크기를 구하라.

 (1) $\vec{a} + \vec{b} + \vec{c}$ (2) $\vec{a} - \vec{b} + \vec{c}$

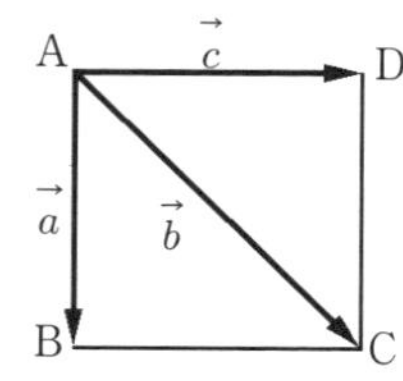

풀이 $|\vec{a}| = |\vec{c}| = 1$(정사각형), $|\vec{b}| = \sqrt{2}$ (피타고라스의 정리)

   (1) $\vec{a} + \vec{b} + \vec{c} = (\vec{a} + \vec{c}) + \vec{b} = \overrightarrow{AC} + \overrightarrow{AC} = 2\sqrt{2}$

   (2) $\vec{a} - \vec{b} + \vec{c} = (\vec{a} - \vec{b}) + \vec{c} = \overrightarrow{BC} + \overrightarrow{AD} = \overrightarrow{DA} + \overrightarrow{AD} = -\overrightarrow{AD} + \overrightarrow{AD} = 0$

2. 벡터의 성분과 내적

① 벡터의 성분

원점 O을 시점으로 하는 벡터 $\overrightarrow{OA} = \vec{a}$ 의
종점 A의 좌표를 (a_1, a_2)라 할 때, a_1, a_2를
벡터 $\vec{a}$ 의 성분이라 하고, a_1을 x 성분, a_2를
y 성분이라 하며, $\vec{a} = (a_1, a_2)$로 나타낸다.
이때, 벡터 $\vec{a}$ 의 크기는 선분 OA의 길이와 같다.
즉, $|\vec{a}| = \sqrt{a_1^2 + a_2^2}$

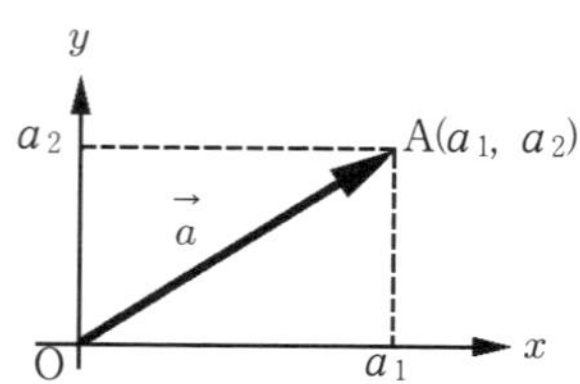

② 벡터의 내적

두 벡터 $\vec{a}, \vec{b}$ 가 이루는 각을 $\theta\,(0° \leqq \theta \leqq 180°)$ 라 할 때,

$|\vec{a}|, |\vec{b}|, \cos\theta$ 의 곱을 $\vec{a}$ 와 $\vec{b}$ 의 내적이라 하며,

기호 $\vec{a} \cdot \vec{b}$ 로 나타낸다.

$$\vec{a} \cdot \vec{b} = |\vec{a}||\vec{b}|\cos\theta$$

또, $\vec{a} = \vec{0}$ 또는 $\vec{b} = \vec{0}$ 일 때, $\vec{a} \cdot \vec{b} = \vec{0}$ 으로 정한다.

참고 두 벡터의 내적 $\vec{a} \cdot \vec{b}$ 는 벡터가 아니고 스칼라(실수)이다.

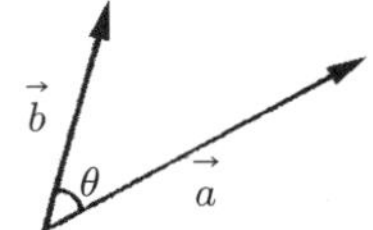

【예제 4】

$|\vec{a}| = 2$, $|\vec{b}| = 5$ 인 두 벡터 $\vec{a}$, $\vec{b}$ 가 이루는 각의 크기가 30°일 때, 내적 $\vec{a} \cdot \vec{b}$ 를 구하라.

풀이 $\vec{a} \cdot \vec{b} = |\vec{a}||\vec{b}|\cos\theta = 2 \times 5 \times \cos 30° = 10 \times \dfrac{\sqrt{3}}{2} = 5\sqrt{3}$

3. 벡터의 응용

① 힘의 합성과 분해

1) 힘의 합성

- 한 점에 작용하는 두 힘의 합성
  - 두 힘이 직교하는 경우

    합력 : $R = \sqrt{P_1^2 + P_2^2}$

    방향 : $\tan\theta = \dfrac{P_2}{P_1}$

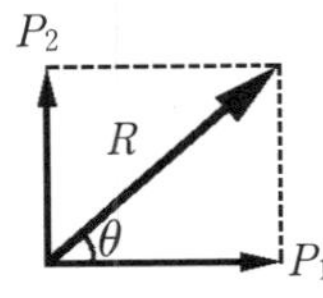

  - 두 힘이 임의의 각을 이루는 경우

    합력 : $R = \sqrt{P_1^2 + P_2^2 + 2P_1 P_2 \cos\alpha}$

    방향 : $\tan\theta = \dfrac{P_2 \sin\alpha}{P_1 + P_2 \cos\alpha}$

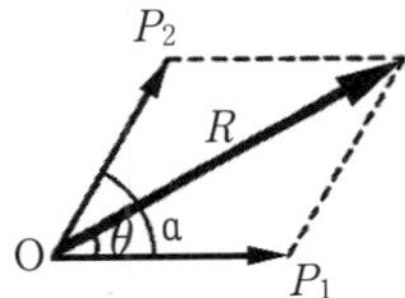

- 한 점에 작용하는 여러 힘의 합성

  · 수평분력의 합 : $\Sigma H = P_{1x} - P_{2x} - P_{3x}$
  $$= P_1\cos\theta_1 - P_2\cos\theta_2 - P_3\cos\theta_3$$

  · 수직분력의 합 : $\Sigma V = P_{1y} + P_{2y} - P_{3y}$
  $$= P_1\sin\theta_1 + P_2\sin\theta_2 - P_3\sin\theta_3$$

  · 합력 : $R = \sqrt{\Sigma H^2 + \Sigma V^2}$

  · 방향 : $\tan\theta = \dfrac{\Sigma V}{\Sigma H}$

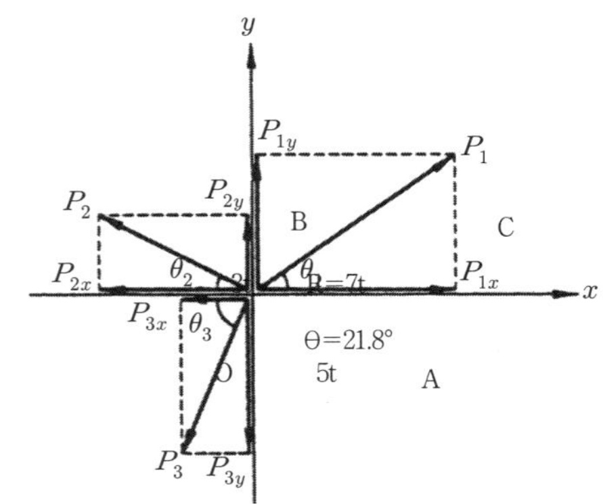

【예제 5】

그림과 같이 직각으로 만나는 두 힘의 합력의 크기를 구하라.

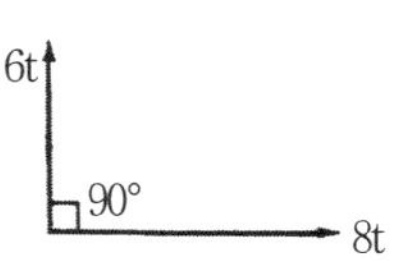

풀이 합력 : $R = \sqrt{P_1^2 + P_2^2} = \sqrt{(8t)^2 + (6t)^2} = 10t$

【예제 6】

그림과 같은 두 힘 P_1, P_2의 합력의 크기와 방향(θ)을 구하라.

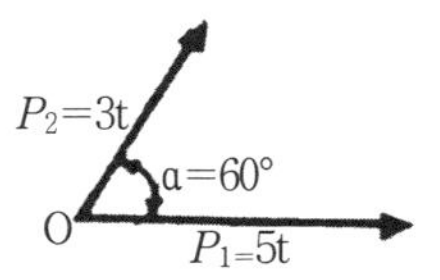

풀이 · $P_1 = 5t$, $P_2 = 3t$, $\cos\alpha = \cos 60° = \dfrac{1}{2}$, $\sin\alpha = \sin 60° = \dfrac{\sqrt{3}}{2}$

  · 합력 : $R = \sqrt{P_1^2 + P_2^2 + 2P_1 P_2\cos\alpha} = \sqrt{5^2 + 3^2 + \left(2\times 5\times 3\times\dfrac{1}{2}\right)} = 7t$

$$\cdot \tan\theta = \frac{P_2 \sin\alpha}{P_1 + P_2 \cos\alpha} = \frac{3t \times \dfrac{\sqrt{3}}{2}}{5t + (3t \times \dfrac{1}{2})} = 0.4$$

$$\rightarrow \theta = \tan^{-1} 0.4 = 21.8°$$

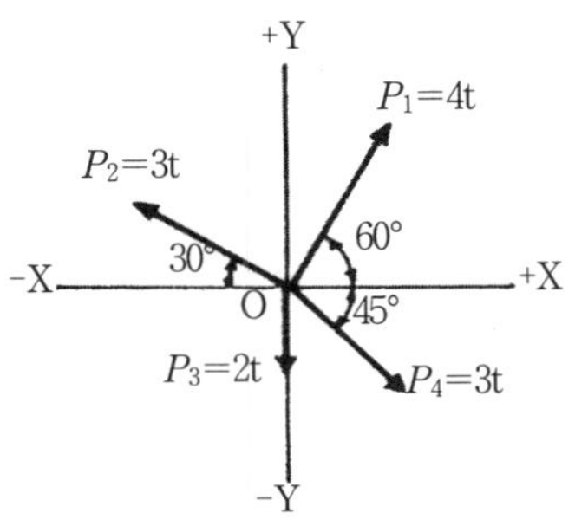

【예제 7】

그림과 같이 한 점 O에 작용하는 힘들의 합력을 구하라.

(단, $\sqrt{2} = 1.414$, $\sqrt{3} = 1.732$)

풀이

$$\cdot \Sigma H = P_1 \cos60° - P_2 \cos30° + P_4 \cos45°$$

$$= (4t \times \frac{1}{2}) - (3t \times \frac{\sqrt{3}}{2}) + (3t \times \frac{\sqrt{2}}{2}) = 1.52t(\rightarrow)$$

$$\cdot \Sigma V = P_1 \sin60° + P_2 \sin30° - P_3 - P_4 \sin45°$$

$$= (4t \times \frac{\sqrt{3}}{2}) + (3t \times \frac{1}{2}) - 2t - (3t \times \frac{\sqrt{2}}{2}) = 0.84t(\uparrow)$$

$\cdot$ 합력의 크기 : $R = \sqrt{\Sigma H^2 + \Sigma V^2} = \sqrt{1.52^2 + 0.84^2} \fallingdotseq 1.74t(\nearrow)$

$\cdot$ 합력의 방향 : $\tan\theta = \dfrac{\Sigma V}{\Sigma H} = \dfrac{0.84}{1.52} \fallingdotseq 0.55$

$$\rightarrow \theta = \tan^{-1} 0.55 = 28.8° [\text{제1사분면}]$$

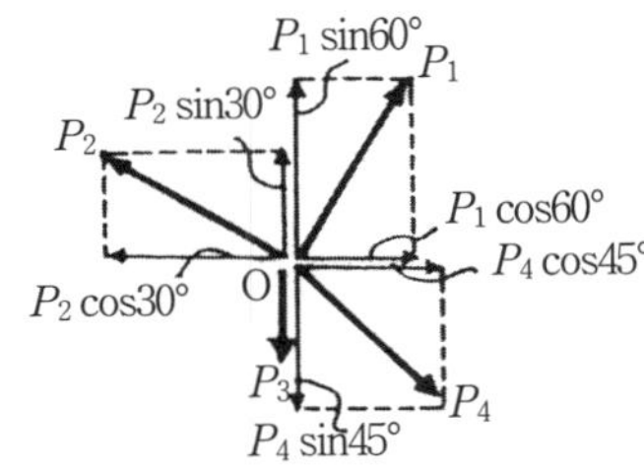

- **작용선이 평행한 힘의 합성**

  - 크기와 방향 : 각 힘의 대수합을 구하여 크기와 방향을 구한다.

    $$R = P_1 + P_2 + \cdots = \Sigma P$$

  - 작용점의 위치 : 바리뇽(Varignon)의 정리를 적용하여 구한다.

  - 바리뇽의 정리 : 여러 힘이 나란하게 작용할 때 이들 각각의 힘($P_1, P_2, \cdots$)이 임의의 점에 대해 갖는 모멘트의 합은 합력(R)이 그 점에 대한 모멘트의 크기와 같다.

  - 각 힘들의 O점에 대한 모멘트 : $M_o = P_1 x_1 + P_2 x_2$

  - 합력의 O점에 대한 모멘트 : $M = R \times x$

· 바리뇽의 정리에 의하여 $M_o = M \rightarrow x = \dfrac{P_1 x_1 + P_2 x_2}{R}$

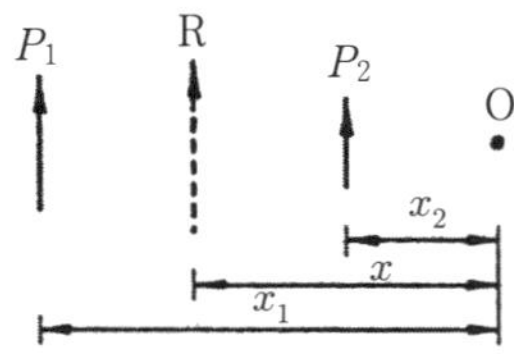

【예제 8】

그림과 같은 힘들의 합력의 크기, 방향, 작용 위치를 구하라.

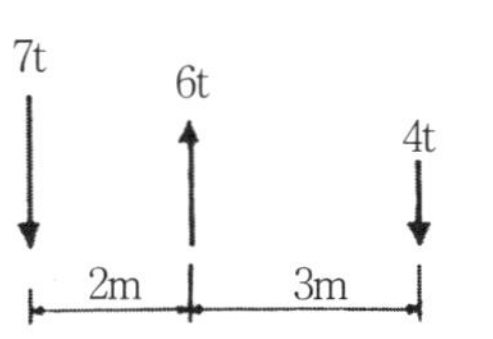

풀이 · 합력 : R=-7t+6t-4t=-5t(↓)

· 7t의 작용선 위에 모멘트 중심 O를 잡고 바리뇽의 정리를 적용하여 합력의 작용 위치 x 를 구하면,

$(R \cdot x) = (-6t \times 2m) + (4t \times 5m)$

$5t \cdot x = -12t \cdot m + 20t \cdot m \rightarrow x = 1.6m$

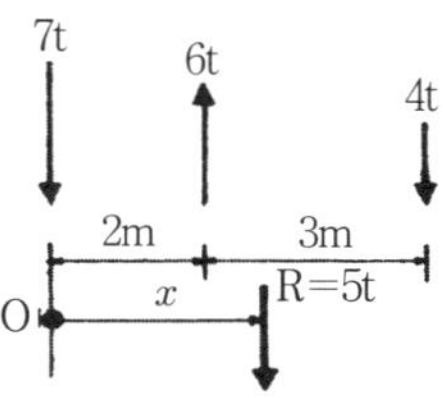

2) 힘의 분해

힘 P 를 직교하는 두 힘으로 분해하면 다음과 같다.

· x 축상의 분력 : $P_x = P \cdot \cos\theta$

· y 축상의 분력 : $P_y = P \cdot \sin\theta$

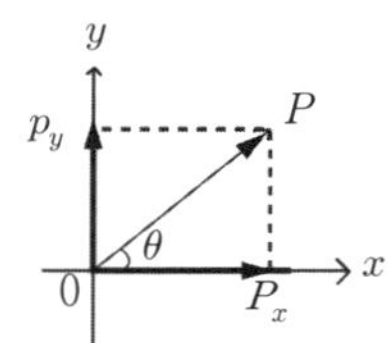

【예제 9】

그림과 같은 켄틸레버 보에서 A점의 휨모멘트를 구하라.

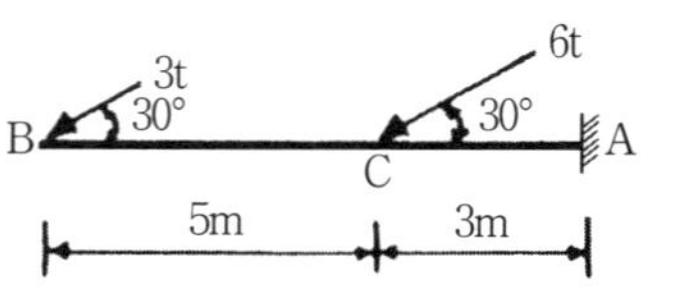

풀이 B, C 점의 하중의 수직분력 P_B, P_C 는

$P_B = 3t \times \sin30° = 3t \times \dfrac{1}{2} = 1.5t(\downarrow)$

$$P_C = 6t \times \sin 60° = 6t \times \frac{1}{2} = 3.0t(\downarrow)$$

$$\therefore \ M_A = -(1.5t \times 8m) - (3t \times 3m) = -21t \cdot m$$

【예제 10】

그림에서 부재 $\overline{AB}$, $\overline{BC}$의 부재력을 T_1, T_2라 하고,
그 부재력의 크기를 구하라.

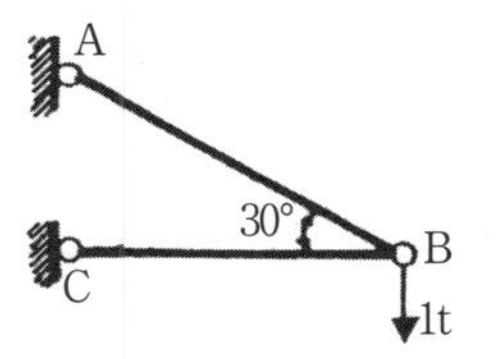

풀이 T_1, T_2를 바깥 방향의 인장력으로 가정하고 T_1을 두 힘으로 분해한 후 평형 방정식을 적용하면,

· T_1의 분해 : 수직력 $T_1 \sin 30°$, 수평력 $T_1 \cos 30°$

· $\Sigma V = 0$: $T_1 \sin 30° - 1t = 0 \ \rightarrow \ T_1 = \dfrac{1t}{\sin 30°} = \dfrac{1t}{\frac{1}{2}} = 2t(인장)$

· $\Sigma H = 0$: $-T_2 - T_1 \cos 30° = 0 \ \rightarrow \ T_2 = -T_1 \cos 30° = -(2t \times \dfrac{\sqrt{3}}{2}) = -\sqrt{3}\, t(압축)$

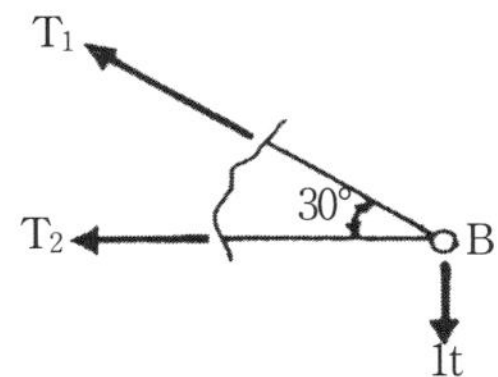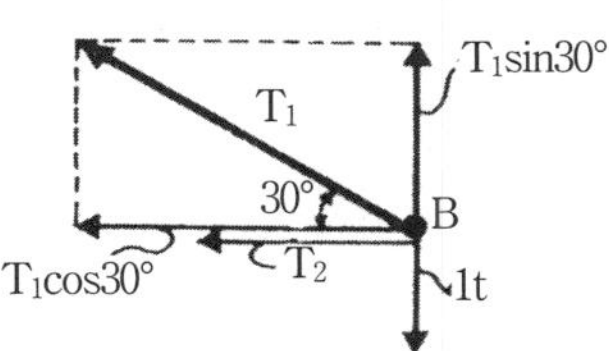

【예제 11】

그림과 같은 단순보에서 A점의 수직반력(R_A)과
수평반력(H_A)을 구하라.

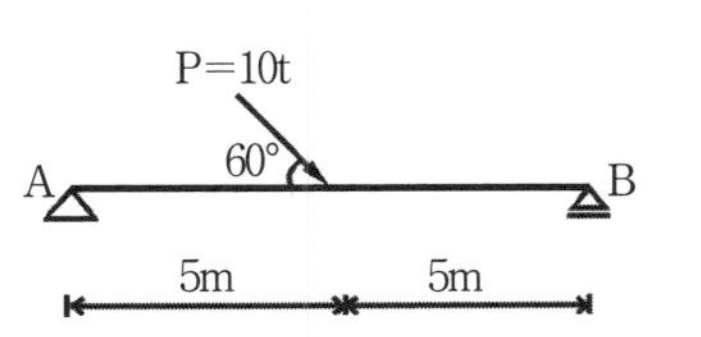

풀이 수평보에 대하여 $60°$ 경사진 $P = 10t$을 수직력 $P_y = P \cdot \sin 60°$, 수평력 $P_x = P \cdot \cos 60°$로 분해하고, 평형 방정식
($\Sigma H = 0$, $\Sigma V = 0$, $\Sigma M = 0$)을 적용한다.

· 하중 P의 분해 : 수직분력 $P \cdot \sin 60°$, 수평분력 $P \cdot \cos 60°$

· 반력 방향 : H_A는 왼쪽 방향, R_A, R_B는
윗방향으로 가정한다.

· A점의 수직반력(R_A)을 구할 때는 B점에서의
모멘트를 계산한다.

$\Sigma M_B = 0$: $(R_A \times 10m) - (P \cdot \sin 60° \times 5m) = 0$

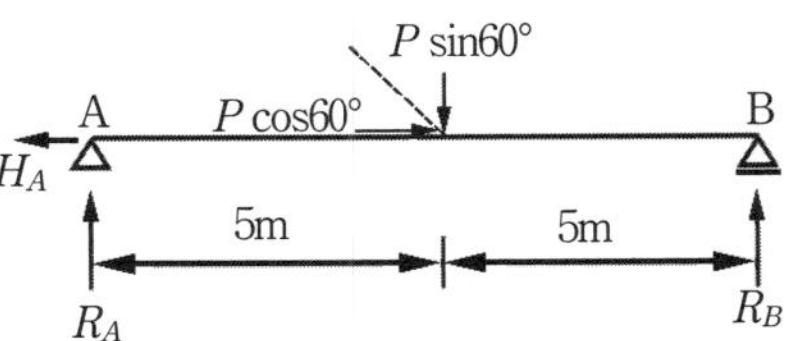

$$10R_A - (10 \times \frac{\sqrt{3}}{2} \times 5) = 0 \quad \therefore \quad R_A = 2.5\sqrt{3}\ \text{t}(\uparrow)$$

$\cdot \varSigma H = 0 : -H_A + P\cdot\cos60° = 0$

$$-H_A + (10\text{t} \times \frac{1}{2}) = 0 \quad \therefore \quad H_A = 5\text{t}(\leftarrow)$$

② 힘의 평형

몇 개의 힘이 어떤 물체에 작용하여 그 물체가 움직이거나 회전하지 않고 정지상태로 되었을 때 그 몇 개의 힘은 평형을 이루고 있다고 한다.

① 상하(수직 방향)로 움직이지 않는다. → $\varSigma V = 0$(수직 분력의 합이 0일 것)

② 좌우(수평 방향)로 움직이지 않는다. → $\varSigma H = 0$(수평 분력의 합이 0일 것)

③ 회전하지 않는다. → $\varSigma M = 0$(모멘트의 합이 0일 것)

【예제 12】

하나의 부재에 4개의 힘이 작용하여 평형을 이룰 때 힘 P와 A점으로부터 거리 x 의 값을 구하라.

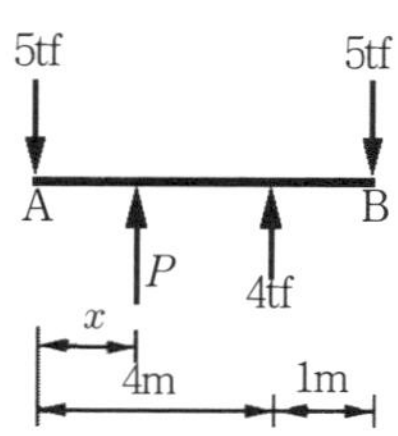

풀이 힘의 평형 방정식을 이용한다.

윗방향을 +로 하고, 우회전을 +로 계산하면,

$\varSigma V = 0 : -5\text{t} + P + 4\text{t} - 5\text{t} = 0 \rightarrow P = 6\text{t}(\uparrow)$

$\varSigma M_A = 0 : -(6\text{t} \times x) - (4\text{t} \times 4\text{m}) + (5\text{t} \times 5\text{m}) = 0 \rightarrow x = 1.5\text{m}$

【예제 13】

그림과 같은 단순보에서 B점의 반력을 구하라.

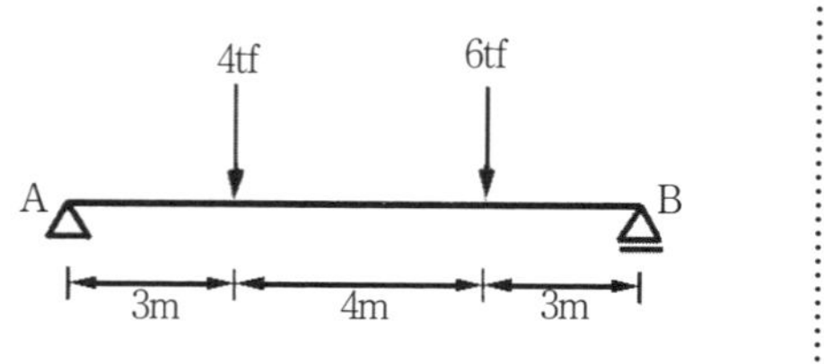

풀이 반력의 계산은 힘의 평형 방정식을 이용한다.

특히 지점에서의 모멘트가 0인 것을 이용하여 반력의 크기를 구할 수 있다.

·B점의 수직반력(R_B)을 구할 때에는 A점에서의 모멘트를 계산한다.

· 수직반력 R_B를 윗방향으로 가정하면,

$\Sigma M_A = 0$: $(4t \times 3m) + (6t \times 7m) - (R_B \times 10m) = 0$　∴　$R_B = 5.4t(\uparrow)$

··· 【예제 14】 ···

그림과 같은 트러스에서 S 부재의 부재력을 구하라.

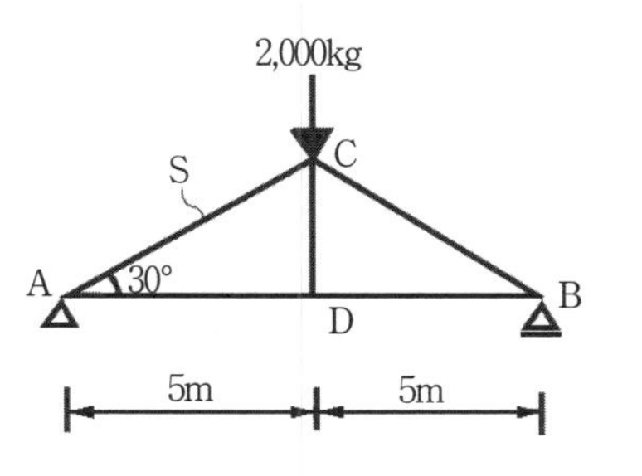

풀이 절점법(힘의 평형방정식 $\Sigma V = 0$, $\Sigma H = 0$ 을 적용하여 부재력을 구하는 것)을 이용한다.

· 반력 계산 : 좌우 대칭하중이므로 $R_A = R_B = \dfrac{2,000kg}{2} = 1,000kg(\uparrow)$

· A 절점을 기준으로 AC 부재를 인장력(절점 A를 잡아당기는 힘)으로 가정하면,

$\Sigma V = 0$: $R_A + AC \cdot \sin30° = 0$

$$1,000kg + (AC \times \tfrac{1}{2}) = 0$$

$$\therefore AC = -2,000kg(압축)$$

[θ이므로 가정과 반대인 압축력이 된다.]

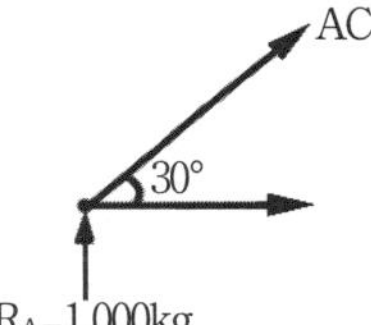

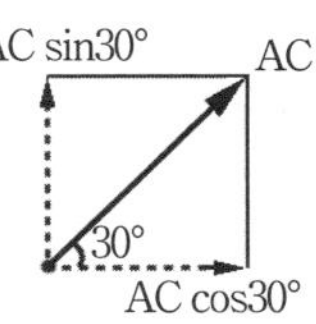

··· 【예제 15】 ···

정육각형으로 된 틀의 각 절점에 힘 P가 작용할 때,
각 부재가 받는 부재력의 크기를 구하라.

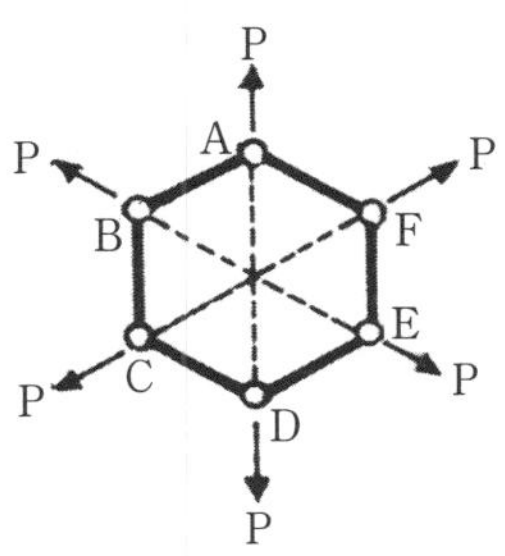

풀이 한 절점에서 부재력을 두 힘으로 분해하고, 힘의 평형방정식(ΣV)을 적용한다.

· AB 부재와 AF 부재는 대칭이므로 부재력이 같다.

· 각 부재력을 T라 하고 절점 A에서 T를 두 힘으로 분해하고 힘의 평형방정식을 적용하면,

$\Sigma V = 0$: $P - T \cdot \cos60° - T \cdot \cos60° = 0$

$$\therefore T = \frac{P}{2\cos60°} = \frac{P}{2 \times \dfrac{1}{2}} = P$$

별해 내부의 6개 삼각형이 모두 60° 대각의 정삼각형이다.
  → 각 부재력은 P로 같다.

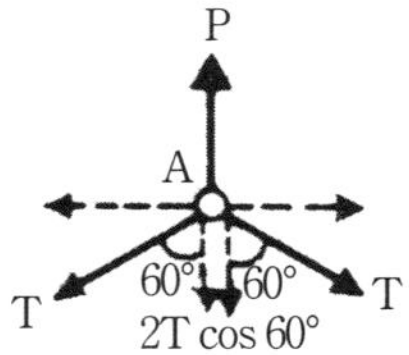

연 습 문 제

1. 그림과 같은 직육면체에서 $\overrightarrow{AB}=\vec{a}$, $\overrightarrow{AD}=\vec{b}$, $\overrightarrow{AC}=\vec{c}$ 일 때, $\overrightarrow{AG}$, $\overrightarrow{BH}$ 를 $\vec{a}$, $\vec{b}$, $\vec{c}$ 로 나타내라.

☞ $\overrightarrow{AG}=\overrightarrow{AC}+\overrightarrow{CG}$
$\overrightarrow{BH}=\overrightarrow{BA}+\overrightarrow{AH}$

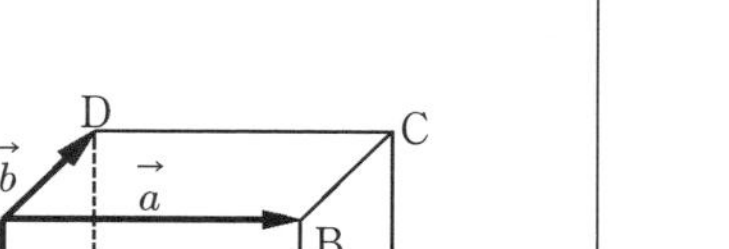

2. 한 변의 길이가 1인 직각 이등변 삼각형 OAB에서 $\overrightarrow{OA}(\ )=\vec{a}$, $\overrightarrow{OB}=\vec{b}$, $\overrightarrow{OC}=\vec{c}$ 라고 할 때, $\vec{a}+\vec{b}+\vec{c}$ 의 크기를 구하라.

☞ $\vec{a}+\vec{b}=2\vec{c}$ 이므로
$\vec{a}+\vec{b}+\vec{c}=3\vec{c}$

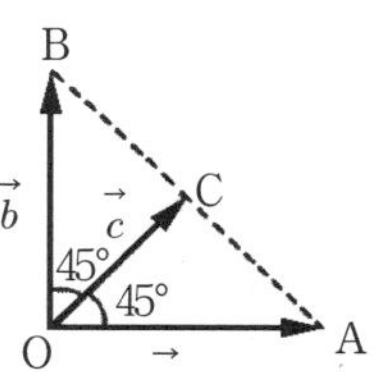

3. $|\vec{a}|=3$, $|\vec{b}|=6$ 인 두 벡터 $\vec{a}$, $\vec{b}$ 가 이루는 각의 크기가 120° 일 때, 내적 $\vec{a}\cdot\vec{b}$ 를 구하라.

☞ $\vec{a}\cdot\vec{b}=|\vec{a}||\vec{b}|\cos\theta$

4. 합력 100kg이 두 개의 분력 $P_1=80$kg, $P_2=50$kg으로 분해될 때, 두 개의 분력 P_1, P_2 가 이루는 각을 구하라.

☞ 합력
$R=\sqrt{P_1^2+P_2^2+2P_1P_2\cos\alpha}$

5. 그림과 같이 한 점 O에 작용하는 세 힘들의 합력을 구하라.
  (단, $\sqrt{2}=1.414,\ \sqrt{3}=1.732$)

☞ 힘을 분해하여 ΣH, ΣV을 구한다.

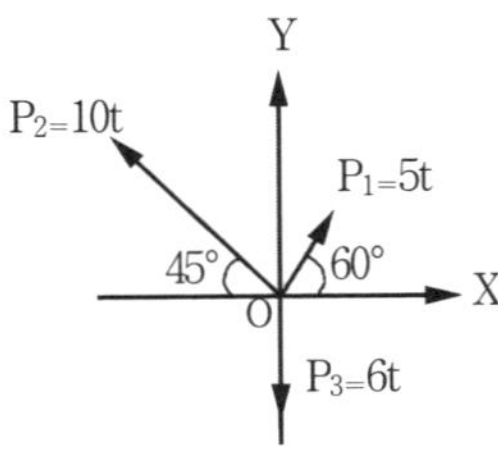

6. 그림과 같은 각 힘들의 합력의 크기, 방향, 작용 위치를 구하라.

☞ 바리뇽의 정리($M_0=M$)를 적용하여 작용 위치를 구한다.

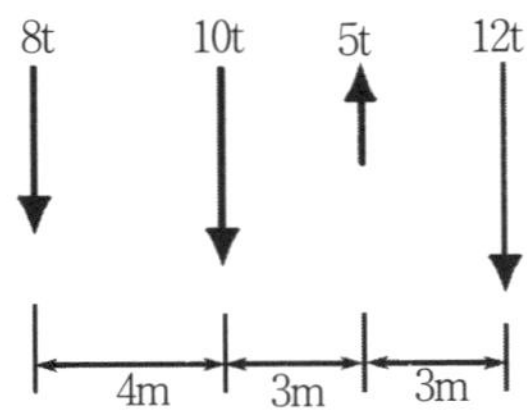

7. 그림에서 A점에 작용하는 모멘트 크기를 구하라.
  (단, $\sqrt{3}=1.732$)

☞ 60° 경사진 하중 10t을 수직력
  V=10t×sin60°,
  수평력 H=10t×cos60°로 분해하고, A점에 대한 모멘트를 계산한다.

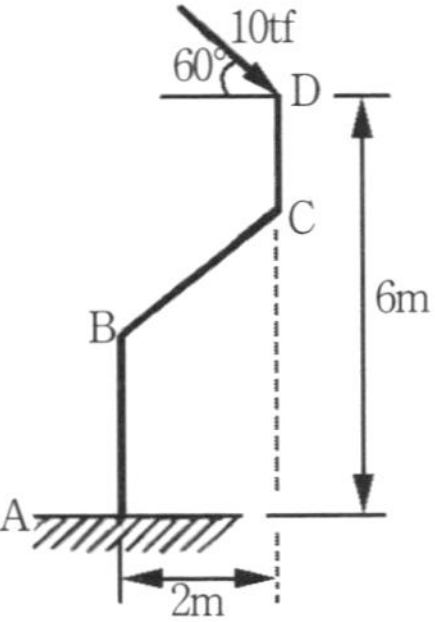

8. 그림과 같은 단순보의 반력 R_B를 구하라.

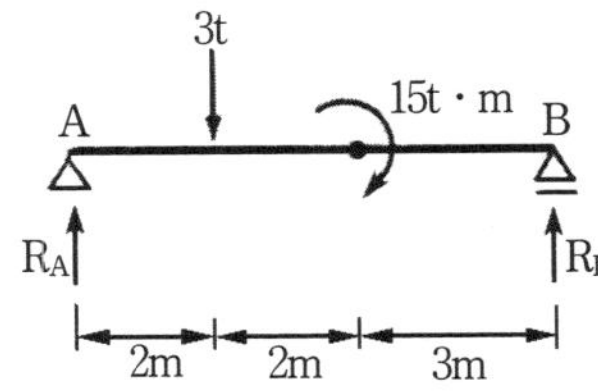

☞ 힘의 평형방정식($\Sigma M = 0$)을 이용하여 반력을 구한다.

　→ A점에 대한 모멘트를 취하여 R_B를 구한다.

9. 그림과 같은 단순보에 등변 분포하중이 작용할 때 A점의 반력 R_A를 구하라.

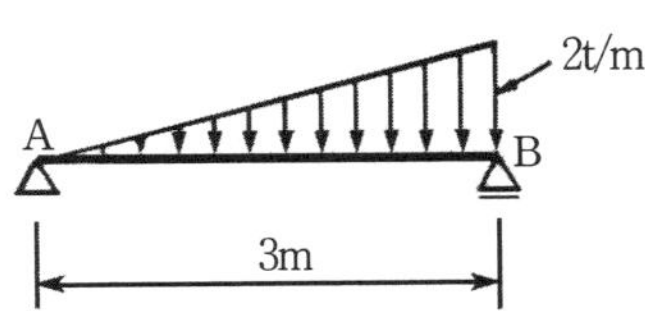

☞ 삼각형 분포하중 : 삼각형 면적을 크기로 하는 집중하중이 도심(밑면으로부터 ⅓)에 작용하는 것으로 보고 계산한다.

10. 그림과 같은 하중을 받는 트러스의 부재(B)에 생기는 부재력을 구하라.(단, $\sin30°=0.5$, $\cos30°=0.866$)

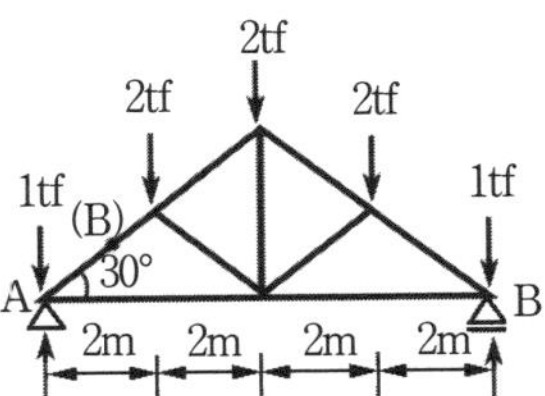

☞ 반력을 구한 뒤, A점에 대해 힘의 평형방정식을 적용한다.

제7장

행렬

제7장

행렬

1. 행렬의 뜻과 연산

① 행렬의 뜻과 종류

1) 행렬의 뜻

수 또는 문자를 직사각형 모양으로 배열하여 괄호(　)로 묶은 것을 행렬이라 하고, 괄호 안의 각각의 수나 문자를 그 행렬의 성분이라고 한다.

행렬에서 가로의 배열을 행(Row)이라 하고, 세로의 배열을 열(Column)이라 한다. 행의 개수가 m, 열의 개수가 n인 행렬을 m행 n열의 행렬 또는 $m \times n$ 행렬이라 한다. 행렬은 대문자 $A, B, C, \cdots$를 써서 나타내고, 행렬의 성분은 소문자 $a, b, c, \cdots$를 써서 나타낸다.

행렬 A에서 제 i행과 제 j열이 만나는 위치에 있는 성분을 행렬 A의 (i, j) 성분이라고 하며, 이 행렬 A의 (i, j) 성분을 a_{ij}로 나타낸다.

행렬 A가 2×3 행렬이면

$$A = \begin{pmatrix} a_{11} & a_{12} & a_{13} \\ a_{21} & a_{22} & a_{23} \end{pmatrix}$$

으로 나타낼 수 있다.

기호 $a_{11}, a_{12}, a_{21}, a_{22}, \cdots$등은 어떤 수를 나타내는 문자라고 생각하면 된다.

【예제 1】

다음 행렬은 어떤 꼴($m{\times}n$ 행렬)의 행렬인가?

(1) $\begin{pmatrix} 1 & 3 & 5 \end{pmatrix}$
$\qquad$ (2) $\begin{pmatrix} 1 & 2 \\ 3 & 4 \\ 5 & 6 \end{pmatrix}$

풀이 (1) 1행 3열의 행렬($1{\times}3$ 행렬)
　　　 (2) 3행 2열의 행렬($3{\times}2$ 행렬)

【예제 2】

다음 행렬 A, B에서 $a_{13}, a_{21}, b_{22}, b_{31}$의 값을 말하라.

$$A = \begin{pmatrix} 2 & 3 & 4 \\ -5 & -2 & -1 \end{pmatrix}, \quad B = \begin{pmatrix} 1 & 4 & 7 \\ 2 & 6 & -2 \\ 5 & 4 & 2 \\ -4 & 6 & -3 \end{pmatrix}$$

풀이 $a_{13} = 4$, $a_{21} = -5$, $b_{22} = 6$, $b_{31} = 5$

2) 행렬의 종류

- 정사각 행렬 : 행의 숫자와 열의 숫자가 같은 행렬

  예 $\begin{pmatrix} 1 & 2 \\ 2 & 3 \end{pmatrix}$: $2{\times}2$ 정사각형 행렬

- 영 행렬 : 모든 성분이 0인 행렬

  예 $\begin{pmatrix} 0 & 0 \\ 0 & 0 \end{pmatrix}$

- 단위 행렬 : 정사각 행렬 중에서 주 대각선의 성분은 모두 1이고, 나머지는 모두 0인 행렬

  예 $\begin{pmatrix} 1 & 0 \\ 0 & 1 \end{pmatrix}$, $\begin{pmatrix} 1 & 0 & 0 \\ 0 & 1 & 0 \\ 0 & 0 & 1 \end{pmatrix}$

- 대각 행렬 : 정사각 행렬로서 주 대각선의 성분 이외의 성분이 모두 0인 행렬

  예 $\begin{pmatrix} 1 & 0 \\ 0 & 2 \end{pmatrix}$, $\begin{pmatrix} 1 & 0 & 0 \\ 0 & 2 & 0 \\ 0 & 0 & 3 \end{pmatrix}$

- 삼각 행렬 : 정사각 행렬로서 주 대각선의 위 또는 아래의 성분이 모두 0인 행렬

  예 $\begin{pmatrix} 1 & 0 & 0 \\ 2 & 4 & 0 \\ 3 & 5 & 6 \end{pmatrix}$: 하 삼각행렬, $\begin{pmatrix} 1 & 2 & 2 \\ 0 & 2 & 3 \\ 0 & 0 & 1 \end{pmatrix}$: 상 삼각행렬

- 대칭 행렬 : 정사각 행렬로서 (i,j) 성분$=(j,i)$ 성분인 행렬

예 $\begin{pmatrix} 1 & 2 & 3 \\ 2 & 0 & 4 \\ 3 & 4 & 0 \end{pmatrix}$

· 반대칭 행렬 : 정사각 행렬로서 (i,j) 성분$=-(j,i)$인 행렬(주대각선의 성분은 모두 0이다)

예 $\begin{pmatrix} 0 & -2 & -3 \\ 2 & 0 & 4 \\ 3 & -4 & 0 \end{pmatrix}$

· 전치 행렬 : 행렬의 행과 열을 바꾼 행렬

예 $A = \begin{pmatrix} 1 & 2 \\ 5 & 6 \\ 3 & 4 \end{pmatrix} \Rightarrow A' = A^{T} = \begin{pmatrix} 1 & 5 & 3 \\ 2 & 6 & 4 \end{pmatrix}$

· 행 벡터 : 하나의 힘으로 이루어진 행렬

예 $(2 \ 1 \ 0)$

· 열 벡터 : 하나의 열로 이루어진 행렬

예 $\begin{pmatrix} 2 \\ 1 \\ 0 \end{pmatrix}$

② 행렬의 연산

1) 행렬의 덧셈

두 행렬 A, B가 같은 꼴일 때, 대응하는 성분의 합을 각 성분으로 하는 행렬을 A와 B의 합이라 하고, $A+B$로 나타낸다.

예 $A = \begin{pmatrix} a_{11} & a_{12} & a_{13} \\ a_{21} & a_{22} & a_{23} \end{pmatrix}$, $B = \begin{pmatrix} b_{11} & b_{12} & b_{13} \\ b_{21} & b_{22} & b_{23} \end{pmatrix}$ 일 때

$$A+B = \begin{pmatrix} a_{11}+b_{11} & a_{12}+b_{12} & a_{13}+b_{13} \\ a_{21}+b_{21} & a_{22}+b_{22} & a_{23}+b_{23} \end{pmatrix}$$

● 행렬의 덧셈에 대한 연산법칙

① 교환법칙 : $A+B=B+A$

② 결합법칙 : $(A+B)+C=A+(B+C)$

【예제 3】

$A = \begin{pmatrix} -1 & 3 & 5 \\ -2 & 4 & 6 \end{pmatrix}$, $B = \begin{pmatrix} 1 & 0 & -3 \\ 2 & 4 & -2 \end{pmatrix}$ 일 때, 두 행렬 A, B의 합을 구하라.

풀이 $A + B = \begin{pmatrix} -1+1 & 3+0 & 5-3 \\ -2+2 & 4+4 & 6-2 \end{pmatrix} = \begin{pmatrix} 0 & 3 & 2 \\ 0 & 8 & 4 \end{pmatrix}$

2) 행렬의 뺄셈

두 행렬 A, B가 같은 꼴일 때, $B + X = A$를 성립시키는 행렬 X를 A에서 B를 뺀 차라하고, $A - B$로 나타낸다.

이때, $A - B$는 A의 성분에서 이에 대응하는 B의 성분을 뺀 차를 성분으로 하는 행렬이 된다.

예 $A = \begin{pmatrix} a_{11} & a_{12} & a_{13} \\ a_{21} & a_{22} & a_{23} \end{pmatrix}$, $B = \begin{pmatrix} b_{11} & b_{12} & b_{13} \\ b_{21} & b_{22} & b_{23} \end{pmatrix}$ 일 때

$$A - B = \begin{pmatrix} a_{11} - b_{11} & a_{12} - b_{12} & a_{13} - b_{13} \\ a_{21} - b_{21} & a_{22} - b_{22} & a_{23} - b_{23} \end{pmatrix}$$

주의 $A = \begin{pmatrix} 1 & 2 \\ 3 & 4 \end{pmatrix}$, $B = \begin{pmatrix} 4 \\ 5 \end{pmatrix}$ 일 때 A와 B는 서로 다른 꼴이므로 합과 차를 구할 수 없다.

【예제 4】

$A = \begin{pmatrix} 5 & -3 \\ 2 & 2 \end{pmatrix}$, $B = \begin{pmatrix} 0 & -4 \\ 7 & -6 \end{pmatrix}$, $C = \begin{pmatrix} 5 & -7 \\ 9 & -4 \end{pmatrix}$ 일 때 $(A-B)-C$를 계산하라.

풀이 $A - B = \begin{pmatrix} 5 & -3 \\ 2 & 2 \end{pmatrix} - \begin{pmatrix} 0 & -4 \\ 7 & -6 \end{pmatrix} = \begin{pmatrix} 5-0 & -3-(-4) \\ 2-7 & 2-(-6) \end{pmatrix} = \begin{pmatrix} 5 & 1 \\ -5 & 8 \end{pmatrix}$

$\therefore (A-B)-C = \begin{pmatrix} 5 & 1 \\ -5 & 8 \end{pmatrix} - \begin{pmatrix} 5 & -7 \\ 9 & -4 \end{pmatrix} = \begin{pmatrix} 0 & 8 \\ -14 & 12 \end{pmatrix}$

3) 행렬의 실수배

임의의 실수 k에 대하여 행렬 A의 각 성분을 k배한 것을 성분으로 하는 행렬을 A를 k배한 행렬이라 하고 kA로 나타낸다.

예 $A = \begin{pmatrix} a_{11} & a_{12} & a_{13} \\ a_{21} & a_{22} & a_{23} \end{pmatrix}$ 일 때, $kA = k\begin{pmatrix} a_{11} & a_{12} & a_{13} \\ a_{21} & a_{22} & a_{23} \end{pmatrix} = \begin{pmatrix} ka_{11} & ka_{12} & ka_{13} \\ ka_{21} & ka_{22} & ka_{23} \end{pmatrix}$

··· 【예제 5】 ···

$A \cdot \begin{pmatrix} 3 & -1 \\ 1 & 2 \end{pmatrix}$, $B \cdot \begin{pmatrix} 1 & -1 \\ 2 & 3 \end{pmatrix}$ 일 때, $2A - 3B$를 계산하라.

풀이 $2A - 3B = 2\begin{pmatrix} 3 & -1 \\ 1 & 2 \end{pmatrix} - 3\begin{pmatrix} 1 & -1 \\ 2 & 3 \end{pmatrix} = \begin{pmatrix} 6 & -2 \\ 2 & 4 \end{pmatrix} - \begin{pmatrix} 3 & -3 \\ 6 & 9 \end{pmatrix} = \begin{pmatrix} 3 & 1 \\ -4 & -5 \end{pmatrix}$

··· 【예제 6】 ···

$A = \begin{pmatrix} 3 & 0 & 4 \\ -1 & 1 & 5 \end{pmatrix}$, $B = \begin{pmatrix} 2 & -5 & 6 \\ -4 & -1 & 5 \end{pmatrix}$ 일 때 $4A + 5X = B$를 성립시키는 행렬 X를 구하라.

풀이 행렬은 수를 나타내는 문자처럼 이항하여 풀 수 있으므로 주어진 식을 행렬 X에 대하여 정리한다.

$4A + 5X = B$에서 $5X = B - 4A$ 이므로

$X = \dfrac{1}{5}(B - 4A) = \dfrac{1}{5}\left\{\begin{pmatrix} 2 & -5 & 6 \\ -4 & -1 & 5 \end{pmatrix} - 4\begin{pmatrix} 3 & 0 & 4 \\ -1 & 1 & 5 \end{pmatrix}\right\} = \dfrac{1}{5}\left\{\begin{pmatrix} 2 & -5 & 6 \\ -4 & -1 & 5 \end{pmatrix} - \begin{pmatrix} 12 & 0 & 16 \\ -4 & 4 & 20 \end{pmatrix}\right\}$

$= \dfrac{1}{5}\begin{pmatrix} -10 & -5 & -10 \\ 0 & -5 & -15 \end{pmatrix} = \begin{pmatrix} -2 & -1 & -2 \\ 0 & -1 & -3 \end{pmatrix}$

4) 행렬의 곱셈

행렬 A의 열의 개수와 행렬 B의 행의 개수가 같을 때, A의 i 행과 B의 j 열의 대응하는 위치에 있는 성분을 차례로 곱하여 더한 것을 (i, j) 성분으로 하는 행렬을 A와 B의 곱이라 하고, AB로 나타낸다.

$$\begin{pmatrix} \boxed{1} \Rightarrow \\ \boxed{2} \Rightarrow \end{pmatrix}\begin{pmatrix} \Downarrow & \Downarrow \\ ① & ② \end{pmatrix} = \begin{pmatrix} \boxed{1}×① & \boxed{1}×② \\ \boxed{2}×① & \boxed{2}×② \end{pmatrix}$$

주의 가로의 길이(↔)와 세로의 길이(↕)가 다를 때에는 곱이 정의되지 않는다. 오른편과 같은 두 행렬의 곱은 c에 대응하는 성분이 없으므로 곱이 정의되지 않는다.

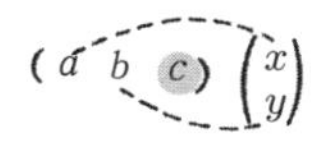

예 $A = \begin{pmatrix} a_{11} & a_{12} \\ a_{21} & a_{22} \end{pmatrix}$, $B = \begin{pmatrix} b_{11} & b_{12} \\ b_{21} & b_{22} \end{pmatrix}$ 일 때,

$$AB = \begin{pmatrix} a_{11}b_{11} + a_{12}b_{21} & a_{11}b_{12} + a_{12}b_{22} \\ a_{21}b_{11} + a_{22}b_{21} & a_{21}b_{12} + a_{22}b_{22} \end{pmatrix}$$

여기서, $A = (l \times m$ 행렬$)$, $B = (m \times n$ 행렬$)$이면 AB는 $l \times n$ 행렬이 된다.

곧, $l \times m$, $m \times n$ 에서 가운데 m 이 없어지고 $l \times n$ 행렬이 된다.

$$(l \times m \ \text{행렬})(m \times n \ \text{행렬}) \Longrightarrow (l \times n \ \text{행렬})$$

예 $\begin{pmatrix} 5 & -4 \\ -1 & 2 \end{pmatrix}\begin{pmatrix} 3 \\ 2 \end{pmatrix} =$

$$\begin{pmatrix} 5 \times 3 + (-4) \times 2 \\ -1 \times 3 + (2 \times 2) \end{pmatrix} = \begin{pmatrix} 15 - 8 \\ -3 + 4 \end{pmatrix} = \begin{pmatrix} 7 \\ 1 \end{pmatrix}$$

$$(2 \times 2 \ \text{행렬}) \times (2 \times 1 \ \text{행렬}) \Rightarrow (2 \times 1 \ \text{행렬})$$

【예제 7】

$A = \begin{pmatrix} 4 & 1 & -1 \\ 3 & 2 & 0 \end{pmatrix}$, $B = \begin{pmatrix} 2 & 6 \\ 1 & -4 \\ 5 & -2 \end{pmatrix}$일 때, AB를 구하라.

풀이 앞의 행렬에서는 행, 뒤의 행렬에서는 열을 택하여 곱한다.

$(2 \times 3$행렬$) \times (3 \times 2$행렬$)$이므로 $(2 \times 2$행렬$)$이 된다.

$$AB = \begin{pmatrix} 4 & 1 & -1 \\ 3 & 2 & 0 \end{pmatrix}\begin{pmatrix} 2 & 6 \\ 1 & -4 \\ 5 & -2 \end{pmatrix} = \begin{pmatrix} 4 \cdot 2 + 1 \cdot 1 + (-1) \cdot 5 & 4 \cdot 6 + 1 \cdot (-4) + (-1) \cdot (-2) \\ 3 \cdot 2 + 2 \cdot 1 + 0 \cdot 5 & 3 \cdot 6 + 2 \cdot (-4) + 0 \cdot (-2) \end{pmatrix} = \begin{pmatrix} 4 & 22 \\ 8 & 10 \end{pmatrix}$$

● 행렬의 곱셈에 대한 연산법칙

① 결합법칙 : $(AB)C = A(BC)$

② 분배법칙 : $A(B + C) = AB + AC$, $(A + B)C = AC + BC$

③ 실수배의 곱 : $(kA)B = A(kB) = k(AB)$ (단, k 는 실수)

주의 행렬의 곱셈에 대한 교환법칙은 성립하지 않는다. $(AB \neq BA)$

예 $A = \begin{pmatrix} 1 & 1 \\ 2 & 0 \end{pmatrix}$, $B = \begin{pmatrix} 1 & 0 \\ 2 & 3 \end{pmatrix}$일 때, $AB \neq BA$ 임을 보여라.

$$AB = \begin{pmatrix} 1 & 1 \\ 2 & 0 \end{pmatrix}\begin{pmatrix} 1 & 0 \\ 2 & 3 \end{pmatrix} = \begin{pmatrix} 1 \cdot 1 + 1 \cdot 2 & 1 \cdot 0 + 1 \cdot 3 \\ 2 \cdot 1 + 0 \cdot 2 & 2 \cdot 0 + 0 \cdot 3 \end{pmatrix} = \begin{pmatrix} 3 & 3 \\ 2 & 0 \end{pmatrix}$$

$$BA = \begin{pmatrix} 1 & 0 \\ 2 & 3 \end{pmatrix}\begin{pmatrix} 1 & 1 \\ 2 & 0 \end{pmatrix} = \begin{pmatrix} 1 \cdot 1 + 0 \cdot 2 & 1 \cdot 1 + 0 \cdot 0 \\ 2 \cdot 1 + 3 \cdot 2 & 2 \cdot 1 + 3 \cdot 0 \end{pmatrix} = \begin{pmatrix} 1 & 1 \\ 8 & 2 \end{pmatrix}$$

$$\therefore \ AB \neq BA$$

【예제 8】

$A = \begin{pmatrix} 1 & 3 \\ 2 & 4 \end{pmatrix},\ B = \begin{pmatrix} 1 & 4 \\ 3 & 2 \end{pmatrix}$ 일 때, 다음을 계산하라.

(1) $A^2 - B^2$ (2) $(A+B)(A-B)$

풀이 $A^2 = AA\,(B^2 = BB),\ (A+B)(A-B) \neq A^2 - B^2$

(1) $A^2 = AA = \begin{pmatrix} 1 & 3 \\ 2 & 4 \end{pmatrix}\begin{pmatrix} 1 & 3 \\ 2 & 4 \end{pmatrix} = \begin{pmatrix} 1 \cdot 1 + 3 \cdot 2 & 1 \cdot 3 + 3 \cdot 4 \\ 2 \cdot 1 + 4 \cdot 2 & 2 \cdot 3 + 4 \cdot 4 \end{pmatrix} = \begin{pmatrix} 7 & 15 \\ 10 & 22 \end{pmatrix}$

$\quad B^2 = BB = \begin{pmatrix} 1 & 4 \\ 3 & 2 \end{pmatrix}\begin{pmatrix} 1 & 4 \\ 3 & 2 \end{pmatrix} = \begin{pmatrix} 1 \cdot 1 + 4 \cdot 3 & 1 \cdot 4 + 4 \cdot 2 \\ 3 \cdot 1 + 2 \cdot 3 & 3 \cdot 4 + 2 \cdot 2 \end{pmatrix} = \begin{pmatrix} 13 & 12 \\ 9 & 16 \end{pmatrix}$

$\quad \therefore A^2 - B^2 = \begin{pmatrix} 7 & 15 \\ 10 & 22 \end{pmatrix} - \begin{pmatrix} 13 & 12 \\ 9 & 16 \end{pmatrix} = \begin{pmatrix} -6 & 3 \\ 1 & 6 \end{pmatrix}$

(2) $(A+B)(A-B) = \begin{pmatrix} 2 & 7 \\ 5 & 6 \end{pmatrix}\begin{pmatrix} 0 & -1 \\ -1 & 2 \end{pmatrix} = \begin{pmatrix} 2 \cdot 0 + 7 \cdot (-1) & 2 \cdot (-1) + 7 \cdot 2 \\ 5 \cdot 0 + 6 \cdot (-1) & 5 \cdot (-1) + 6 \cdot 2 \end{pmatrix} = \begin{pmatrix} -7 & 12 \\ -6 & 7 \end{pmatrix}$

2. 행렬식과 역행렬

① 행렬식

1) 행렬식의 뜻

정사각 행렬 A 에 대하여 부호를 붙인 기본곱(행이나 열에서 중복되지 않게 성분을 하나씩 택해 곱한 것)의 합으로 표시한 것을 행렬식(Determinant)이라 하고 $\det(A)$, $|A|$ 로 나타낸다.

- Sarrus의 방법

  2차, 3차의 행렬식의 값을 구하는 데 사용되는 것으로, 4차 이상의 행렬식에 대해서는 적용되지 않는다.

  - $A = \begin{pmatrix} a_{11} & a_{12} \\ a_{21} & a_{22} \end{pmatrix}$ 일 때, $|A| = \begin{vmatrix} a_{11} & a_{12} \\ a_{21} & a_{22} \end{vmatrix} = a_{11}a_{22} - a_{12}a_{21}$

  - $A = \begin{pmatrix} a_{11} & a_{12} & a_{13} \\ a_{21} & a_{22} & a_{23} \\ a_{31} & a_{32} & a_{33} \end{pmatrix}$ 일 때,

  $|A| = a_{11}a_{22}a_{33} + a_{12}a_{23}a_{31} + a_{13}a_{21}a_{32} - a_{13}a_{22}a_{31} - a_{12}a_{21}a_{33} - a_{11}a_{23}a_{32}$

  참고 $|A|$는 각 성분을 대각선으로 곱한 데에 부호를 붙여 더한 것이 된다.

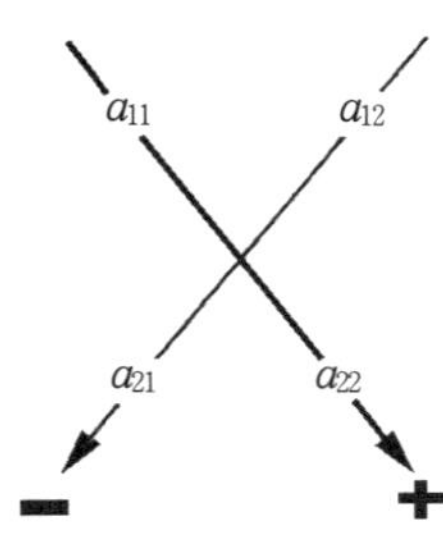
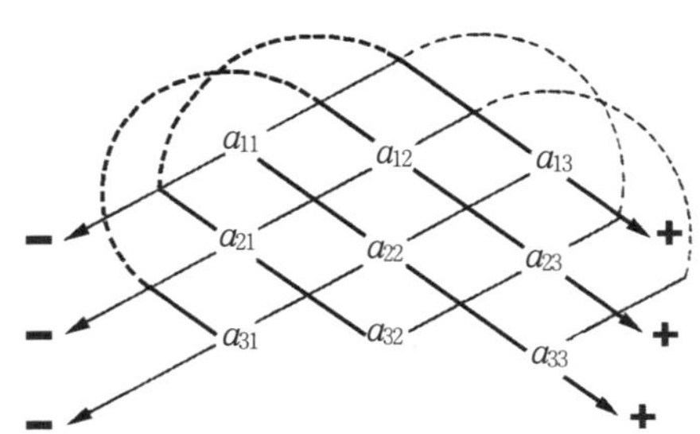

- Laplace 전개

a_{ij} 가 들어있는 행과 열을 제외한 성분들의 행렬식을 a_{ij}의 소행렬식이라 하고, $|M_{ij}|$로 나타낸다.

그리고 $A_{ij} = (-1)^{i+j}|M_{ij}|$로 놓을 때 A_{ij}를 a_{ij}의 여인수라 한다.

행렬식의 값은 한 행(열)의 각 성분과 여인수와의 곱을 합한 것이 된다.

$A = \begin{pmatrix} a_{11} & a_{12} & a_{13} \\ a_{21} & a_{22} & a_{23} \\ a_{31} & a_{32} & a_{33} \end{pmatrix}$ 일 때,

$$
\begin{aligned}
|A| &= a_{11}A_{11} + a_{12}A_{12} + a_{13}A_{13} \\
&= a_{11}(-1)^{1+1}|M_{11}| + a_{12}(-1)^{1+2}|M_{12}| + a_{13}(-1)^{1+3}|M_{13}| \\
&= a_{11}|M_{11}| - a_{12}|M_{12}| + a_{13}|M_{13}| \\
&= a_{11}\begin{vmatrix} a_{22} & a_{23} \\ a_{32} & a_{33} \end{vmatrix} - a_{12}\begin{vmatrix} a_{21} & a_{23} \\ a_{31} & a_{33} \end{vmatrix} + a_{13}\begin{vmatrix} a_{21} & a_{22} \\ a_{31} & a_{32} \end{vmatrix} \\
&= a_{11}(a_{22}a_{33} - a_{23}a_{32}) - a_{12}(a_{21}a_{33} - a_{23}a_{31}) + a_{13}(a_{21}a_{32} - a_{22}a_{31}) \\
&= a_{11}a_{22}a_{33} + a_{12}a_{23}a_{31} + a_{13}a_{21}a_{32} - a_{13}a_{22}a_{31} - a_{12}a_{21}a_{33} - a_{11}a_{23}a_{32}
\end{aligned}
$$

···· 【예제 9】 ····································

다음 행렬의 행렬식의 값을 구하라.

(1) $A = \begin{pmatrix} 1 & -3 \\ 2 & 2 \end{pmatrix}$

(2) $B = \begin{pmatrix} -3 & 1 & 5 \\ 1 & 0 & -2 \\ 5 & -2 & 4 \end{pmatrix}$

풀이 (1) Sarrus의 방법

$$|A| = \begin{vmatrix} 1 & -3 \\ 2 & 2 \end{vmatrix} = 1 \cdot 2 - (-3) \cdot 2 = 8$$

(2) ① Sarrus의 방법

$$|B| = \begin{vmatrix} -3 & 1 & 5 \\ 1 & 0 & -2 \\ 5 & -2 & 4 \end{vmatrix} = (-3) \cdot 0 \cdot 4 + 1(-2) \cdot 5 + 5 \cdot 1 \cdot (-2) - 5 \cdot 0 \cdot 5 - 1 \cdot 1 \cdot 4 - (-3) \cdot (-2) \cdot (-2)$$

$$= -10 - 10 - 4 + 12 = -12$$

② Laplace 전개

$$|B| = \begin{vmatrix} -3 & 1 & 5 \\ 1 & 0 & -2 \\ 5 & -2 & 4 \end{vmatrix} = -3 \begin{vmatrix} 0 & -2 \\ -2 & 4 \end{vmatrix} - 1 \begin{vmatrix} 1 & -2 \\ 5 & 4 \end{vmatrix} + 5 \begin{vmatrix} 1 & 0 \\ 5 & -2 \end{vmatrix}$$

$$= [-3 \times \{0 \cdot 4 - (-2) \cdot (-2)\}] - [1 \times \{1 \cdot 4 - (-2) \cdot 5\}] + [5 \times \{1 \cdot (-2) - 0 \cdot 5\}]$$

$$= (-3) \cdot (-4) - 1 \cdot 14 + 5 \cdot (-2) = -12$$

2) 행렬식의 성질

① 행렬식에서 행과 열을 바꾸어 놓아도 그 값은 변하지 않는다.

② 행렬식의 2개의 행(또는 열)을 바꿔 놓으면 부호가 변한다.

③ 행렬식의 1행(또는 열)의 모든 성분을 k 배하면 행렬식의 값은 k 배가 된다.

④ 행렬식의 1행(또는 열)을 k 배해서 다른 행에 더해도 그 값은 변하지 않는다.

⑤ 행렬식의 1행(또는 열)의 모든 성분이 0이면 행렬식의 값은 0이다.

⑥ 행렬식의 2행(또는 열)의 성분이 같으면 행렬식의 값은 0이다.

⑦ 어떤 행(또는 열)에 다른 행(또는 열)의 여인수를 곱해서 합하면 0이 된다.

···【예제 10】···

행렬식의 성질을 이용하여 다음 행렬식의 값을 구하라.

$$(1) \begin{vmatrix} -2 & 1 & 1 \\ 1 & -2 & 1 \\ 1 & 1 & -2 \end{vmatrix} \qquad\qquad (2) \begin{vmatrix} 1 & 2 & 2 \\ 3 & 9 & 6 \\ 2 & 7 & 4 \end{vmatrix}$$

풀이 (1) 행렬식의 성질 ④를 이용하여 2번째 열과 3번째 열을 1번째 열에 합하고 행렬식의 성질 ⑤에 의하여

$$\begin{vmatrix} -2 & 1 & 1 \\ 1 & -2 & 1 \\ 1 & 1 & -2 \end{vmatrix} = \begin{vmatrix} -2+1+1 & 1 & 1 \\ 1-2+1 & -2 & 1 \\ 1+1-2 & 1 & -2 \end{vmatrix} = \begin{vmatrix} 0 & 1 & 1 \\ 0 & -2 & 1 \\ 0 & 1 & -2 \end{vmatrix} = 0$$

(2) 행렬식의 성질 ③에 의하여 3열의 공통배수 2로 뽑아내면 1열과 3열이 같으므로 행렬식의 성질 ⑥에 의하여

$$\begin{vmatrix} 1 & 2 & 2 \\ 3 & 9 & 6 \\ 2 & 7 & 4 \end{vmatrix} = 2 \begin{vmatrix} 1 & 2 & 1 \\ 3 & 9 & 3 \\ 2 & 7 & 2 \end{vmatrix} = 0$$

···【예제 11】··

다음 행렬식의 값을 구하라.

$$|A|=\begin{vmatrix} 2 & 5 & -3 & -2 \\ -2 & -3 & 2 & -5 \\ 1 & 3 & -2 & 2 \\ -1 & -6 & 4 & 3 \end{vmatrix}$$

풀이 · 4차 행렬식이므로 행렬식의 성질을 이용하여 한 열에 관해 Laplace 전개를 하고 Sarrus의 방법에 의해 행렬식 값을 계산한다.

· 제3행을 −2배, 2배, 1배하여 각각 제 1행, 제2행, 제4행에 더하고, 제1열에 대해 Laplace 전개한 후, Sarrus의 방법을 적용하면,

$$|A|=\begin{vmatrix} 2 & 5 & -3 & -2 \\ -2 & -3 & 2 & -5 \\ 1 & 3 & -2 & 2 \\ -1 & -6 & 4 & 3 \end{vmatrix}$$

$$=\begin{vmatrix} 0 & -1 & 1 & -6 \\ 0 & 3 & -2 & -1 \\ 1 & 3 & -2 & 2 \\ 0 & -3 & 2 & 5 \end{vmatrix} \begin{matrix} \leftarrow 1행-(2\times3행) \\ \leftarrow 2행+(2\times3행) \\ \\ \leftarrow 4행+(1\times3행) \end{matrix}$$

$$=(-1)^{3+1}1\cdot\begin{vmatrix} -1 & 1 & -6 \\ 3 & -2 & -1 \\ -3 & 2 & 5 \end{vmatrix} \leftarrow 1열에 관해 \ Laplace \ 전개$$

$$=10+3-36+36-15-2 \leftarrow Sarrus의 \ 방법$$

$$=-4$$

2 역행렬

정사각 행렬 A와 단위 행렬 E에 대하여 $AX=XA=E$를 성립시키는 행렬 X가 존재할 때, X를 A의 역행렬이라 하고, A^{-1}로 나타낸다.

$$X=A^{-1} \Leftrightarrow A=X^{-1}, \ AA^{-1}=A^{-1}A=E$$

참고 A^{-1}를 「Inverse A」라고 읽는다.

1) 정의에 의한 역행렬의 계산

X가 A의 역행렬일 때,

$$AX=XA=E$$

임을 이용한다.

즉, $AX=E$(또는 $XA=E$)에서 양변의 대응하는 성분을 같게 놓아 이루어지는 연립방정식을 풀어 X의 성분을 결정한다.

【예제 12】

역행렬의 정의를 이용하여 다음 행렬의 역행렬을 구하라.

$$A = \begin{pmatrix} 3 & 1 \\ 5 & 2 \end{pmatrix}$$

풀이 구하는 행렬을 $X = \begin{pmatrix} a & b \\ c & d \end{pmatrix}$ 로 놓고 $AX = E$ 를 성립시키는 행렬 X 를 구한다.

$$\begin{pmatrix} 3 & 1 \\ 5 & 2 \end{pmatrix}\begin{pmatrix} a & b \\ c & d \end{pmatrix} = \begin{pmatrix} 1 & 0 \\ 0 & 1 \end{pmatrix} \rightarrow \begin{pmatrix} 3a+c & 3b+d \\ 5a+2c & 5b+2d \end{pmatrix} = \begin{pmatrix} 1 & 0 \\ 0 & 1 \end{pmatrix}$$

행렬의 상등의 정의로부터

$3a+c=1$, $3b+d=0$, $5a+2c=0$, $5b+2d=1$

이 네 식을 연립하여 풀면

$a=2$, $b=-1$, $c=-5$, $d=3$

$$\therefore \ X = \begin{pmatrix} 2 & -1 \\ -5 & 3 \end{pmatrix} \ \ \text{곧,} \ A^{-1} = \begin{pmatrix} 2 & -1 \\ -5 & 3 \end{pmatrix}$$

2) 공식에 의한 역행렬의 계산

• 2차 정사각 행렬

행렬 $A = \begin{pmatrix} a & b \\ c & d \end{pmatrix}$ 에 대하여 $D = ad-bc$ 라고 하면

① $D \neq 0$ 일 때, A 의 역행렬은 존재하고 $A^{-1} = \dfrac{1}{D}\begin{pmatrix} d & -b \\ -c & a \end{pmatrix}$

② $D = 0$ 일 때, A 의 역행렬은 존재하지 않는다.

$$A^{-1} = \frac{1}{D}\left(\begin{smallmatrix} \cdot & \diagdown \\ \cdot & \diagup \end{smallmatrix} \right)$$

참고 A^{-1} 의 ( )안의 성분은 A 의 성분 a 와 d 를 교환하고, b 와 c 는 부호를 바꾼 것이 된다.

• 3차 정사각 행렬

a_{ij} 의 여인수를 $A_{ij}\,[= (-1)^{i+j}\,|M_{ij}|]$ 라 할 때, 행렬(A_{ij}) 의 전치 행렬을 A 의 수반 행렬(Adjoint Matrix)이라 하고 $adj(A)$ 로 나타낸다.

$$adj(A) = \begin{pmatrix} A_{11} & A_{12} & A_{13} \\ A_{21} & A_{22} & A_{23} \\ A_{31} & A_{32} & A_{33} \end{pmatrix}^{\mathsf{T}}$$

$$= \begin{pmatrix} A_{11} & A_{21} & A_{31} \\ A_{12} & A_{22} & A_{32} \\ A_{13} & A_{23} & A_{33} \end{pmatrix} = \begin{pmatrix} \begin{vmatrix} a_{22} & a_{23} \\ a_{32} & a_{33} \end{vmatrix} & -\begin{vmatrix} a_{12} & a_{13} \\ a_{32} & a_{33} \end{vmatrix} & \begin{vmatrix} a_{12} & a_{13} \\ a_{22} & a_{23} \end{vmatrix} \\ -\begin{vmatrix} a_{21} & a_{23} \\ a_{31} & a_{32} \end{vmatrix} & \begin{vmatrix} a_{11} & a_{13} \\ a_{31} & a_{33} \end{vmatrix} & -\begin{vmatrix} a_{11} & a_{13} \\ a_{21} & a_{23} \end{vmatrix} \\ \begin{vmatrix} a_{21} & a_{22} \\ a_{31} & a_{32} \end{vmatrix} & -\begin{vmatrix} a_{11} & a_{21} \\ a_{12} & a_{32} \end{vmatrix} & \begin{vmatrix} a_{11} & a_{12} \\ a_{21} & \end{vmatrix} \end{pmatrix}^{\mathsf{T}}$$

이때 역행렬은 다음과 같이 구한다.

$$A^{-1} = \frac{1}{\det(A)}\, adj(A)$$

····· 【예제 13】 ···

공식을 이용하여 다음 행렬의 역행렬을 구하라.

(1) $B = \begin{pmatrix} 3 & 1 \\ 5 & 2 \end{pmatrix}$　　　　　　　　(2) $A = \begin{pmatrix} 1 & 2 & 3 \\ -1 & 4 & 0 \\ 0 & 1 & 2 \end{pmatrix}$

풀이 (1) $B^{-1} = \dfrac{1}{D}\begin{pmatrix} d & -b \\ -c & a \end{pmatrix} = \dfrac{1}{3\cdot2-1\cdot5}\begin{pmatrix} 2 & -1 \\ -5 & 3 \end{pmatrix} = \begin{pmatrix} 2 & -1 \\ -5 & 3 \end{pmatrix}$

(2) $\det(A) = |A| = \begin{vmatrix} 1 & 2 & 3 \\ -1 & 4 & 0 \\ 0 & 1 & 2 \end{vmatrix} = 8-3+4 = 9$

$$\therefore\ A^{-1} = \frac{1}{\det(A)}\, adj(A) = \frac{1}{\det(A)}\begin{pmatrix} A_{11} & A_{12} & A_{13} \\ A_{21} & A_{22} & A_{23} \\ A_{31} & A_{32} & A_{33} \end{pmatrix}^{\mathsf{T}}$$

$$= \frac{1}{9}\begin{pmatrix} \begin{vmatrix} 4 & 0 \\ 1 & 2 \end{vmatrix} & -\begin{vmatrix} -1 & 0 \\ 0 & 2 \end{vmatrix} & \begin{vmatrix} -1 & 4 \\ 0 & 1 \end{vmatrix} \\ -\begin{vmatrix} 2 & 3 \\ 1 & 2 \end{vmatrix} & \begin{vmatrix} 1 & 3 \\ 0 & 2 \end{vmatrix} & -\begin{vmatrix} 1 & 2 \\ 0 & 1 \end{vmatrix} \\ \begin{vmatrix} 2 & 3 \\ 4 & 0 \end{vmatrix} & -\begin{vmatrix} 1 & 3 \\ -1 & 0 \end{vmatrix} & \begin{vmatrix} 1 & 2 \\ -1 & 4 \end{vmatrix} \end{pmatrix}^{\mathsf{T}} = \frac{1}{9}\begin{pmatrix} 8 & 2 & -1 \\ -1 & 2 & -1 \\ -12 & -3 & 6 \end{pmatrix}^{\mathsf{T}}$$

$$= \frac{1}{9}\begin{pmatrix} 8 & -1 & -12 \\ 2 & 2 & -3 \\ -1 & -1 & 6 \end{pmatrix}$$

3. 행렬의 응용

① 1차 연립방정식

행렬을 이용하여 x, y 에 대한 1차 연립방정식을 나타내면,

$$\begin{cases} ax + by = p \\ cx + dy = q \end{cases} \Leftrightarrow \begin{pmatrix} ax + by \\ cx + dy \end{pmatrix} = \begin{pmatrix} p \\ q \end{pmatrix}$$

행렬의 곱셈의 정의로부터

$$\begin{pmatrix} ax + by \\ cx + dy \end{pmatrix} = \begin{pmatrix} a & b \\ c & d \end{pmatrix} \begin{pmatrix} x \\ y \end{pmatrix}$$

이므로

$$\begin{cases} ax + by = p \\ cx + dy = q \end{cases} \Leftrightarrow \begin{pmatrix} a & b \\ c & d \end{pmatrix} \begin{pmatrix} x \\ y \end{pmatrix} = \begin{pmatrix} p \\ q \end{pmatrix}$$

같은 방법으로 x, y, z 에 대한 1차 연립방정식을 행렬을 이용하여 나타내면,

$$\begin{cases} ax + by + cz = p \\ dx + ey + fz = q \\ gx + hy + iz = r \end{cases} \Leftrightarrow \begin{pmatrix} a & b & c \\ d & e & f \\ g & h & i \end{pmatrix} \begin{pmatrix} x \\ y \\ z \end{pmatrix} = \begin{pmatrix} p \\ q \\ r \end{pmatrix}$$

1) 역행렬을 이용한 해

$$\begin{cases} ax + by = p \\ cx + dy = q \end{cases} \Leftrightarrow \begin{pmatrix} a & b \\ c & d \end{pmatrix} \begin{pmatrix} x \\ y \end{pmatrix} = \begin{pmatrix} p \\ q \end{pmatrix}$$

에서, $A = \begin{pmatrix} a & b \\ c & d \end{pmatrix}$, $X = \begin{pmatrix} x \\ y \end{pmatrix}$, $B = \begin{pmatrix} p \\ q \end{pmatrix}$

라고 하면, $AX = B$ 로 나타내어진다.

여기서, 양 변의 왼편에 A^{-1} 를 곱하면 $A^{-1}(AX) = A^{-1}B$

$$\therefore \ X = A^{-1}B \Rightarrow \begin{pmatrix} x \\ y \end{pmatrix} = \begin{pmatrix} a & b \\ c & d \end{pmatrix} \begin{pmatrix} p \\ q \end{pmatrix}$$

같은 방법으로 x, y, z 에 대한 1차 연립방정식의 해를 구하면,

$$X = A^{-1}B \Rightarrow \begin{pmatrix} x \\ y \\ z \end{pmatrix} = \begin{pmatrix} a\ b\ c \\ d\ e\ f \\ g\ h\ i \end{pmatrix} \begin{pmatrix} p \\ q \\ r \end{pmatrix}$$

···· 【예제 14】 ····

역행렬을 이용하여 다음 1차 연립방정식을 풀어라.

(1) $\begin{cases} 2x - y = 5 \\ 3x + 4y = 2 \end{cases}$
(2) $\begin{cases} x + 2y + 3z = 1 \\ 2x + 4y + 5z = 0 \\ 3x + 5y + 6z = 0 \end{cases}$

풀이 (1) $\begin{pmatrix} 2 & -1 \\ 3 & 4 \end{pmatrix}\begin{pmatrix} x \\ y \end{pmatrix} = \begin{pmatrix} 5 \\ 2 \end{pmatrix}$

$\cdot \begin{pmatrix} 2 & -1 \\ 3 & 4 \end{pmatrix}^{-1} = \dfrac{1}{2\cdot4-(-1)\cdot3}\begin{pmatrix} 4 & 1 \\ -3 & 2 \end{pmatrix} = \dfrac{1}{11}\begin{pmatrix} 4 & 1 \\ -3 & 2 \end{pmatrix}$

$\therefore \begin{pmatrix} x \\ y \end{pmatrix} = \dfrac{1}{11}\begin{pmatrix} 4 & 1 \\ -3 & 2 \end{pmatrix}\begin{pmatrix} 5 \\ 2 \end{pmatrix} = \dfrac{1}{11}\begin{pmatrix} 4\cdot5+1\cdot2 \\ (-3)\cdot5+2\cdot2 \end{pmatrix} = \dfrac{1}{11}\begin{pmatrix} 22 \\ -11 \end{pmatrix} = \begin{pmatrix} 2 \\ -1 \end{pmatrix}$

(2) $\begin{pmatrix} 1 & 2 & 3 \\ 2 & 4 & 5 \\ 3 & 5 & 6 \end{pmatrix}\begin{pmatrix} x \\ y \\ z \end{pmatrix} = \begin{pmatrix} 1 \\ 0 \\ 0 \end{pmatrix}$

$A = \begin{pmatrix} 1 & 2 & 3 \\ 2 & 4 & 5 \\ 3 & 5 & 6 \end{pmatrix}$ 이라 하면,

$\cdot \det(A) = |A| = 1\cdot4\cdot6+2\cdot5\cdot3+3\cdot2\cdot5-3\cdot4\cdot3-2\cdot2\cdot6-1\cdot5\cdot5 = -1$

$\cdot A^{-1} = \dfrac{1}{\det(A)}adj(A) = \dfrac{1}{-1}\begin{pmatrix} \begin{vmatrix} 4 & 5 \\ 5 & 6 \end{vmatrix} & -\begin{vmatrix} 2 & 5 \\ 3 & 6 \end{vmatrix} & \begin{vmatrix} 2 & 4 \\ 3 & 5 \end{vmatrix} \\ -\begin{vmatrix} 2 & 3 \\ 5 & 6 \end{vmatrix} & \begin{vmatrix} 1 & 3 \\ 3 & 6 \end{vmatrix} & -\begin{vmatrix} 1 & 2 \\ 3 & 5 \end{vmatrix} \\ \begin{vmatrix} 2 & 3 \\ 4 & 5 \end{vmatrix} & -\begin{vmatrix} 1 & 3 \\ 2 & 5 \end{vmatrix} & \begin{vmatrix} 1 & 2 \\ 2 & 4 \end{vmatrix} \end{pmatrix} = (-1)\begin{pmatrix} -1 & 3 & -2 \\ 3 & -3 & 1 \\ -2 & 1 & 0 \end{pmatrix}$

$= \begin{pmatrix} 1 & -3 & 2 \\ -3 & 3 & -1 \\ 2 & -1 & 0 \end{pmatrix}$

$\therefore \begin{pmatrix} x \\ y \\ z \end{pmatrix} = \begin{pmatrix} 1 & -3 & 2 \\ -3 & 3 & -1 \\ 2 & -1 & 0 \end{pmatrix}\begin{pmatrix} 1 \\ 0 \\ 0 \end{pmatrix} = \begin{pmatrix} 1 \\ -3 \\ 2 \end{pmatrix} \Rightarrow x=1,\ y=-3,\ z=2$

② 크레이머(Cramer)의 공식

$$\begin{cases} ax + by = p \\ cx + dy = q \end{cases} \Leftrightarrow \begin{pmatrix} a & b \\ c & d \end{pmatrix}\begin{pmatrix} x \\ y \end{pmatrix} = \begin{pmatrix} p \\ q \end{pmatrix}$$

이때, 주어진 연립방정식의 해는 다음과 같이 된다.

$$x = \frac{D_1}{D} , \; y = \frac{D_2}{D}$$

여기서, $D = \begin{vmatrix} a & b \\ c & d \end{vmatrix}$, $D_1 = \begin{vmatrix} p & b \\ q & d \end{vmatrix}$, $D_2 = \begin{vmatrix} a & p \\ c & q \end{vmatrix}$

D_1은 D의 첫 번째 열 자리에 p, q를, D_2는 D의 두번째 열 자리에 p, q를 대입시켜 얻은 것이다.

같은 방법으로, x, y, z에 대한 1차 연립방정식의 해를 구하면,

$$\begin{cases} ax + by + cz = p \\ dx + ey + fz = q \\ gx + hy + iz = r \end{cases} \Leftrightarrow \begin{pmatrix} a & b & c \\ d & e & f \\ g & h & i \end{pmatrix} \begin{pmatrix} x \\ y \\ z \end{pmatrix} = \begin{pmatrix} p \\ q \\ r \end{pmatrix}$$

$$x = \frac{D_1}{D} , \; y = \frac{D_2}{D} , \; z = \frac{D_3}{D}$$

여기서, $D = \begin{vmatrix} a & b & c \\ d & e & f \\ g & h & i \end{vmatrix}$, $D_1 = \begin{vmatrix} p & b & c \\ q & e & f \\ r & h & i \end{vmatrix}$, $D_2 = \begin{vmatrix} a & p & c \\ d & q & f \\ g & r & i \end{vmatrix}$, $D_3 = \begin{vmatrix} a & b & p \\ d & e & q \\ g & h & r \end{vmatrix}$

【예제 15】

크레이머의 공식을 이용하여 다음 방정식의 해를 구하라.

(1) $\begin{cases} 2x - y = 5 \\ 3x + 4y = 2 \end{cases}$
(2) $\begin{cases} x + 2y + 3z = 1 \\ 2x + 4y + 5z = 0 \\ 3x + 5y + 6z = 0 \end{cases}$

풀이 (1) $\begin{pmatrix} 2 & -1 \\ 3 & 4 \end{pmatrix} \begin{pmatrix} x \\ y \end{pmatrix} = \begin{pmatrix} 5 \\ 2 \end{pmatrix}$

$\cdot \; D = \begin{vmatrix} 2 & -1 \\ 3 & 4 \end{vmatrix} = 2 \cdot 4 - (-1) \cdot 3 = 11$

$\cdot \; D_1 = \begin{vmatrix} 5 & -1 \\ 2 & 4 \end{vmatrix} = 5 \cdot 4 - (-1) \cdot 2 = 22$

$\cdot \; D_2 = \begin{vmatrix} 2 & 5 \\ 3 & 2 \end{vmatrix} = 2 \cdot 2 - 5 \cdot 3 = -11$

$\therefore \; x = \frac{D_1}{D} = \frac{22}{11} = 2 , \; y = \frac{D_2}{D} = \frac{-11}{11} = -1$

(2) $\begin{pmatrix} 1 & 2 & 3 \\ 4 & 5 & 6 \\ 7 & 8 & 9 \end{pmatrix} \begin{pmatrix} x \\ y \\ z \end{pmatrix} = \begin{pmatrix} 1 \\ 0 \\ 0 \end{pmatrix}$

$$\cdot\ D=\begin{vmatrix} 1 & 2 & 3 \\ 2 & 4 & 5 \\ 3 & 5 & 6 \end{vmatrix}=1\cdot4\cdot6+2\cdot5\cdot3+3\cdot2\cdot5-3\cdot4\cdot3-2\cdot2\cdot6-1\cdot5\cdot5=-1$$

$$\cdot\ D_1=\begin{vmatrix} 1 & 2 & 3 \\ 0 & 4 & 5 \\ 0 & 5 & 6 \end{vmatrix}=1\cdot4\cdot6-1\cdot5\cdot5=-1$$

$$\cdot\ D_2=\begin{vmatrix} 1 & 1 & 3 \\ 2 & 0 & 5 \\ 3 & 0 & 6 \end{vmatrix}=1\cdot5\cdot3-1\cdot2\cdot6=3$$

$$\cdot\ D_3=\begin{vmatrix} 1 & 2 & 1 \\ 2 & 4 & 0 \\ 3 & 5 & 0 \end{vmatrix}=1\cdot2\cdot5-1\cdot4\cdot3=-2$$

$$\therefore x=\frac{D_1}{D}=\frac{-1}{-1}=1,\ y=\frac{D_2}{D}=\frac{3}{-1}=-3,\ z=\frac{D_3}{D}=\frac{-2}{-1}=2$$

연 습 문 제

1. 다음 행렬의 전치 행렬을 구하라.

(1) $\begin{pmatrix} 1 \\ 4 \\ 2 \end{pmatrix}$
(2) $\begin{pmatrix} 5 & 10 & -3 \\ 2 & 1 & 5 \end{pmatrix}$

(3) $\begin{pmatrix} 1 & 5 & 2 \\ 3 & 4 & 10 \\ 7 & 4 & 6 \end{pmatrix}$

☞ 전치 행렬 : 행과 열을 바꾼 행렬

2. $A = \begin{pmatrix} 1 & 2 \\ 2 & -1 \end{pmatrix}$, $B = \begin{pmatrix} 2 & 1 \\ -1 & 1 \end{pmatrix}$, $C = \begin{pmatrix} -2 & 0 \\ 1 & 3 \end{pmatrix}$ 일 때 다음을 계산하라.

(1) $2(-A)$

(2) $6A - 3(B - 2C)$

(3) $(A + 3B - C) + (2A - 3B + C)$

☞ 행렬의 덧셈, 뺄셈, 실수배는 수식의 계산과 동일하게 할 수 있다.

3. $A = \begin{pmatrix} 1 & 2 \\ -3 & 1 \\ 4 & 3 \end{pmatrix}$, $B = \begin{pmatrix} -1 & 6 & 3 \\ 1 & -2 & 7 \end{pmatrix}$ 일 때 AB를 구하라.
또 그 곱의 결과는 어떤 꼴의 행렬인지 말하라.

☞ 앞의 행렬에서는 행, 뒤의 행렬에서는 열을 택하여 곱한다.
$(l \times m$ 행렬$) \cdot (m \times n$ 행렬$)$
$\Rightarrow (l \times n$ 행렬$)$

4. 다음 행렬의 행렬식의 값을 구하라.

(1) $A = \begin{pmatrix} \cos\theta & -\sin\theta \\ \sin\theta & \cos\theta \end{pmatrix}$

(2) $B = \begin{pmatrix} 1 & 2 & 3 \\ -1 & 4 & 0 \\ 0 & 1 & 2 \end{pmatrix}$

☞ (1) $\sin^2\theta + \cos^2\theta = 1$
(2) Sarrus의 방법, Laplace 전개

5. 행렬식의 성질을 이용하여 다음 행렬식의 값을 구하라.

(1) $\begin{vmatrix} 1 & -2 & 3 \\ 1 & 0 & 2 \\ 1 & -2 & 1 \end{vmatrix}$

(2) $\begin{vmatrix} a & 2 & b+c \\ 1 & b & a+c \\ 1 & c & a+b \end{vmatrix}$

☞ (1) 첫 번째 열에 2를 곱해 두 번째 열에 더한다.

(2) 두 번째 열을 세번째 열에 더하고, 세번째 열에서 공통인수 $(a+b+c)$를 뽑아낸다.

6. 공식을 이용하여 다음 행렬의 역행렬을 구하라.

(1) $B = \begin{pmatrix} 1 & -\tan\theta \\ \tan\theta & 1 \end{pmatrix}$

(2) $A = \begin{pmatrix} 1 & 2 & -1 \\ 0 & 1 & 3 \\ 0 & 0 & 1 \end{pmatrix}$

☞ (1) $D = 1 + \tan^2\theta = \sec^2\theta$

$= \dfrac{1}{\cos^2\theta} \neq 0,$

$\tan\theta = \dfrac{\sin\theta}{\cos\theta}$

(2) $A^{-1} = \dfrac{1}{det(A)} adj(A),$

$adj(A)$

$= \begin{pmatrix} A_{11} & A_{12} & A_{13} \\ A_{21} & A_{22} & A_{23} \\ A_{31} & A_{32} & A_{33} \end{pmatrix}^T$

7. 역행렬을 이용하여 다음 1차 연립방정식의 해를 구하라.

(1) $\begin{cases} x - 3y = -5 \\ 5x - 2y = 1 \end{cases}$

(2) $\begin{cases} x + 3y + 3z = -8 \\ x + 3y + 4z = -1 \\ x + 4y + 3z = -4 \end{cases}$

☞ $\begin{pmatrix} x \\ y \end{pmatrix} = \begin{pmatrix} a & b \\ c & d \end{pmatrix}^{-1} \begin{pmatrix} p \\ q \end{pmatrix}$

8. 크레이머의 공식을 이용하여 다음 1차 연립방정식의 해를 구하라.

(1) $\begin{cases} 2x + y = 1 \\ x + y = 0 \end{cases}$

(2) $\begin{cases} x - y + z = 1 \\ 2x + y - 2z = 0 \\ -x + 3y - z = 3 \end{cases}$

☞ $x = \dfrac{D_1}{D}, \ y = \dfrac{D_2}{D}$

$D = \begin{vmatrix} a & b \\ c & d \end{vmatrix}$

$D_1 = \begin{vmatrix} p & b \\ q & d \end{vmatrix}$

$D_2 = \begin{vmatrix} a & p \\ c & q \end{vmatrix}$

제8장

미분법

제8장
미분법

1. 함수의 극한과 연속

① 함수의 극한

1) 함수의 수렴, 발산

함수 $f(x)$ 에서 x 가 a 와 다른 값을
가지면서 a 에 한없이 가까워질 때, $f(x)$의
값이 일정한 값 α 에 한없이 가까워지면
$x \to a$ 일 때 $f(x)$ 는 α 에 수렴한다고 하고,

$$\lim_{x \to a} f(x) = \alpha$$

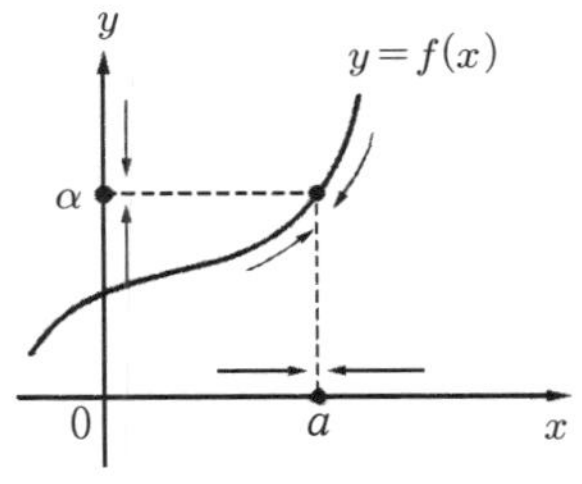

로 나타내며, α 를 $f(x)$ 의 극한 값 또는 극한이라 한다.

주의 $\lim\limits_{x \to a} f(x)$ 는 $f(a)$ 를 뜻하는 것은 아니다.

함수 $f(x)$ 에서 x 가 a 와 다른 값을 가지면서 a 에 한없이 가까워질 때,

① $f(x)$ 의 값이 한없이 커지면 $f(x)$ 는 양의 무한대로 발산한다고 하며, 기호
$$\lim_{x \to a} f(x) = \infty \text{ 로 나타낸다.}$$

② $f(x)$ 의 값이 한없이 작아지면 $f(x)$ 는 음의 무한대로 발산한다고 하며, 기호
$$\lim_{x \to a} f(x) = -\infty \text{ 로 나타낸다.}$$

2) 극한의 기본 성질

$$\lim_{x \to a} f(x) = \alpha, \ \lim_{x \to a} g(x)$$
$$= \beta \text{ 일 때}$$

① $\lim\limits_{x \to a} k f(x) = k \alpha \ (k \text{ 는 상수})$

② $\lim\limits_{x \to a} \{ f(x) \pm g(x) \} = \lim\limits_{x \to a} f(x) \pm \lim\limits_{x \to a} g(x) = \alpha \pm \beta \ (\text{복부호 동순})$

③ $\lim\limits_{x \to a} \{f(x)g(x)\} = \lim\limits_{x \to a} f(x) \cdot \lim\limits_{x \to a} g(x) = \alpha \cdot \beta$

④ $\lim\limits_{x \to a} \dfrac{f(x)}{g(x)} = \dfrac{\lim\limits_{x \to a} f(x)}{\lim\limits_{x \to a} g(x)} = \dfrac{\alpha}{\beta}\ (\beta \neq 0)$

⑤ $f(x) < g(x)$ 이면 $\alpha \leq \beta$

참고 위의 성질은 $x \to a$ 를 $x \to \infty$ 또는 $x \to -\infty$ 로 바꾸어도 성립한다.

···【예제 1】···

다음 극한 값을 구하라.

(1) $\lim\limits_{x \to 1} (x^2 + 2x)$

(2) $\lim\limits_{x \to 2} \dfrac{x^2 - 4}{x - 2}$

(3) $\lim\limits_{x \to 0} \dfrac{\sqrt{x+4} - 2}{x}$

(4) $\lim\limits_{x \to \infty} \left(\dfrac{1}{x} + 2\right)$

(5) $\lim\limits_{x \to \infty} \dfrac{4x^2 - 3x + 1}{3x^2 + 2x - 5}$

(6) $\lim\limits_{x \to \infty} \dfrac{4x}{\sqrt{2 + x^2} - 3}$

풀이 (1) $\lim\limits_{x \to 1} (x^2 + 2x) = 1^2 + 2 \cdot 1 = 3$

(2) $\lim\limits_{x \to 2} \dfrac{x^2 - 4}{x - 2}$ 에서는 $f(2)$ 의 분모가 0이므로, $\lim\limits_{x \to 2} \dfrac{x^2 - 4}{x - 2} \neq f(2)$ 이다.

$\to \dfrac{0}{0}$ 꼴의 분수식의 극한값은 먼저 분모, 분자를 인수분해 한 다음 약분한다.

$$\lim\limits_{x \to 2} \dfrac{x^2 - 4}{x - 2} = \lim\limits_{x \to 2} \dfrac{(x+2)(x-2)}{x-2} = \lim\limits_{x \to 2} (x+2) = 2+2 = 4$$

(3) $\dfrac{0}{0}$ 꼴의 무리식의 극한값은 먼저 분모, 분자 중 $\sqrt{\ }$ 가 있는 쪽을 유리화한다.

$$\lim\limits_{x \to 0} \dfrac{\sqrt{x+4} - 2}{x} = \lim\limits_{x \to 0} \dfrac{(\sqrt{x+4} - 2)(\sqrt{x+4} + 2)}{x(\sqrt{x+4} + 2)} = \lim\limits_{x \to 0} \dfrac{x + 4 - 4}{x(\sqrt{x+4} + 2)} = \lim\limits_{x \to 0} \dfrac{1}{\sqrt{x+4} + 2}$$

$$= \dfrac{1}{\sqrt{4} + 2} = \dfrac{1}{4}$$

(4) $\dfrac{k}{\infty} = 0 (k \text{ 는 상수})$

$$\lim\limits_{x \to \infty} \left(\dfrac{1}{x} + 2\right) = \dfrac{1}{\infty} + 2 = 0 + 2 = 2$$

(5) $\dfrac{\infty}{\infty}$ 꼴의 분수식의 극한값은 먼저 분모의 최고차항으로 분모, 분자를 나눈다.

분모, 분자를 x^2 으로 나누면,

$$\lim\limits_{x \to \infty} \dfrac{4x^2 - 3x + 1}{3x^2 + 2x - 5} = \lim\limits_{x \to \infty} \dfrac{4 - 3 \cdot \dfrac{1}{x} + \dfrac{1}{x^2}}{3 + 2 \cdot \dfrac{1}{x} - 5 \cdot \dfrac{1}{x^2}} = \dfrac{4}{3} \left[\because \dfrac{1}{\infty} = 0\right]$$

참고 $x \to \infty$ 일 때 분수식의 극한은

· 분모가 분자보다 고차일 때 $\to 0$

· 분자가 분모보다 고차일 때 $\to +\infty$ 또는 $-\infty$

· 분모, 분자가 같은 차식일 때 $\to$ 0이 아닌 상수

(6) $\dfrac{\infty}{\infty}$ 꼴의 무리식의 극한값은 $\sqrt{\ }$ 밖의 x 의 최고차항으로 분모, 분자를 나눈다.

분모, 분자를 x 로 나누면,

$$\lim_{x \to \infty} \frac{4x}{\sqrt{2+x^2}-3} = \lim_{x \to \infty} \frac{4}{\sqrt{\dfrac{2+x^2}{x^2}}-\dfrac{3}{x}} = \lim_{x \to \infty} \frac{4}{\sqrt{\dfrac{2}{x^2}+1}-\dfrac{3}{x}} = \frac{4}{\sqrt{1}} = 4$$

② 초월함수의 극한

1) 삼각함수의 극한

$$\lim_{x \to 0} \frac{\sin x}{x} = 1 \,(단, \ x \ 는 \ 라디안)$$

2) 지수함수의 극한

① $a>1$일 때 $\displaystyle\lim_{x \to \infty} a^x = \infty$, $\displaystyle\lim_{x \to -\infty} a^x = 0$

② $0<a<1$일 때 $\displaystyle\lim_{x \to \infty} a^x = 0$, $\displaystyle\lim_{x \to -\infty} a^x = \infty$

3) 로그함수의 극한

① $a>1$일 때 $\displaystyle\lim_{x \to \infty} \log_a x = \infty$, $\displaystyle\lim_{x \to +0} \log_a x = -\infty$

② $0<a<1$일 때 $\displaystyle\lim_{x \to \infty} \log_a x = -\infty$, $\displaystyle\lim_{x \to +0} \log_a x = \infty$

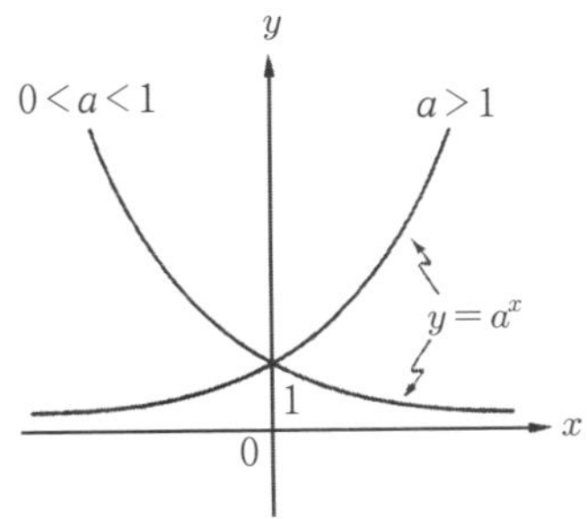

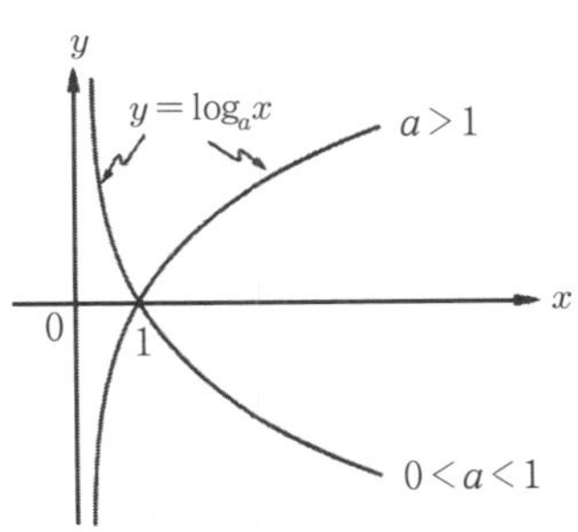

4) 극한 값 e의 정의

n가 한없이 커질 때, $\displaystyle\lim_{x \to \infty}\left(1+\frac{1}{n}\right)^n$의 값은 $2.7182818\cdots$인 무리수임이 알려져 있으며, 이 수를 e로 나타낸다. 즉,

$$\lim_{x \to \infty}\left(1+\frac{1}{n}\right)^n = e$$

위의 식에서 $\dfrac{1}{n}=x$로 놓으면, $n \to \infty$일 때 $x \to 0$이므로

$$\lim_{x \to 0}(1+x)^{\frac{1}{x}} = e \text{와 같이 나타낼 수 있다.}$$

무리수 e를 밑으로 하는 로그 $\log_e x$를 자연로그라 하고, 간단히 $\ln x$로 나타낸다.

【예제 2】

다음 극한 값을 구하라.

(1) $\displaystyle\lim_{x \to 0}\frac{\sin 3x}{2x}$

(2) $\displaystyle\lim_{x \to \infty}\frac{3^x + 2^x}{3^x - 2^x}$

(3) $\displaystyle\lim_{x \to 2+0}\left\{\log_2(x^2-4)-\log_2(x-2)\right\}$

(4) $\displaystyle\lim_{x \to \infty}\left(1+\frac{3}{x}\right)^x$

풀이 (1) $\displaystyle\lim_{x \to 0}\frac{\sin 3x}{2x} = \lim_{x \to 0}\frac{\sin 3x}{3x}\cdot\frac{3x}{2x} = 1\cdot\frac{3}{2} = \frac{3}{2}$

(2) $\displaystyle\lim_{x \to \infty}\frac{3^x + 2^x}{3^x - 2^x} = \lim_{x \to \infty}\frac{1+\left(\frac{2}{3}\right)^x}{1-\left(\frac{2}{3}\right)^x} = \frac{1+0}{1-0} = 1$

(3) $\displaystyle\lim_{x \to 2+0}\left\{\log_2(x^2-4)-\log_2(x-2)\right\} = \lim_{x \to 2+0}\log_2\frac{x^2-4}{x-2}$

$\displaystyle = \lim_{x \to 2+0}\log_2\frac{(x+2)(x-2)}{x-2} = \lim_{x \to 2+0}\log_2(x+2) = \log_2 4 = 2$

(4) $\displaystyle\lim_{x \to \infty}\left(1+\frac{3}{x}\right)^x = \lim_{x \to \infty}\left\{\left(1+\frac{3}{x}\right)^{\frac{x}{3}}\right\}^3 = e^3$

③ 연속함수

1) 함수의 연속성

함수 $y = f(x)$ 가

① $x = a$ 에서 정의되어 있고

② $\lim\limits_{x \to a} f(x)$ 가 존재하며

③ $\lim\limits_{x \to a} f(x) = f(a)$ 의 세 조건을

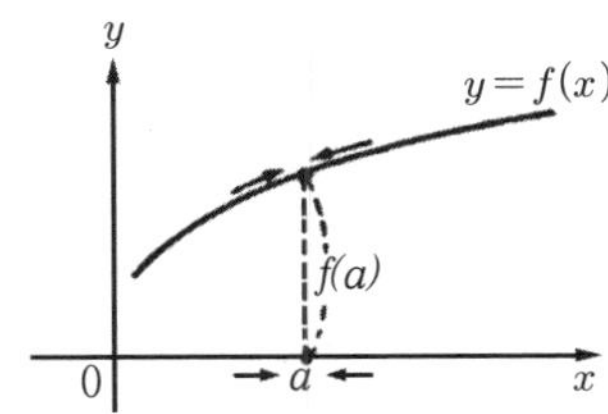

만족할 때, 함수 $f(x)$ 는 $x = a$ 에서 연속이라고 한다.

한편, 함수 $f(x)$ 가 $x = a$ 에서 연속이 아니면 $f(x)$ 는 $x = a$ 에서 불연속이라고 한다.

함수 $y = f(x)$ 의 그래프는 연속인 점에서는 이어져 있고, 불연속인 점에서는 끊어져 있다.

그리고 함수 $y = f(x)$ 가 어떤 구간의 모든 점에서 연속이면 $f(x)$ 는 그 구간에서 연속 또는 그 구간에서 연속인 함수라 한다.

2) 연속함수의 성질

함수 $f(x)$, $g(x)$ 가 어떤 구간에서 연속이면, 그 구간에서 다음 함수도 연속이다.

① $f(x) \pm g(x)$

② $k f(x) \, (k$ 는 상수$)$

③ $f(x) g(x)$

④ $\dfrac{f(x)}{g(x)} \, (g(x) \neq 0)$

3) 최대 최소의 정리

함수 $f(x)$ 가 폐구간 $[a, b]$에서 연속이면 $f(x)$ 는 이 구간에서 반드시 최대 값과 최소 값을 가진다.

주의 개구간에서는 위의 성질이 성립하지 않는다.

4) 중간 값의 정리

함수 $f(x)$가 폐구간 $[a, b]$에서 연속이고, $f(a) \neq f(b)$일 때 $f(a)$와 $f(b)$ 사이에 있는 임의의 값을 k라고 하면

$$f(c) = k$$

가 되는 c가 개구간 (a, b)에서 적어도 하나 존재한다.

또한 함수 $f(x)$가 $[a, b]$에서 연속이고, $f(a)$, $f(b)$의 부호가 다르면 a와 b 사이에 $f(x) = 0$의 근이 적어도 하나 존재한다.

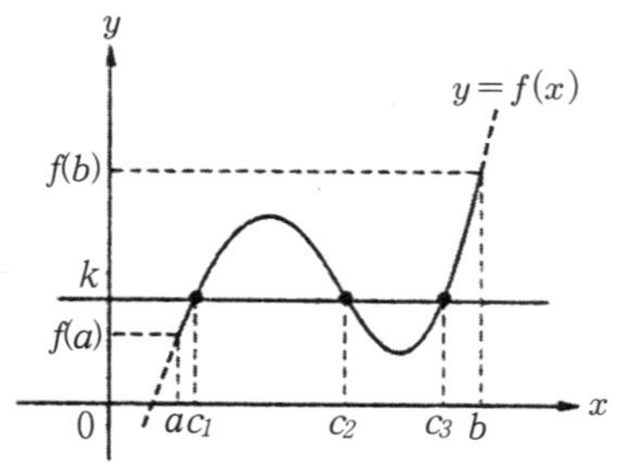
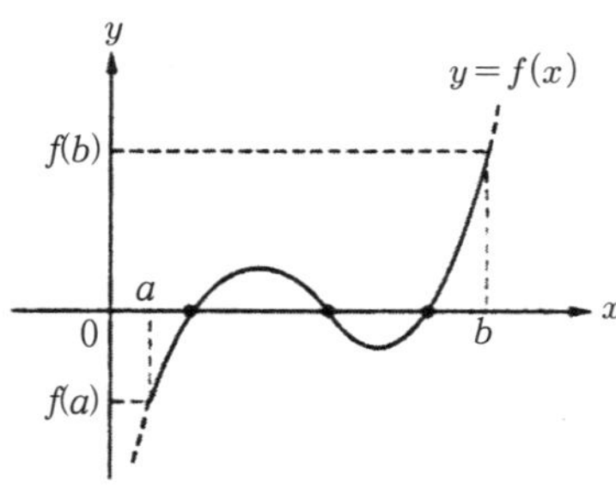

··· 【예제 3】 ···

함수 $f(x) = \dfrac{x^2 - 9}{x - 3}$ $(x \neq 3)$가 $x = 3$에서 연속이 되도록 $f(3)$을 결정하라.

풀이 $\lim\limits_{x \to 3} f(x) = f(3)$ 되도록 하면 된다.

$$\lim_{x \to 3} \frac{x^2 - 9}{x - 3} = \lim_{x \to 3} \frac{(x+3)(x-3)}{x - 3} = \lim_{x \to 3}(x+3) = 3 + 3 = 6$$

$\therefore \ f(3) = 6$으로 정하면 된다.

··· 【예제 4】 ···

방정식 $x^3 + 3x - 2 = 0$은 -1과 1 사이에 적어도 하나의 실근을 가짐을 보여라.

풀이 $f(x) = x^3 + 3x - 2$ 라고 하면 폐구간 $[-1, 1]$에서 연속이고 $f(-1) = -6$, $f(1) = 2$이므로 $f(-1)f(1) < 0$

$\therefore \ f(x) = 0$은 -1과 1 사이에 적어도 하나의 실근을 갖는다.

2. 미분법

① 변화율과 도함수

1) 평균 변화율

함수 $y = f(x)$ 에서 x 의 값이 a 부터 $a + \Delta x$ 까지 변할 때,

$$\frac{\Delta y}{\Delta x} = \frac{f(a + \Delta x) - f(a)}{\Delta x}$$

를 구간 $[a,\ a + \Delta x]$ 에서의 y 의 평균 변화율이라 한다.

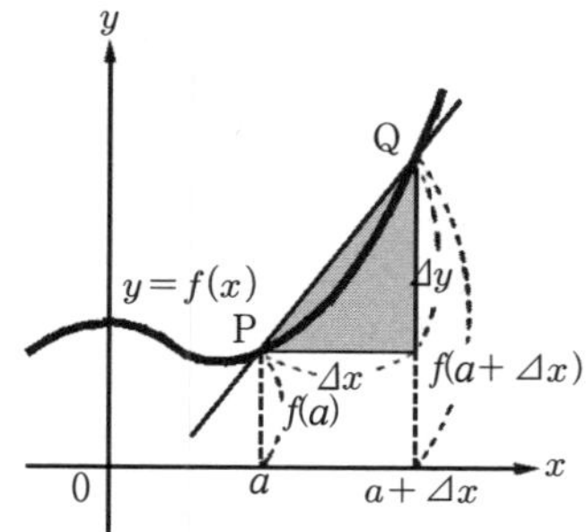

기호 Δ 는 그리스 문자로써 '델타(Delta)'라고 읽는다.

그리고 Δx 는 Δ 와 x 의 곱이 아니고 x 의 충분을 나타내기 위한 기호이다.

· 평균 변화율 $\dfrac{\Delta y}{\Delta x}$ 의 기하학적인 의미

$\Rightarrow x = a$ 인 점과 $x = a + \Delta x$ 인 점을 지나는 직선 PQ의 기울기

【예제 5】

함수 $y = 2x^2 - 3x + 4 =$ 의 구간 $[-1, 3]$에서의 평균 변화율을 구하라.

풀이 $f(x) = 2x^2 - 3x + 4$ 로 놓으면

$\Delta x = 3 - (-1) = 4$

$\Delta y = f(3) - f(-1) = (2 \cdot 3^2 - 3 \cdot 3 + 4) - \{(2 \cdot (-1)^2 - 3 \cdot (-1) + 4)\} = 4$

$\therefore \dfrac{\Delta y}{\Delta x} = \dfrac{4}{4} = 1$

2) 미분계수(변화율)

함수 $y = f(x)$ 에서 x 의 값이 a 에서 $a + \Delta x$ 까지 변할 때의 평균 변화율에서 $\Delta x \to 0$ 일 때의 극한 값 곧,

$$\lim_{\Delta x \to 0} \frac{\Delta y}{\Delta x} = \lim_{\Delta x \to 0} \frac{f(a + \Delta x) - f(a)}{\Delta x}$$

를 $f(x)$ 의 $x = a$ 에서의 미분계수 또는 순간 변화율이라고 하며,

$$f'(a),\ y'_{x=a},\ \left[\dfrac{dy}{dx}\right]_{x=a}$$

로 나타낸다. 즉,

$$f'(a)=\lim_{\Delta x \to 0}\dfrac{f(a+\Delta x)-f(a)}{\Delta x}$$

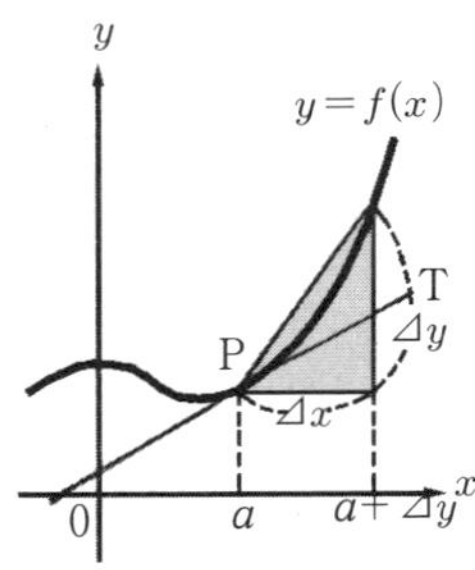

참고 위의 식은 Δx 대신 간단히 h를 써서

$$f'(a)=\lim_{h \to 0}\dfrac{f(a+h)-f(a)}{h}\ \text{로 쓰기도 한다.}$$

한편, $a+\Delta x=x$ 라고 하면 $\Delta x \to 0$ 일 때 $x \to a$ 이므로 다음과 같다.

$$f'(a)=\lim_{x \to a}\dfrac{f(x)-f(a)}{x-a}$$

· 미분계수 $f'(a)$ 의 기하학적인 의미 $\Rightarrow$ $x=a$ 인 점에서의 접선 PT의 기울기

【예제 6】

함수 $f(x)=x^2+2x-5$ 의 $x=1$ 에서의 미분계수를 구하라.

풀이
$$\begin{aligned}
f'(1)&=\lim_{\Delta x \to 0}\dfrac{f(1+\Delta x)-f(1)}{\Delta x}\\[2mm]
&=\lim_{\Delta x \to 0}\dfrac{\{(1+\Delta x)^2+2(1+\Delta x)-5\}-(1^2+2\cdot 1-5)}{\Delta x}\\[2mm]
&=\lim_{\Delta x \to 0}\dfrac{(\Delta x)^2+4\Delta x}{\Delta x}=\lim_{\Delta x \to 0}(4+\Delta x)=4
\end{aligned}$$

3) 미분 가능과 연속

$f'(a)$가 존재할 때 함수 $f(x)$는 $x=a$ 에서 미분 가능하다고 하며, 함수 $f(x)$가 $x=a$ 에서 미분 가능하면 이 함수는 $x=a$ 에서 연속이다.

주의 함수 $f(x)$가 연속이라고 해서 미분 가능하다고는 할 수 없다.

· 함수 $f(x)$ 에 대하여

$x=a$ 에서 미분 가능 $\rightleftarrows$ $x=a$ 에서 연속

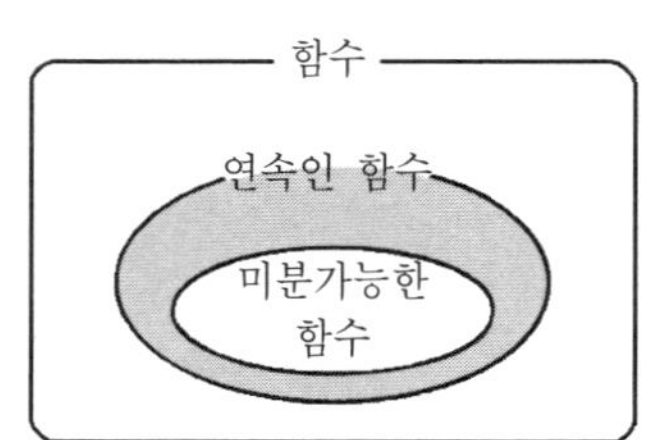

4) 도함수

미분계수 $f'(a) = \lim\limits_{\Delta x \to 0} \dfrac{f(a+\Delta x)-f(a)}{\Delta x}$ 에서

a 를 변수 x 로 바꾸어 놓은 새로운 함수

$$f'(x) = \lim_{\Delta x \to 0} \frac{f(x+\Delta x)-f(x)}{\Delta x}$$

를 $f(x)$ 의 도함수라고 하고,

$$y',\ f'(x),\ \frac{dy}{dx},\ \frac{df(x)}{dx},\ \frac{d}{dx}f(x)$$

등의 기호를 써서 나타낸다.

함수 $f(x)$ 에서 도함수 $f'(x)$ 를 구하는 것을

$f(x)$ 를 x 에 대하여 미분한다고 하며, 그 계산법을 미분법이라 한다.

· 도함수 $f'(x)$ 의 기하학적인 의미 $\Rightarrow$ 임의의 점에서의 접선의 기울기

【예제 7】

함수 $f(x) = x^2 + x$ 의 도함수를 구하라.

풀이
$$f'(x) = \lim_{\Delta x \to 0} \frac{f(x+\Delta x)-f(x)}{\Delta x}$$

$$= \lim_{\Delta x \to 0} \frac{\{(x+\Delta x)^2 + (x+\Delta x)\} - (x^2+x)}{\Delta x} = \lim_{\Delta x \to 0} \frac{(\Delta x)^2 + 2x\Delta x + \Delta x}{\Delta x}$$

$$= \lim_{\Delta x \to 0} (\Delta x + 2x + 1) = 2x + 1$$

참고 함수의 도함수를 구할 때마다 정의에 의해서 구하는 것은 계산이 복잡하므로 실제로는 다음에 나오는 미분법의 공식을 이용하여 도함수를 구하게 된다.

5) 미분법의 기본 공식

두 함수 $f(x),\ g(x)$ 의 도함수가 존재할 때

① $f(x) = c$ (상수)이면 $f'(x) = 0$

② $f(x) = x^n$ (n 은 자연수)이면 $f'(x) = nx^{n-1}$

③ $\{cf(x)\}' = cf'(x)$ (c 는 상수)

④ $\{f(x) \pm g(x)\}' = f'(x) \pm g'(x)$ (복부호 동순)

⑤ $\{f(x)g(x)\}' = f'(x)g(x) + f(x)g'(x)$

$$\text{⑥} \left\{ \frac{f(x)}{g(x)} \right\}' = \frac{f'(x)g(x) - f(x)g'(x)}{\{g(x)\}^2}$$

$$\text{특히, } \left\{ \frac{1}{g(x)} \right\}' = -\frac{g'(x)}{\{g(x)\}^2}$$

【예제 8】

다음 함수를 미분하라.

(1) $y = 362$　　　(2) $y = x^{10}$　　　(3) $y = \sqrt{x}$　　　(4) $y = 4x^3$

(5) $y = 3x^4 + 2x^3 - 6x^2 - 7$　　　(6) $y = (x^3 - 2)(x + 2)$　　　(7) $y = \dfrac{x^2}{1-x}$

풀이　(1) $y = 362 \rightarrow y' = 0$

(2) $y = x^{10} \rightarrow y' = 10 \cdot x^{10-1} = 10x^9$

(3) $y = \sqrt{x} \rightarrow y' = \left(x^{\frac{1}{2}} \right)' = \frac{1}{2} x^{\frac{1}{2}-1} = \frac{1}{2} x^{-\frac{1}{2}} = \frac{1}{2} \cdot \frac{1}{x^{\frac{1}{2}}} = \frac{1}{2\sqrt{x}}$

(4) $y = 4x^3 \rightarrow y' = 4(x^3)' = 4 \cdot 3 \cdot x^{3-1} = 12x^2$

(5) $y = 3x^4 + 2x^3 - 6x^2 - 7 \rightarrow y' = (3x^4)' + (2x^3)' - (6x^2)' - (7)' = 12x^3 + 6x^2 - 12x$

(6) $y = (x^3 - 2)(x + 2) \rightarrow y' = (x^3 - 2)'(x + 2) + (x^3 - 2)(x + 2)' = 3x^2(x + 2) + (x^3 - 2) \cdot 1$
$$= 4x^3 + 6x^2 - 2 = 2(2x^3 + 3x^2 - 1)$$

(7) $y = \dfrac{x^2}{1-x} \rightarrow y' = \dfrac{(x^2)'(1-x) - x^2(1-x)'}{(1-x)^2} = \dfrac{2x(1-x) - x^2 \cdot (-1)}{(1-x)^2} = \dfrac{x(2-x)}{(1-x)^2}$

② 여러 가지 함수의 미분법

1) 합성함수의 미분법

두 함수 $y = f(u)$, $u = g(x)$ 가 미분 가능할 때, 합성함수 $y = f(g(x))$ 의 도함수는

$$\frac{dy}{dx} = \frac{dy}{du} \cdot \frac{du}{dx} \quad \text{즉, } y' = f'(g(x))g'(x)$$

특히, $y = f(ax + b)$ 이면 $\Rightarrow \dfrac{dy}{dx} = a f'(ax + b)$

$y = \{f(x)\}^n$ 이면 $\Rightarrow \dfrac{dy}{dx} = n\{f(x)\}^{n-1} \cdot f'(x)$

【예제 9】

다음 함수를 미분하라.

(1) $y = (x^2 - 3x + 1)^5$

(2) $y = \dfrac{1}{(x^2 + x)^3}$

풀이 (1) $u = x^2 - 3x + 1$ 라고 하면 $y = u^5$ 이므로

$$\frac{dy}{du} = \frac{d}{du} u^5 = 5u^4$$

$$\frac{du}{dx} = \frac{d}{du}(x^2 - 3x + 1) = 2x - 3$$

$$\therefore \ \frac{dy}{dx} = \frac{dy}{du} \cdot \frac{du}{dx} = 5u^4 \cdot (2x - 3) = 5(x^2 - 3x + 1)^4 \cdot (2x - 3)$$

별해 (1) $y = \{f(x)\}^n \ \Rightarrow \ \dfrac{dy}{dx} = n\{f(x)\}^{n-1} \cdot f'(x)$

$$y = (x^2 - 3x + 1)^5 \text{ 에서 } \ \frac{dy}{dx} = 5(x^2 - 3x + 1)^4 \cdot (2x - 3)$$

미분

(2) $u = x^2 + x$ 라고 하면 $y = \dfrac{1}{u^3}$ 이므로

$$\frac{dy}{du} = \frac{d}{du}(u^{-3}) = -3u^{-4} = -\frac{3}{u^4}$$

$$\frac{du}{dx} = \frac{d}{du}(x^2 + x) = 2x + 1$$

$$\therefore \ \frac{dy}{dx} = \frac{dy}{du} \cdot \frac{du}{dx} = -\frac{3}{u^4} \cdot (2x + 1) = -\frac{3}{(x^2 + x)^4} \cdot (2x + 1) = -\frac{3(2x + 1)}{(x^2 + x)^4}$$

2) 삼각함수의 미분법

① $y = \sin x \qquad \Rightarrow \ y' = \cos x$

② $y = \cos x \qquad \Rightarrow \ y' = -\sin x$

③ $y = \tan x \qquad \Rightarrow \ y' = \sec^2 x$

④ $y = \sec x \qquad \Rightarrow \ y' = \sec x \tan x$

⑤ $y = \operatorname{cosec} x \qquad \Rightarrow \ y' = -\operatorname{cosec} x \cot x$

⑥ $y = \cot x \qquad \Rightarrow \ y' = -\operatorname{cosec}^2 x$

【예제 10】

다음 함수를 미분하라.

(1) $y = \sin x - \sqrt{3}\cos x$ (2) $y = \cos^2 x$ (3) $y = \sin(3x+2)$

(4) $y = \sin x \cos x$ (5) $y = \sqrt{1-\sin x}$

풀이 (1) $y = \sin x - \sqrt{3}\cos x \;\rightarrow\; y' = \cos x - \sqrt{3}(-\sin x) = \cos x + \sqrt{3}\sin x$

(2) $y = \cos^2 x \;\rightarrow\; y' = 2(\cos x)(\cos x)' = 2\cdot\cos x\cdot(-\sin x) = -2\cos x\sin x$

(3) $y = \sin(3x+2) \;\rightarrow\; y' = \cos(3x+2)\cdot(3x+1)' = 3\cos(3x+2)$

(4) $y = \sin x \cos x \rightarrow y' = (\sin x)'\cdot\cos x + \sin x\cdot(\cos x)' = \cos x\cdot\cos x + \sin x\cdot(-\sin x) = \cos^2 x - \sin^2 x = \cos 2x$

(5) $y = \sqrt{1-\sin x} \;\rightarrow\; y' = \dfrac{1}{2\sqrt{1-\sin x}}\cdot(1-\sin x)' = \dfrac{1}{2\sqrt{1-\sin x}}\cdot(-\cos x) = \dfrac{\cos x}{2\sqrt{1-\sin x}}$

3) 지수 · 로그함수의 미분법

① $y = e^x \;\Rightarrow\; y' = e^x$

② $y = a^x \;\Rightarrow\; y' = a^x \ln a$ (단, $a>0,\ a\neq 1$)

③ $y = \log_a x \;\Rightarrow\; y' = \dfrac{1}{x\ln a}$ (단, $a>0,\ a\neq 1, x>0$)

④ $y = \ln x \;\Rightarrow\; y' = \dfrac{1}{x}$ (단, $x>0$)

【예제 11】

다음 함수를 미분하라.

(1) $y = x^2 \cdot e^x$ (2) $y = e^{5x}$ (3) $y = 7\cdot 3^x$

(4) $y = \ln(x^2+1)$ (5) $y = \log_2 x$

풀이 (1) $y = x^2\cdot e^x \;\rightarrow\; y' = (x^2)'\cdot e^x + x^2\cdot(e^x)' = 2x\cdot e^x + x^2\cdot e^x = xe^x(x+2)$

(2) $y = e^{5x} \;\rightarrow\; y' = e^{5x}\cdot(5x)' = 5e^{5x}$

(3) $y = 7\cdot 3^x \;\rightarrow\; y' = 7\cdot(3^x)' = 7\cdot 3^x\ln 3 = 7(\ln 3)\cdot 3^x$

(4) $y = \ln(x^2+1) \;\rightarrow\; y' = \dfrac{1}{x^2+1}\cdot(x^2+1)' = \dfrac{1}{x^2+1}\cdot 2x = \dfrac{2x}{x^2+1}$

(5) $y = \log_2 x \;\rightarrow\; y' = \dfrac{1}{x\cdot\ln 2}$

4) 역삼각함수의 미분법

① $y = \sin^{-1}x \;\Rightarrow\; y' = \dfrac{1}{\sqrt{1-x^2}}$

② $y = \cos^{-1}x \;\Rightarrow\; y' = \dfrac{-1}{\sqrt{1-x^2}}$

③ $y = \tan^{-1}x \;\Rightarrow\; y' = \dfrac{1}{1+x^2}$

④ $y = \sec^{-1}x \;\Rightarrow\; y' = \dfrac{1}{x\sqrt{x^2-1}}$

⑤ $y = \csc^{-1}x \;\Rightarrow\; y' = \dfrac{-1}{x\sqrt{x^2-1}}$

⑥ $y = \cot^{-1}x \;\Rightarrow\; y' = \dfrac{-1}{1+x^2}$

【예제 12】

다음 함수를 미분하라.

(1) $y = \sin x^{-1} 3^x$
(2) $y = \tan x^{-1}\left(\dfrac{1}{x}\right)$

풀이 (1) $y = \sin x^{-1} 3^x \;\rightarrow\; y' = \dfrac{1}{\sqrt{1-(3x)^2}} \cdot (3x)' = \dfrac{3}{\sqrt{1-9x^2}}$

(2) $y = \tan x^{-1}\left(\dfrac{1}{x}\right) \;\rightarrow\; y' = \dfrac{1}{1+\left(\dfrac{1}{x}\right)^2} \cdot \left(\dfrac{1}{x}\right)' = \dfrac{1}{1+\dfrac{1}{x^2}} \cdot \left(-\dfrac{1}{x^2}\right)$

5) 2차 도함수

함수 $f(x)$의 도함수 $f'(x)$가 미분 가능할 때, 함수 $f'(x)$의 도함수

$$\lim_{\Delta x \to 0} \frac{f'(x+\Delta x) - f'(x)}{\Delta x}$$

를 함수 $f(x)$의 2차 도함수라고 하고, 다음과 같이 나타낸다.

$$y'', \; f''(x), \; \frac{d^2 y}{dx^2}, \; \frac{d^2}{dx^2}f(x)$$

····【예제 13】··

다음 함수의 2차 도함수를 구하라.

  (1) $y = 2x^3 - 5x + 7$ (2) $y = e^x \cdot \sin x$

···

풀이 (1) $y = 2x^3 - 5x + 7 \;\rightarrow\; y' = 6x^2 - 5,\; y'' = 12x$

  (2) $y = e^x \cdot \sin x \;\rightarrow\; y' = (e^x)' \cdot \sin x + e^x \cdot (\sin x)' = e^x(\sin x + \cos x)$

  $y'' = (e^x)' \cdot (\sin x + \cos x) + e^x \cdot (\sin x + \cos x)' = e^x \cdot (\sin x + \cos x) + e^x \cdot (\cos x - \sin x) = 2e^x \cos x$

3. 미분법의 응용

① 평균값의 정리와 함수의 전개

1) 롤(Rolle)의 정리

함수 $f(x)$가 폐구간 $[a, b]$에서 연속이고,
개구간 (a, b)에서 미분 가능할 때, $f(a) = f(b)$ 이면
$$f'(c) = 0$$
이 되는 $c\,(a < c < b)$가 적어도 하나 존재한다.

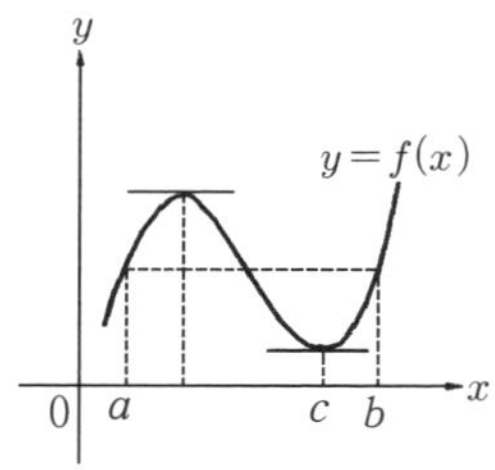

참고 개구간(a, b)에 x축과 평행한 접선이 적어도 하나 존재한다는 것을 알 수 있다.

2) 평균값의 정리

함수 $f(x)$가 폐구간 $[a, b]$에서 연속이고,
개구간 (a, b)에서 미분 가능하면
$$\frac{f(b) - f(a)}{b - a} = f'(c)$$
인 c가 적어도 하나 존재한다.

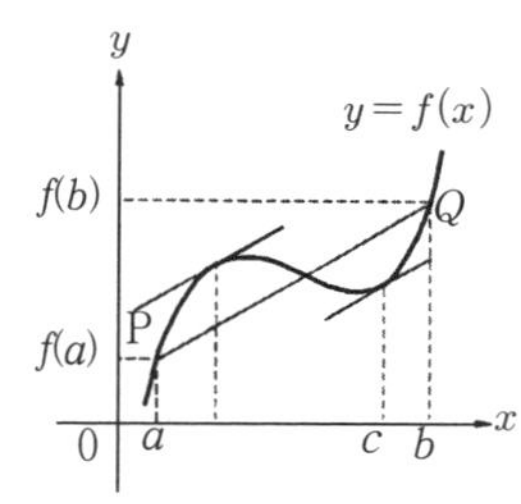

참고 두 점 $P(a, f(a))$, $Q(b, f(b))$를 잇는 직선 PQ에
평행인 접선이 구간 (a, b) 안에 적어도 하나 존재한다는 것을 알 수 있다.

• 평균값 정리의 표현

  · $f(b) = f(a) + (b - a)f'(c)\;(a < c < b)$ ←평균 값 정리의 식의 양변에 $b - a$
  를 곱하면,

$\cdot\, f(a+h)=f(a)+hf'(c)\ \ (a<c<b)\ \leftarrow b-a=h$ 라 하면,

$\cdot\, f(a+h)=f(a)+hf'(a+\theta h)\,(0<\theta<1)\ \leftarrow \theta=\dfrac{c-a}{b-a}$ 라 하면,

- 코시(Cauchy)의 평균값 정리

  두 함수 $f(x)$, $g(x)$가 폐구간 $[a,\,b]$에서 연속이고 개구간 $(a,\,b)$에서 미분 가능하며 $g'(x)\neq 0$이면

  $$\frac{f(b)-f(a)}{g(b)-g(a)}=\frac{f'(c)}{g'(c)}$$

  가 되는 $c\,(a<c<b)$가 적어도 하나 존재한다.

····· 【예제 14】 ···

함수 $f(x)=x^3$이 $[0,\,3\sqrt{3}]$에서 평균값의 정리를 성립시키는 상수 c의 값을 구하라.

풀이 함수 $f(x)=x^3$은 폐구간 $[0,\,3\sqrt{3}]$에서 연속이고, 개구간 $(0,\,3\sqrt{3})$에서 미분 가능하므로

$\dfrac{f(3\sqrt{3})-f(0)}{3\sqrt{3}-0}=f'(c)$ 인 c가 $(0,\,3\sqrt{3}\,)$ 안에 적어도 하나 존재한다.

$f(x)=x^3$에서 $f'(x)=3x^3$ 이므로 구하는 c는

$\dfrac{(3\sqrt{3}\,)^3-(0)^3}{3\sqrt{3}-0}=3c^2 \ \rightarrow\ c=\pm\sqrt{9}=\pm 3$

$\therefore\ 0<c<3\sqrt{3}$ 이므로 $c=3$

3) 로피탈(L'Hospital)의 정리

두 함수 $f(x),g(x)$가 $x=a$를 포함하는 구간에서 미분 가능하며

$f(a)=0$, $g(a)=0$, $g'(x)\neq 0$이고, $\displaystyle\lim_{x\to a}\frac{f'(x)}{g'(x)}$가 존재하면

$$\lim_{x\to a}\frac{f(x)}{g(x)}=\lim_{x\to a}\frac{f'(x)}{g'(x)}\ \text{가 성립한다.}$$

> **참고** $f(a)\to\infty$, $g(a)\to\infty$일 때에도 위의 정리는 성립한다.
>
> $f'(a)=0$, $g'(a)=0$이 되어 $\displaystyle\lim_{x\to a}\frac{f(x)}{g(x)}$를 바로 구할 수 없는 경우에
>
> $\displaystyle\lim_{x\to a}\frac{f''(x)}{g''(x)}$가 존재하면 $\displaystyle\lim_{x\to a}\frac{f'(x)}{g'(x)}=\lim_{x\to a}\frac{f''(x)}{g''(x)}$를 이용하여 구한다.
>
> $\cdot$ 로피탈의 정리를 이용하면 $\dfrac{0}{0}$ 꼴이나 $\dfrac{\infty}{\infty}$ 꼴의 극한 값을 쉽게 구할 수 있다.

····【예제 15】··

로피탈의 정리를 이용하여, 다음 극한 값을 구하라.

(1) $\displaystyle\lim_{x\to 3}\frac{x^3-7x-6}{x-3}$ (2) $\displaystyle\lim_{x\to\infty}\frac{\ln x}{x}$ (3) $\displaystyle\lim_{x\to\infty}\frac{x^2}{e^x}$

풀이 (1) $\displaystyle\lim_{x\to 3}\frac{x^3-7x-6}{x-3}\left(\frac{0}{0}\text{꼴}\right)=\lim_{x\to 3}\frac{(x^3-7x-6)'}{(x-3)'}=\lim_{x\to 3}\frac{3x^2-7}{1}=20$

(2) $\displaystyle\lim_{x\to\infty}\frac{\ln x}{x}\left(\frac{\infty}{\infty}\text{꼴}\right)=\lim_{x\to\infty}\frac{(\ln x)'}{(x)'}=\lim_{x\to\infty}\frac{\left(\frac{1}{x}\right)}{1}=0$

(3) $\displaystyle\lim_{x\to\infty}\frac{x^2}{e^x}\left(\frac{\infty}{\infty}\text{꼴}\right)=\lim_{x\to\infty}\frac{(x^2)'}{(e^x)'}=\lim_{x\to\infty}\frac{2x}{e^x}=\lim_{x\to\infty}\frac{(2x)'}{(e^x)'}=\lim_{x\to\infty}\frac{2}{e^x}=0$

4) 함수의 전개

평균값의 정리를 확장하면 다음과 같은 테일러의 정리가 얻어진다.

- 테일러(Taylor)의 정리

  함수 $f(x)$ 가 $x=a$ 를 포함하는 구간에서 n 번 미분 가능하면 그 구간 안의 임의의 점 x 에 대해서

$$f(x)=f(a)+\frac{f'(a)}{1!}(x-a)+\frac{f''(a)}{2!}(x-a)^2+\cdots\frac{f^{(n-1)}(a)}{(n-1)!}(x-a)^{n-1}$$
$$+\frac{f^{(n)}(c)}{n!}(x-a)^n$$

  인 c 가 a 와 x 사이에 존재한다.

  여기서 끝 항을 잉여항이라 하며 보통 R_n 으로 표시한다.

- 매클라우인(Maclaurin)의 정리

  $x=0$ 근방에서의 테일러의 정리를 말한다.

  함수 $f(x)$ 가 $x=0$ 의 부근에서 n 번 미분 가능하면 $x=0$ 근방의 임의의 점에 대해서 $f(x)=f(0)+\frac{f'(0)}{1!}x+\frac{f''(0)}{2!}x^2+\cdots+\frac{f^{(n-1)}(0)}{(n-1)!}x^{n-1}+R_n$

  이다.

  여기서, $R_n=\frac{f^{(n)}(\theta x)}{n!}x^n\,(0<\theta<1)$

- 전개식

테일러의 정리에서 $\lim\limits_{n \to \infty} R_n = 0$일 때

$$f(x) = f(a) + \frac{f'(a)}{1!}(x-a) + \frac{f''(a)}{2!}(x-a)^2 + \cdots + \frac{f^{(n)}(a)}{n!}(x-a)^n + \cdots$$

을 $f(x)$의 테일러(Taylor) 급수라 한다.

매클라우인의 정리에서 $\lim\limits_{n \to \infty} R_n = 0$일 때

$$f(x) = f(0) + \frac{f'(0)}{1!}x + \frac{f''(0)}{2!}x^2 + \cdots + \frac{f^{(n)}(0)}{n!}x^n + \cdots$$

을 $f(x)$의 매클라우인(Maclaurin) 급수라 한다.

이들 급수를 구하는 것을 $f(x)$를 전개한다고 하며, 이들을 테일러 전개식, 매클라우인 전개식이라 한다.

【예제 16】

$f(x) = x^3 - 2x^2 + 4x - 1$ 의 $x = 1$ 근방에서의 테일러(Taylor) 전개식을 구하라.

풀이
$$f(x) = f(1) + \frac{f'(1)}{1!}(x-1) + \frac{f''(1)}{2!}(x-1)^2 + \cdots$$

$$f(x) = x^3 - 2x^2 + 4x - 1 \ \rightarrow \ f(1) = 2$$
$$f'(x) = 3x^2 - 4x + 4 \quad \rightarrow \ f'(1) = 3$$
$$f''(x) = 6x - 4 \quad\quad\quad \rightarrow \ f''(1) = 2$$
$$f^{(3)}(x) = 6 \quad\quad\quad\quad \rightarrow \ f^{(3)}(1) = 6$$

$$f(x) = x^3 - 2x^2 + 4x - 1 = 2 + \frac{3}{1!}(x-1) + \frac{2}{2!}(x-1)^2 + \frac{6}{2!}(x-1)^3$$

$$\therefore \ x^3 - 2x^2 + 4x - 1 = 2 + 3(x-1) + (x-1)^2 + (x-1)^3$$

【예제 17】

$f(x) = e^x$의 매클라우인(Maclaurin) 전개식을 구하라.

풀이
$$f(x) = e^x \ \rightarrow \ f(0) = 1$$
$$f'(x) = e^x \ \rightarrow \ f'(0) = 1$$
$$f''(x) = e^x \ \rightarrow \ f''(0) = 1$$
$$f^{(n)}(x) = e^x \ \rightarrow \ f^{(n)}(0) = 1$$

$$f(x) = e^x = 1 + \frac{1}{1!}x + \frac{1}{2!}x^2 + \cdots + \frac{1}{n!}x^n + \cdots$$

$$\therefore\ e^x = 1 + x + \frac{1}{2!}x^2 + \cdots + \frac{1}{n!}x^n + \cdots$$

② 극대·극소와 미분

1) 함수의 증가와 감소

- 함수 $f(x)$ 가 어떤 구간에 속하는 임의의 값 x_1, x_2 에 대하여

  $x_1 < x_2$ 일 때 $f(x_1) < f(x_2)$

  이면 $f(x)$ 는 그 구간에서 증가한다고 하고,

  $x_1 < x_2$ 일 때 $f(x_1) > f(x_2)$

  이면 $f(x)$ 는 그 구간에서 감소한다고 한다.

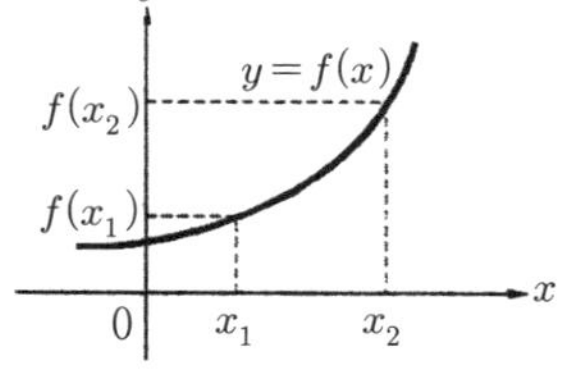

- 함수 $f(x)$ 에서 충분히 작은 양수 h 에 대하여

  $f(x_1 - h) < f(x_1) < f(x_1 + h)$

  이면 $f(x)$ 는 $x = x_1$ 에서 증가 상태에

  있다고 하고, $f(x_1 - h) > f(x_1) > f(x_1 + h)$

  이면 $f(x)$ 는 $x = x_1$ 에서 감소 상태에

  있다고 한다.

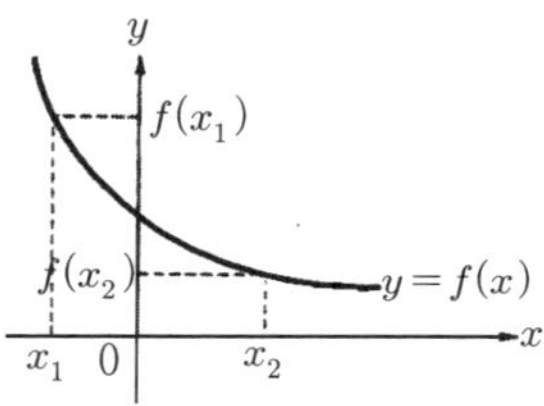

- 함수 $f(x)$ 가 어떤 구간에서 미분 가능할 때, 그 구간에서 항상

  $f'(x) > 0$ 이면 $f(x)$ 는 그 구간에서 증가한다.

  $f'(x) < 0$ 이면 $f(x)$ 는 그 구간에서 감소한다.

  또, 함수 $f(x)$ 가 어떤 구간에서 미분 가능할 때, 그 구간에서 항상

  $f'(x_1) > 0$ 이면 $f(x)$ 는 $x = x_1$ 에서 증가한다.

  $f'(x_1) < 0$ 이면 $f(x)$ 는 $x = x_1$ 에서 감소한다.

···【예제 18】···

다음 함수의 증가, 감소를 조사하라.

(1) $f(x) = \dfrac{1}{x^2}$ (2) $f(x) = 2x + \sin x$

···

풀이 (1) $f'(x) = -\dfrac{2}{x^3}$ 이므로

$x > 0$ 일 때 $f'(x) < 0$, $x < 0$ 일 때 $f'(x) > 0$

$\therefore$ 구간$(0, \infty)$에서 감소, 구간$(-\infty, 0)$에서 증가

(2) $f'(x)=2+\cos x>0$이므로 구간 $(-\infty, \infty)$에서 증가

2) 함수의 극대와 극소

함수 $f(x)$가 $x=a$에서 연속이고 x가 증가하면서 $x=a$를 지날 때, $f(x)$가 증가 상태에서 감소 상태로 변하면, 이 함수는 $x=a$에서 극대라 하고, $f(a)$를 극대 값이라고 한다.

한편, $x=b$에서 연속이고 x가 증가하면서 $x=b$를 지날 때, $f(x)$가 감소 상태에서 증가 상태로 변하면, 이 함수는 $x=b$에서 극소라 하고, $f(b)$를 극소 값이라고 한다.

● 함수 $f(x)$의 1차 도함수 $f'(x)$에 의한 판정

미분 가능한 함수 $f(x)$에 대하여 $f(a)=0$이고 x가 증가하면서 a를 지날 때 $f'(x)$의 부호가

① 양(+)에서 음(-)으로 변하면 $f(x)$는 $x=a$에서 극대 값을 가진다.

② 음(-)에서 양(+)으로 변하면 $f(x)$는 $x=a$에서 극소 값을 가진다.

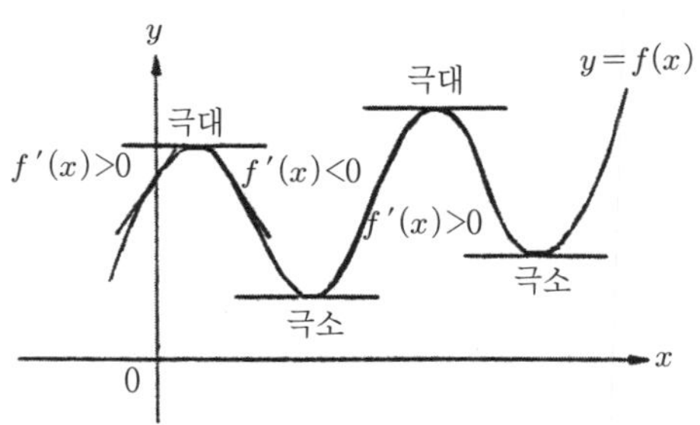

● 함수 $f(x)$의 2차 도함수 $f''(x)$에 의한 판정

함수 $f(x)$에서 $f'(a)=0$이고

① $f''(a)<0$이면 $f(x)$는 $x=a$에서 극대이다.

② $f''(a)>0$이면 $f(x)$는 $x=a$에서 극소이다.

주의 $f'(a)=f''(a)=0$인 경우에는 $x=a$에서 극값을 갖는 경우도 있고 극값을 갖지 않는 경우도 있다. 예를 들어 $f(x)=x^3$은 $x=0$에서 극값을 갖지 않지만, $f(x)=x^4$이면 $x=0$에서 극소 값을 갖는다.

···· 【예제 19】 ··

2차 도함수를 이용하여, 다음 함수의 극값을 구하라.

(1) $f(x) = x^3 - 3x^2 - 9x + 11$　　　　(2) $f(x) = x \cdot \ln x$

[풀이] (1) $f'(x) = 3x^2 - 6x - 9 = 3(x+1)(x-3)$, $f''(x) = 6x - 6$

$f'(x) = 0$ 에서 $x = -1$ 또는 $x = 3$

$f''(-1) = -6 - 6 = -12 < 0$ 이므로 $x = -1$ 에서 극대이고, 극대 값은 $f(-1) = 16$

$f''(3) = 18 - 6 = 12 > 0$ 이므로 $x = 3$ 에서 극소이고, 극소 값은 $f(3) = -16$

(2) $f'(x) = 1 \cdot \ln x + x \cdot \dfrac{1}{x} = \ln x + 1$, $f''(x) = \dfrac{1}{x}$

$f'(x) = 0$ 에서 $\ln x = -1$, $x = e^{-1} = \dfrac{1}{e}$

$f''\left(\dfrac{1}{e}\right) = e > 0$ 이므로 $x = \dfrac{1}{e}$ 에서 극소이고, 극소 값은 $f\left(\dfrac{1}{e}\right) = \dfrac{1}{e} \cdot \ln \dfrac{1}{e} = -\dfrac{1}{e}$

···· 【예제 20】 ··

그림과 같이, 건물에서 1m 떨어진 8m 높이의 담에 사다리를 걸쳐서 건물에 도달하려고 한다. 이때, 필요한 사다리의 최소 길이 l 을 구하라.(단, 담의 두께는 생각하지 않는다.)

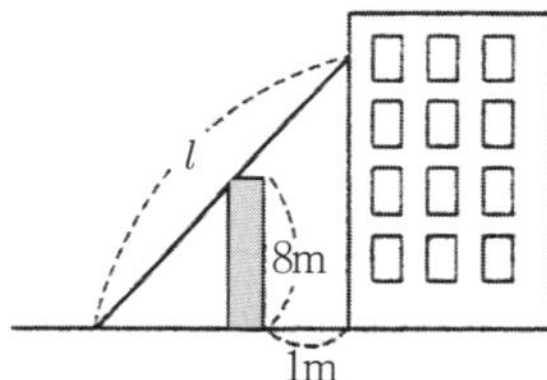

[풀이] 사다리가 지면과 이루는 각의 크기를 θ 라고 하면,

$$l = \frac{8}{\sin\theta} + \frac{1}{\cos\theta}$$

$$l' = -\frac{8\cos\theta}{\sin^2\theta} + \frac{\sin\theta}{\cos^2\theta} = \frac{-8\cos^3\theta + \sin^3\theta}{\sin^2\theta\,\cos^2\theta} = \frac{\cos^3\theta(-8 + \tan^3\theta)}{\sin^2\theta\,\cos^2\theta} = \frac{\cos\theta(-8 + \tan^3\theta)}{\sin^2\theta}$$

$l' = 0$ 에서 $\cos\theta = 0$ 또는 $\tan\theta = 2$

그런데 $\theta \neq \dfrac{\pi}{2}$ 이므로 $\cos\theta \neq 0$ → $\tan\theta = 2$

따라서 $\cos\theta = \dfrac{1}{\sqrt{5}}$, $\sin\theta = \dfrac{2}{\sqrt{5}}$

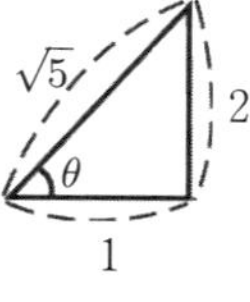

$$\therefore\ l = \frac{8}{\sin\theta} + \frac{1}{\cos\theta} = \frac{8}{\dfrac{2}{\sqrt{5}}} + \frac{1}{\dfrac{1}{\sqrt{5}}} = 4\sqrt{5} + \sqrt{5} = 5\sqrt{5}\ (\text{m})$$

3) 곡선의 오목, 볼록과 변곡점

함수 $f(x)$ 가 어떤 구간에서

① $f'(x)>0$이면 곡선 $y=f(x)$는 이 구간에서 아래로 볼록하다.

② $f'(x)<0$이면 곡선 $y=f(x)$는 이 구간에서 위로 볼록하다.

곡선 $y=f(x)$ 위의 한 점의 앞과 뒤에서 곡선의 모양이 오목에서 볼록 또는 볼록에서 오목으로 바뀔 때, 이 점을 변곡점이라고 한다.

곡선 $y=f(x)$에서 $f''(a)=0$이고 $x=a$의 앞과 뒤에서 $f''(x)$의 부호가 바뀌면 점 $(a, f(a))$는 곡선 $y=f(x)$의 변곡점이다.

···【예제 21】··

$y=x^4-2x^3+2x+1$의 변곡점을 구하라.

···

풀이 $y=x^4-2x^3+2x+1$

$\rightarrow y'=4x^3-6x^2+2,\ y''=12x^2-12x=12x(x-1)$

$\quad y''=12x(x-1)=0\ \rightarrow\ x=0, 1$

$\quad$ 이때, $x=0,1$의 앞과 뒤에서 y''의 부호가 변하므로

$\quad \therefore$ 변곡점은 $(0, 1), (1, 2)$

③ 편미분과 미분 방정식

1) 편미분

- **편미분의 정의**

2개의 독립변수 x, y로 표시되는 함수 $z=f(x, y)$는 x가 변해도 y가 변해도 그 값이 변한다. 즉, x와 y에 대해 두 개의 미분이 가능하게 된다.

함수 $z=f(x, y)$에서 y를 상수로 보고 z를 x만의 함수로 생각하여 x로 미분하는 것을 $z=f(x, y)$를 x로 편미분한다고 하며,

$$\frac{\partial z}{\partial x},\ \frac{\partial f}{\partial x},\ f_x(x,y),\ z_x,\ \frac{\partial}{\partial x}f(x,y),\ \cdots$$

등으로 표시한다.

마찬가지로 x를 상수로 보고 $z=f(x, y)$를 y로 미분하는 것을 $z=f(x, y)$를 y로 편미분한다고 하며,

$$\frac{\partial z}{\partial y},\ \frac{\partial f}{\partial y},\ f_y(x,y),\ z_y,\ \frac{\partial}{\partial y}f(x,y),\ \cdots$$

등으로 표시한다.

함수 $z = f(x, y)$의 편미분 f_x, f_y를 다시 x와 y로 편미분하여 얻은 함수를 $z = f(x, y)$의 제2차 편미분이라 하며 다음과 같이 표시한다.

$$\cdot \; \frac{\partial}{\partial x}\left(\frac{\partial f}{\partial x}\right) = \frac{\partial^2 f}{\partial x \, \partial x} = \frac{\partial^2 f}{\partial x^2} = f_{xx} = f_{xx}(x, y)$$

$$\cdot \; \frac{\partial}{\partial y}\left(\frac{\partial f}{\partial x}\right) = \frac{\partial^2 f}{\partial y \, \partial x} = f_{xy} = f_{xy}(x, y)$$

$$\cdot \; \frac{\partial}{\partial x}\left(\frac{\partial f}{\partial y}\right) = \frac{\partial^2 f}{\partial x \, \partial y} = f_{yx} = f_{yx}(x, y)$$

$$\cdot \; \frac{\partial}{\partial y}\left(\frac{\partial f}{\partial y}\right) = \frac{\partial^2 f}{\partial y \, \partial y} = \frac{\partial^2 f}{\partial y^2} = f_{yy} = f_{yy}(x, y)$$

이들을 다시 편미분하여 얻은 함수 $f_{xxx}, f_{xxy}, f_{xyx}, \cdots$ 등을 제3차 편미분이라 하며, n회 편미분하여 얻은 함수를 제n차 편미분이라 한다.

【예제 22】

다음 함수의 x 및 y의 편미분을 구하라.

(1) $z = x^2 y^3$　　　(2) $z = (x^3 + y^2)^5$　　　(3) $z = x \sin(x - y)$　　　(4) $z = \ln \sqrt{x^2 + y^2}$

풀이 (1) $z = x^2 y^3$ 에서

먼저 y^3을 상수로 생각하면 $\dfrac{\partial z}{\partial x} = y^3 (x^2)' = y^3 (2x) = 2x y^3$

마찬가지로 x^2을 상수로 생각하면 $\dfrac{\partial z}{\partial y} = x^2 (y^3)' = x^2 (3y^2) = 3x^2 y^2$

(2) $z = (x^3 + y^2)^5$ 에서

$$\frac{\partial z}{\partial x} = 5(x^3 + y^2)^4 \cdot \frac{\partial}{\partial x}(x^3 + y^2) = 5(x^3 + y^2)^4 \cdot 3x^2 = 15x^2 (x^3 + y^2)^4$$

$$\frac{\partial z}{\partial y} = 5(x^3 + y^2)^4 \cdot \frac{\partial}{\partial y}(x^3 + y^2) = 5(x^3 + y^2)^4 \cdot 2y = 10y(x^3 + y^2)^4$$

(3) $z = x \sin(x - y)$ 에서

$$\frac{\partial z}{\partial x} = 1 \cdot \sin(x - y) + x \cos(x - y) \cdot \frac{\partial}{\partial x}(x - y) = \sin(x - y) + x \cos(x - y)$$

$$\frac{\partial z}{\partial y} = x \cos(x - y) \cdot \frac{\partial}{\partial y}(x - y) = -x \cos(x - y)$$

(4) $z = \ln \sqrt{x^2 + y^2} = \dfrac{1}{2} \ln(x^2 + y^2)$ 에서

$$\frac{\partial z}{\partial x} = \frac{1}{2} \frac{1}{x^2 + y^2} \cdot \frac{\partial}{\partial x}(x^2 + y^2) = \frac{2x}{2(x^2 + y^2)} = \frac{x}{x^2 + y^2}$$

$$\frac{\partial z}{\partial y} = \frac{1}{2} \frac{1}{x^2 + y^2} \cdot \frac{\partial}{\partial y}(x^2 + y^2) = \frac{2y}{2(x^2 + y^2)} = \frac{y}{x^2 + y^2}$$

【예제 23】

$f(x, y) = x^3 y + e^{xy^2}$ 일 때 다음을 구하라.

(1) f_x (2) f_{xx} (3) f_{xy}

풀이 $f(x, y) = x^3 y + e^{xy^2}$

(1) $f_x = \dfrac{\partial f}{\partial x} = 3x^2 y + y^2 e^{xy^2}$

(2) $f_{xx} = \dfrac{\partial}{\partial x}\left(\dfrac{\partial f}{\partial x}\right) = \dfrac{\partial}{\partial x}\left(3x^2 y + y^2 e^{xy^2}\right) = 6xy + y^4 e^{xy^2}$

(3) $f_{xy} = \dfrac{\partial}{\partial y}\left(\dfrac{\partial f}{\partial x}\right) = \dfrac{\partial}{\partial y}\left(3x^2 y + y^2 e^{xy^2}\right) = 3x^2 + (2y e^{xy^2} + y^2 e^{xy^2} \cdot 2xy) = 3x^2 + 2y e^{xy^2} + 2xy^3 e^{xy^2}$

2) 미분 방정식

미지 함수의 미분을 포함하는 방정식을 미분 방정식(Differential Equation)이라 하며, 편미분을 포함하는 미분 방정식을 편미분 방정식이라 하고, 그렇지 않은 것을 상미분 방정식이라 한다.

주어진 미분 방정식을 만족시키며 미분을 포함하지 않은 식을 그 미분 방정식의 해라 하고, 가장 일반적인 해를 구하는 것을 그 미분 방정식을 푼다고 한다.

n차 미분 방정식은 n개의 임의의 상수를 포함하는 해를 갖는다. 이러한 해를 일반해라 하고, 임의의 상수에 특정한 값을 대입하여 얻은 해를 특수해라 한다. 특히 일반해의 임의의 상수에 어떤 값을 대입해도 얻을 수 없는 해가 있으면, 이를 특이해라 한다.

【예제 24】

$\dfrac{dy}{dx} = x e^x$ 인 미분 방정식의 일반해와 특수해를 구하라.(단, $y(o) = 0$ 이다.)

풀이 $dy = x e^x\, dx$

양변을 적분하면 $y = \displaystyle\int x e^x\, dx = + C$

부분 적분법에 의하여 $y = e^x \cdot x - \displaystyle\int e^x \cdot 1\, dx + C$ [제9장 적분법 참조]

∴ 일반해 : $y = x \cdot e^x - e^x + C$

초기 조건 $y(o) = 0$ 을 위 식에 적용시키면,

$0 = 0 - 1 + C \rightarrow C = 1$

$\therefore$ 특수해 : $y = x \cdot e^x - e^x + 1$

● 1차 선형 미분 방정식

$\dfrac{dy}{dx} + P(x)\,y = Q(x)$ 의 일반해는

$$y = e^{-\int P(x)\,dx}\left[\int Q(x)\,e^{\int P(x)\,dx}\,dx + C\right]$$

【예제 25】

$y' - \dfrac{1}{x}y = x^2$ 인 미분 방정식의 일반해를 구하라.

풀이 $P(x) = -\dfrac{1}{x},\ Q(x) = x^2$ 이므로

$$y = e^{-\int P(x)\,dx}\left[\int Q(x)\,e^{\int P(x)\,dx}\,dx + C\right]$$

$$= e^{\int \frac{1}{x}dx}\left[\int x^2 e^{-\int \frac{1}{x}dx}\,dx + C\right] = e^{\ln x}\left[\int x^2 e^{-\ln x}\,dx + C\right] = x\left[\int x^2 \cdot \frac{1}{x}\,dx + C\right]$$

$$= x\left[\frac{1}{2}x^2 + C\right]$$

$\therefore$ 일반해 : $y = \dfrac{1}{2}x^3 + Cx$

● 2차 선형 미분방정식

$y'' + ay' + by = 0$ 의 일반해는 그 특성 방정식 $t^2 + at + b = 0$의 두 근이

① 서로 다른 실근 $\alpha,\ \beta$인 경우 $\rightarrow y = C_1 e^{\alpha x} + C_2 e^{\beta x}$

② 중근 α(실근)인 경우 $\rightarrow y = (C_1 + C_2 x)\,e^{\alpha x}$

③ 허근 $\lambda \pm u\,i$인 경우 $\rightarrow y = e^{\lambda x}(C_1 \sin u x + C_2 \cos u x)$

【예제 26】

다음 2차 선형 미분방정식의 일반해를 구하라.

(1) $y'' - 3y' + 2y = 0$ (2) $y'' + 4y' + 4y = 0$ (3) $y'' + 4y = 0$

풀이 (1) 특성 방정식 : $t^2 - 3t + 2 = 0,\ (t-1)(t-2) = 0 \rightarrow t = 1, 2$

서로 다른 실근 $\alpha = 1,\ \beta = 2$ 인 경우이므로

$$\therefore \text{ 일반해} : y = C_1\, e^{\alpha x} + C_2\, e^{\beta x} = C_1\, e^x + C_2\, e^{2x}$$

(2) 특성 방정식 : $t^2 + 4t + 4 = 0,\ (t+2)^2 = 0 \ \to\ t = -2$

　　중근 $\alpha = -2$인 경우이므로

$$\therefore \text{ 일반해} : y = (C_1 + C_2\, x)\, e^{\alpha x} = (C_1 + C_2\, x)\, e^{-2x}$$

(3) 특성 방정식 : $t^2 + 4 = 0,\ t^2 = -4 \ \to\ t = \pm 2i$

　　허근 $\lambda \pm u\, i$에서 $\lambda = 0,\ u = 2$인 경우이므로

$$\therefore \text{ 일반해} : y = e^{\lambda x}\, (C_1 \sin u\, x + C_2 \cos u\, x) = C_1 \sin 2x + C_2 \cos 2x$$

연 습 문 제

1. 다음 극한 값을 구하라.

(1) $\displaystyle\lim_{x\to 1}\frac{x^2-1}{x-1}$

(2) $\displaystyle\lim_{x\to 0}\frac{x}{\sqrt{x+1}-1}$

(3) $\displaystyle\lim_{x\to\infty}\frac{2x^2+3x+2}{x^2+1}$

(4) $\displaystyle\lim_{x\to\infty}\left(\sqrt{x^2+x}-x\right)$

(5) $\displaystyle\lim_{x\to 0}\frac{\sin 3x}{\sin 2x}$

(6) $\displaystyle\lim_{x\to\infty}\frac{3^x-2}{1-3^x}$

(7) $\displaystyle\lim_{x\to 0}(1+x)^{\frac{1}{3x}}$

☞ (1) 분모와 분자를 인수분해하여 약분한다.

(2),(4) 분모를 유리화한다.

(3) 분모의 최고차항으로 분모와 분자를 나눈다.

(5) $\displaystyle\lim_{x\to 0}\frac{\sin ax}{ax}=1$

(6) $\displaystyle\lim_{x\to\infty}a^x=0\ (0<a<1)$

(7) $\displaystyle\lim_{x\to 0}(1+x)^{\frac{1}{x}}=e$

2. 개구간 $(-4, 0)$과 개구간 $(0, 4)$에서는

$$f(x)=\frac{\sqrt{4+x}-\sqrt{4-x}}{x}$$ 로 정의되고, $x=0$에서는 $f(0)=a$로 정의되어 있는 함수 f가 $x=0$에서 연속이기 위한 a의 값을 구하라.

☞ $\displaystyle\lim_{x\to 0}f(x)=f(0)=a$

3. x가 $x=p$에서 $x=p+2$까지 변할 때 함수 $f(x)=x^2+2x+6$의 평균변화율을 구하라.

☞ $\displaystyle\frac{\Delta y}{\Delta x}=\frac{f(p+2)-f(p)}{2}$

4. 다음 함수를 미분하라.

(1) $y = \dfrac{1}{x}$

(2) $y = \dfrac{2x^5 - 3x^4 + 2x^2 + 1}{x^7}$

(3) $y = (x^3 + x)(2x^2 - 1)$

(4) $y = \dfrac{x-1}{x^2+1}$

(5) $y = \dfrac{1}{x^2+5}$

(6) $y = (2x^2 + 3)^4$

(7) $y = \sqrt{1-2x}$

☞ (1) $f(x) = x^{-1}$

(2) $f(x) = 2x^{-2} - 3x^{-3} + 2x^{-5} + x^{-7}$

(3) $\{f(x)\,g(x)\}' = f'(x)\,g(x) + f(x)\,g'(x)$

(4) $\left\{\dfrac{f(x)}{g(x)}\right\}' = \dfrac{f'(x)\,g(x) - f(x)\,g'(x)}{\{g(x)\}^2}$

(5) $\left\{\dfrac{1}{g(x)}\right\}' = -\dfrac{g'(x)}{\{g(x)\}^2}$

(6) $y = \{f(x)\}^n \to y' = n\{f(x)\}^{n-1} \cdot f'(x)$

(7) $y = \sqrt{x} \to y' = \dfrac{1}{2\sqrt{x}}$

5. 다음 함수를 미분하라.

(1) $y = \sin^3 x$

(2) $y = \sin x \tan x$

(3) $y = \sec(3x + 2)$

(4) $y = \dfrac{\sin x}{x}$

(5) $y = e^x \cdot \sin x$

(6) $y = 3^{4x}$

(7) $y = \ln(\sin x)$

(8) $y = \log_{10} 2x$

(9) $y = \sqrt{x} + \sin x^{-1} 2x$

(10) $y = \cos x^{-1} \sqrt{x}$

☞ (1) $(\sin x)' = \cos x$

(2) $(\tan x)' = \sec^2 x$

(3) $(\sec x)' = \sec x \tan x$

$\dfrac{d}{dx} f(ax+b) = af'(ax+b)$

(4) $\left\{\dfrac{f(x)}{g(x)}\right\}' = \dfrac{f'(x)\,g(x) - f(x)\,g'(x)}{\{g(x)\}^2}$

(5) $\{f(x)\,g(x)\}' = f'(x)g(x) + f(x)\,g'(x)$

(6) $(a^x)' = a^x \ln a$

(7) $(\ln x)' = \dfrac{1}{x}$

(8) $(\log_a x)' = \dfrac{1}{x \cdot \ln a}$

(9) $y = \sin x^{-1} \to y' = \dfrac{1}{\sqrt{1-x^2}}$,

$y = \sqrt{x} \to y' = \dfrac{1}{2\sqrt{x}}$

(10) $y = \cos x^{-1} \to y' = \dfrac{-1}{\sqrt{1-x^2}}$

6. 다음 함수의 2차 도함수를 구하라.

(1) $y = \dfrac{1}{x-1}$　　　　(2) $y = e^{-x}\cos x$

☞ 주어진 함수를 미분한 다음, 또 다시 미분한다.

7. 함수 $f(x) = 2\sqrt{x}$ 가 [1, 4]에서 평균값의 정리를 성립시키는 상수 C의 값을 구하라.

☞ $\dfrac{f(4)-f(1)}{4-1} = f'(c)$ 인 C를 찾는다.

8. 로피탈의 정리를 이용하여 다음 극한값을 구하라.

(1) $\displaystyle\lim_{x\to 1}\dfrac{2x^2-x-1}{x^2+3x-4}$　　　　(2) $\displaystyle\lim_{x\to 0} x\ln x$

(3) $\displaystyle\lim_{x\to\infty}\dfrac{e^{2x}}{x^3}$

☞ (1) $\dfrac{0}{0}$ 꼴

(2) $x\ln x = \dfrac{\ln x}{\left(\dfrac{1}{x}\right)}$

(3) $\dfrac{\infty}{\infty}$ 꼴

9. $f(x) = \sin x$ 의 $x = \dfrac{\pi}{6}$ 근방에서의 테일러(Taylor) 전개식을 3항까지 구하라.

☞ $f(x) = f\left(\dfrac{\pi}{6}\right)$
$+ \dfrac{f'\left(\dfrac{\pi}{6}\right)}{1!}\left(x-\dfrac{\pi}{6}\right)$
$+ \dfrac{f''\left(\dfrac{\pi}{6}\right)}{2!}\left(x-\dfrac{\pi}{6}\right)^2$

10. $f(x) = \sin x$ 의 매클라우인(Maclaurin) 전개식을 구하라.

☞ $f(x) = f(0) + \dfrac{f'(0)}{1!}x +$
$\dfrac{f''(0)}{2!}x^2 + \cdots + \dfrac{f^{(n)}(0)}{n!}x^n + \cdots$

11. 2차 도함수를 이용하여, 다음 함수의 극값을 구하라.

 (1) $f(x) = 2x^3 - 9x^2 + 12x + 1$

 (2) $f(x) = x - \sin x \, (0 \leqq x \leqq 2\pi)$

 ☞ $f'(x_1) = 0$인 x_1에 대하여 $f''(x_1)$의 부호를 조사한다.

12. 가로의 길이가 16cm, 세로의 길이가 30cm인 직사각형 철판의 네 모서리를 정사각형으로 잘라내어 뚜껑이 없는 직육면체의 상자를 만들려고 할 때, 잘라낼 정사각형의 변의 길이와 상자의 부피의 최대값을 구하라.

 ☞ 만들 상자의 부피 : $V = x(16 - 2x)(30 - 2x)$ $(0 < x < 8)$

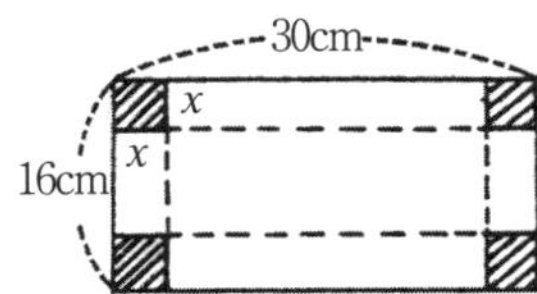

13. 폭이 8m인 통로와 1m인 통로가 그림과 같이 직각으로 만나고 있다. 막대를 수평으로 들고 이 모서리를 돌아갈 수 있는 막대의 최대 길이를 구하라.(단, 막대의 두께는 무시한다)

 ☞ 막대의 길이 : $l = \dfrac{8}{\cos\theta} + \dfrac{1}{\sin\theta}$

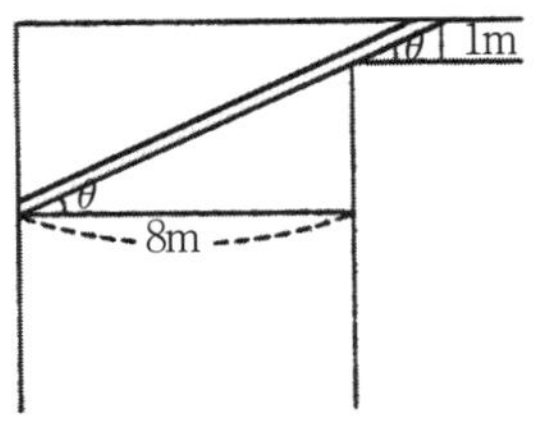

14. $y = x^5 - 5x^4 + 10x^3 - 10x^2 + 5x - 1$의 변곡점을 구하라.

 ☞ $y'' = 0$인 x의 값의 앞과 뒤에서 y''의 부호를 조사한다.

15. 다음 함수의 x 및 y 의 편미분을 구하라.

  (1) $z = e^x \cos y$ (2) $z = x^2 y - e^{xy}$

  (3) $z = \dfrac{xy}{y+x}$

☞ x 의 편미분일 때는 y 를 상수로, y 의 편미분일 때는 x 를 상수로 생각한다.

16. $f(x, y) = x^3 y + e^{xy^2}$일 때 다음을 구하라.

  (1) f_y (2) f_{yy} (3) f_{yx}

☞ (1) $f_y = \dfrac{\partial f}{\partial y}$

  (2) $f_{yy} = \dfrac{\partial}{\partial y}\left(\dfrac{\partial f}{\partial y}\right)$

  (3) $f_{yx} = \dfrac{\partial}{\partial x}\left(\dfrac{\partial f}{\partial y}\right)$

17. $(1+x)\dfrac{dy}{dx} + (1+y) = 0$ 인 미분 방정식의 일반해를 구하라.

☞ $f(x)dx + g(y)dy = 0$ 형태로 변형하여 양변을 적분한다.

18. $y' - \dfrac{1}{x}y = x^2 + 3x - 2$ 인 미분 방정식의 일반해를 구하라.

☞ $y = e^{-\int P(x)\,dx}\left[\int Q(x)\, e^{\int P(x)\,dx}\,dx + C\right]$

19. 다음 2차 선형 미분방정식의 일반해를 구하라.

  (1) $y'' - 4y' + 3y = 0$

  (2) $y'' - 2y' + y = 0$

  (3) $y'' + y' + y = 0$

☞ 특성 방정식의 두 근이 서로 다른 실근, 중근, 허근인 가를 알아본다.

제9장

적분법

제9장

적분법

1. 부정적분

① 부정적분의 뜻

함수 $f(x)$에 대하여 $F'(x) = f(x)$일 때, $F(x)$를 $f(x)$의 부정적분이라고 한다. 그런데 $f(x)$의 부정적분 중의 하나를 $F(x)$라고 하면, 임의의 부정적분은 $F(x) + C$인 꼴로 나타낼 수 있으며, 이것을

$$\int f(x)\,dx = F(x) + C\,(C\text{는 임의의 상수})\text{로}$$

나타내기로 한다. 이때 C를 적분상수라 하고, $f(x)$의 부정적분을 구하는 것을 $f(x)$를 적분한다고 한다.

기호 $\int$은 Sum의 머리글자 S를 길게 늘어뜨린 것으로, 적분 또는 인테그랄(Integral)이라고 읽는다.
또 dx는 x에 대하여 적분한다는 뜻이다.

② 부정적분의 계산

1) 부정적분의 기본공식

① $\displaystyle\int k\,dx = kx + C\,(k\text{는 상수})$

② $\displaystyle\int x^n\,dx = \begin{cases} \dfrac{1}{n+1}x^{n+1} + C\,(n \neq -1) \\[2mm] \ln|x| + C \qquad (n = -1) \end{cases}$

③ $\displaystyle\int k \cdot f(x)\,dx = k\int f(x)\,dx\,(k\text{는 상수})$

④ $\displaystyle\int \{f(x) \pm g(x)\}\,dx = \int f(x)\,dx \pm \int g(x)\,dx$ (복부호 동순)

참고 적분은 미분의 역연산이므로 미분법의 역을 생각하면 위의 공식을 얻을 수 있다.

【예제 1】

다음 부정적분을 구하라.

(1) $\int 12\,dx$ (2) $\int (5x^4 + 9x^2 - 3)\,dx$ (3) $\int \left(2x + \dfrac{1}{x}\right) dx$

풀이 (1) $\int 12\,dx = 12x + C$

(2) $\int (5x^4 + 9x^2 - 3)\,dx = \int 5x^4\,dx + \int 9x^2\,dx - \int 3\,dx = (x^5 + C_1) + (3x^3 + C_2) - (3x + C_3)$

$= x^5 + 3x^3 - 3x + C$

참고 $C_1,\ C_2,\ C_3$ 도 임의의 상수이므로 이것을 C로 나타낸 것이다.

(3) $\int \left(2x + \dfrac{1}{x}\right) dx = \int 2x\,dx + \int \dfrac{1}{x}\,dx = x^2 + \ln(x) + C$

2) 삼각함수의 부정적분

① $\int \sin x\,dx = -\cos x + C$

② $\int \cos x\,dx = \sin x + C$

③ $\int \sec^2 x\,dx = \tan x + C$

④ $\int \operatorname{cosec}^2 x\,dx = -\cot x + C$

3) 지수함수의 부정적분

① $\int a^x\,dx = \dfrac{a^x}{\ln a} + C\,(a > 0,\ a \neq 1)$

② $\int e^x\,dx = e^x + C$

【예제 2】

다음 부정적분을 구하라.

(1) $\int (\cos x - \sin x)\,dx$ (2) $\int \tan^2 x\,dx$ (3) $\int 3^x\,dx$ (4) $\int (3e^x - 2^x)\,dx$

풀이 (1) $\int (\cos x - \sin x)\,dx = \sin x - (-\cos x) + C = \sin x + \cos x + C$

(2) $\int \tan^2 x\,dx = \int (\sec^2 x - 1)\,dx = \tan x - x + C$

(3) $\int 3^x\,dx = \dfrac{3^x}{\ln 3} + C$ (4) $\int (3e^x - 2^x)\,dx = 3e^x - \dfrac{2^x}{\ln 2} + C$

③ 치환 적분법과 부분 적분법

1) 치환 적분법

$x = g(t)$라 할 때,

$$\int f(x)\,dx = \int f(g(t))\,g'(t)\,dx$$

함수 $f(ax+b)$ (괄호 안이 일차식)의 꼴의 부정적분은 다음 공식을 이용하는 것이 능률적이다.

$$\int f(x)\,dx = F(x) + C \text{이면}, \quad \int f(ax+b)\,dx = \frac{1}{a}F(ax+b) + C\,(a \neq 0)$$

【예제 3】

다음 부정적분을 구하라.

(1) $\displaystyle\int (2x-1)^5\,dx$ (2) $\displaystyle\int \frac{e^x}{e^x+2}\,dx$ (3) $\displaystyle\int \frac{\ln x}{x}\,dx$ (4) $\displaystyle\int 10^{5x+1}\,dx$

풀이 (1) $2x-1=t$로 놓고 양변을 t에 대하여 미분하면

$$2\frac{dx}{dt} = 1 \;\rightarrow\; dx = \frac{1}{2}dt$$

$$\therefore \int (2x-1)^5 dx = \int t^5 \cdot \frac{1}{2}\,dt = \frac{1}{12}t^6 + C = \frac{1}{12}(2x-1)^6 + C$$

주의 치환 적분법에 의하여 부정적분을 구하였을 때는 그 결과를 처음의 변수로 바꾸어 나타낸다.

별해 $\displaystyle\int (2x-1)^5\,dx = \frac{1}{2}\cdot\left\{\frac{1}{6}\cdot(2x-1)\right\}^6 + C = \frac{1}{12}(2x-1)^6 + C$

(2) $e^x+2=t$로 놓고 양변을 t에 대하여 미분하면,

$$e^x\frac{dx}{dt} = 1 \;\rightarrow\; dx = \frac{1}{e^x}\,dt$$

$$\therefore \int \frac{e^x}{e^x+2}\,dx = \int \frac{e^x}{t}\cdot\frac{1}{e^x}\,dt = \int \frac{1}{t}\,dt = \ln|t| + C = \ln|e^x+2| + C = \ln(e^x+2) + C$$

$$(\leftarrow e^x+2 > 0)$$

(3) $\ln x=t$로 놓고 양변을 t에 대하여 미분하면,

$$\frac{1}{x}\cdot\frac{dx}{dt} = 1 \;\rightarrow\; dx = x\cdot dt$$

$$\therefore \int \frac{\ln x}{x}\,dx = \int \frac{t}{x}x\,dt = \int t\,dt = \frac{1}{2}t^2 + C = \frac{1}{2}(\ln x)^2 + C$$

(4) $\displaystyle\int 10^{5x+1}\,dx = \frac{1}{5}\left(\frac{10^{5x+1}}{\ln 10}\right) + C = \frac{10^{5x+1}}{5\ln 10} + C$

2) 부분 적분법

$$\int f'(x)g(x)\,dx = f(x)g(x)\,dx - \int f(x)g'(x)\,dx$$

$$f(x)=u,\ g(x)=v \text{ 라 할 때 } \int u'v\,dx = uv - \int uv'\,dx$$

> **참고** 부분 적분을 할 때, 두 함수 중 어느 것을 $f'(x),g(x)$ 로 놓아야 할 것인가를 잘 판단하여야 한다. 일반적으로 적분하기 쉬운 쪽을 $f'(x)$ 로 놓는다.

【예제 4】

다음 부정적분을 구하라.

(1) $\displaystyle\int x\sin x\,dx$ (2) $\displaystyle\int x e^{-x}\,dx$ (3) $\displaystyle\int \ln x\,dx$

풀이 (1) $f'(x)=\sin x,\ g(x)=x$ 로 놓으면 $f(x)=-\cos x,\ g'(x)=1$

$$\int f'(x)g(x)\,dx = f(x)g(x)\,dx - \int f(x)g'(x)\,dx \text{ 에서}$$

$$\int x\sin x\,dx = (-\cos x)\cdot x - \int (-\cos x)\cdot 1\,dx = -x\cos x + \int \cos x\,dx = -x\cos x + \sin x + C$$

(2) $f'(x)=e^{-x},\ g(x)=x$ 로 놓으면 $f(x)=-e^{-x},\ g'(x)=1$

$$\int f'(x)g(x)\,dx = f(x)g(x)\,dx - \int f(x)g'(x)\,dx \text{ 에서}$$

$$\int x e^{-x}\,dx = -e^{-x}\cdot x - \int (-e^{-x})\cdot 1\,dx = -x e^{-x} - e^{-x} + C = -(x+1)e^{-x} + C$$

(3) $\ln x = 1\cdot \ln x$ 이므로 $f'(x)=1,\ g(x)=\ln x$ 로 놓으면 $f(x)=x,\ g'(x)=\dfrac{1}{x}$

$$\int f'(x)g(x)\,dx = f(x)g(x)\,dx - \int f(x)g'(x)\,dx \text{ 에서}$$

$$\int \ln x\,dx = x\cdot \ln x - \int x\cdot \frac{1}{x}\,dx = x\ln x - x + C$$

④ 여러 가지 적분법

1) 유리 함수의 부정적분

$\dfrac{g(x)}{f(x)}$ 의 형태, 단 $f(x),\ g(x)$ 는 x 의 다항식

① 분모의 차수=분자의 차수 → 분자를 분모 형태로 변형한다.

② 분모의 차수<분자의 차수 → 직접 나누거나 분자를 분모 형태로 변형하여 인수분해 한다.

③ 분모의 차수>분자의 차수

(a) 1차 차이인 경우 $\rightarrow \displaystyle\int \frac{f'(x)}{f(x)}\,dx = \ln|f(x)| + C$를 이용한다.

(b) 2차 이상인 경우 $\rightarrow$ 부분 분수화 한다.

【예제 5】

다음 부정적분을 구하라.

(1) $\displaystyle\int \frac{1+x}{x^3}\,dx$

(2) $\displaystyle\int \frac{x}{x+1}\,dx$

(3) $\displaystyle\int \frac{x^3}{x+1}\,dx + \int \frac{1}{x+1}\,dx$

(4) $\displaystyle\int \frac{x^3}{x-1}\,dx$

(5) $\displaystyle\int \frac{2x-5}{x^2-5x+2}\,dx$

(6) $\displaystyle\int \frac{1}{x(x+1)}\,dx$

풀이 (1) $\displaystyle\int \frac{1+x}{x^3}\,dx = \int (x^{-3} + x^{-2})\,dx = -\frac{1}{2}x^{-2} + 1\cdot x^{-1} + C = -\frac{1}{2x^2} - \frac{1}{x} + C$

(2) [분모의 차수=분자의 차수]

$$\int \frac{x}{x+1}\,dx = \int \frac{(x+1)-1}{x+1}\,dx = \int dx - \int \frac{1}{x+1}\,dx = x - \ln|f(x)| + C$$

(3) [분모의 차수<분자의 차수] $\rightarrow$ 직접 나눈다.

$$\int \frac{x^3}{x+1}\,dx + \int \frac{1}{x+1}\,dx = \int \frac{x^3+1}{x+1}\,dx = \int \frac{(x+1)(x^2-x+1)}{x+1}\,dx = \int (x^2-x+1)\,dx$$

$$= -\frac{1}{3}x^3 - \frac{1}{2}x^2 + x + C$$

(4) [분모의 차수<분자의 차수] $\rightarrow$ 분자를 분모 형태로 변형한다.

$$\int \frac{x^3}{x-1}\,dx = \int \frac{(x^3-1)+1}{x-1}\,dx = \int \frac{(x-1)(x^2+x+1)+1}{x-1}\,dx$$

$$= \int (x^2+x+1)\,dx + \int \frac{1}{x-1}\,dx = \left(\frac{1}{3}x^3 + \frac{1}{2}x^2 + x\right) + \ln|x-1| + C$$

(5) [분모의 차수>분자의 차수](1차 차이) $\rightarrow \displaystyle\int \frac{f'(x)}{f(x)}\,dx = \ln|f(x)| + C$

$$\int \frac{2x-5}{x^2-5x+2}\,dx = \int \frac{(x^2-5x+2)'}{x^2-5x+2}\,dx = \ln|x^2-5x+2| + C$$

(6) [분모의 차수>분자의 차수](2차 차이) $\rightarrow$ 부분 분수화 한다.$\left[\dfrac{1}{AB} = \dfrac{1}{B-A}\left(\dfrac{1}{A} - \dfrac{1}{B}\right)\right]$

$$\int \frac{1}{x(x+1)}\,dx = \int \frac{1}{(x+1)-x}\left(\frac{1}{x} - \frac{1}{x+1}\right)dx = \ln|x| - \ln|x+1| + C$$

2) 무리함수의 부정적분

$\sqrt{f(x)}$ 를 포함한 부정적분은 $\sqrt{f(x)}=t$ 또는 $f(x)=t$ 로 치환한다.

【예제 6】

다음 부정적분을 구하라.

(1) $\displaystyle\int \sqrt[3]{x^2}\ dx$

(2) $\displaystyle\int \sqrt{3-x}\ dx$

(3) $\displaystyle\int x\sqrt{x^2-4}\ dx$

(4) $\displaystyle\int \frac{1}{\sqrt{x+1}-\sqrt{x-1}}\ dx$

풀이 (1) $\displaystyle\int \sqrt[3]{x^2}\ dx=\int x^{\frac{2}{3}}\ dx=\frac{1}{\frac{2}{3}+1}\cdot x^{\frac{2}{3}+1}+C=\frac{3}{5}x^{\frac{5}{3}}+C$

(2) $3-x=t$ 로 놓고 양변을 t 에 대하여 미분하면,

$$-1\frac{dx}{dt}=1\ \rightarrow\ dx=-dt$$

$$\int \sqrt{3-x}\ dx=\int \sqrt{t}\cdot(-1)\,dt=-\int t^{\frac{1}{2}}\,dt=-\frac{2}{3}t^{\frac{3}{2}}+C=-\frac{2}{3}(3-x)\sqrt{3-x}+C$$

(3) $\sqrt{x^2-4}=t$ 로 놓으면 $x^2-4=t^2$, $x^2=t^2+4$

양변을 t 에 대하여 미분하면,

$$2x\frac{dx}{dt}=2t\ \rightarrow\ dx=\frac{1}{x}t\,dt$$

$$\therefore\ \int x\sqrt{x^2-4}\ dx=\int x\cdot t\cdot\frac{1}{x}t\,dt=\int t^2\,dt=\frac{1}{3}t^3+C=\frac{1}{3}(x^2-4)\sqrt{x^2-4}+C$$

(4) $\dfrac{1}{\sqrt{x+1}-\sqrt{x-1}}=\dfrac{1}{(\sqrt{x+1}-\sqrt{x-1})}\times\dfrac{\sqrt{x+1}+\sqrt{x-1}}{\sqrt{x+1}+\sqrt{x-1}}=\dfrac{\sqrt{x+1}+\sqrt{x-1}}{(x+1)-(x-1)}$

$=\dfrac{1}{2}(\sqrt{x+1}+\sqrt{x-1})$

$$\int \frac{1}{\sqrt{x+1}-\sqrt{x-1}}\ dx=\int \frac{1}{2}(\sqrt{x+1}+\sqrt{x-1})\,dx=\frac{1}{2}\int\left\{(x+1)^{\frac{1}{2}}+(x-1)^{\frac{1}{2}}\right\}dx$$

$$=\frac{1}{2}\left\{\frac{2}{3}(x+1)^{\frac{3}{2}}+\frac{2}{3}(x-1)^{\frac{3}{2}}\right\}+C=\frac{1}{3}\left\{(x+1)\sqrt{x+1}+(x-1)\sqrt{x+1}\right\}+C$$

3) 삼각함수의 부정적분

- $\displaystyle\int \sin\alpha x\,\cos\beta x\,dx,\ \int \sin\alpha x\,\sin\beta x\,dx,\ \int \cos\alpha x\,\cos\beta x\,dx$ 의 형태

① $\alpha=\beta$ 일 때

$\sin\alpha x$ 또는 $\cos\beta x$ 를 t 로 치환한다.

② $\alpha \neq \beta$ 일 때

$$\cdot \sin\alpha \cos\beta = \frac{1}{2}\{\sin(\alpha+\beta)+\sin(\alpha-\beta)\}$$

$$\cdot \sin\alpha \sin\beta = -\frac{1}{2}\{\cos(\alpha+\beta)-\cos(\alpha-\beta)\}$$

$$\cdot \cos\alpha \cos\beta = \frac{1}{2}\{\cos(\alpha+\beta)+\cos(\alpha-\beta)\}$$

을 이용한다.

- $\displaystyle\int \frac{1}{a\sin x + b\cos x}\, dx$ 의 형태

$\tan\dfrac{x}{2}=t$ 로 치환한다.

$$\to \sin x = \frac{2t}{1+t^2},\ \cos x = \frac{1-t^2}{1+t^2},\ dx = \frac{2}{1+t^2}\, dt$$

【예제 7】

다음 부정적분을 구하라.

(1) $\displaystyle\int \sin^4 x \cos x\, dx$ 　　　　　(2) $\displaystyle\int \sin 3x \cos 2x\, dx$

(3) $\displaystyle\int \frac{1}{\sin x}\, dx$ 　　　　　(4) $\displaystyle\int \frac{1}{1+\cos x}\, dx$

풀이 (1) $\sin x = t$ 로 놓으면 $\cos\dfrac{dx}{dt}=1 \ \to\ dx = \dfrac{1}{\cos x}\, dt$

$$\int \sin^4 x \cos x\, dx = \int t^4 \cos x \cdot \frac{1}{\cos x}\, dt = \int t^4\, dt = \frac{1}{5}t^5 + C = \frac{1}{5}\sin^5 x + C$$

(2) $\sin 3x \cos 2x = \dfrac{1}{2}(\sin 5x + \sin x)$ 이므로

$$\int \sin 3x \cos 2x\, dx = \int \frac{1}{2}(\sin 5x + \sin x)\, dx = \frac{1}{2}\left(-\frac{1}{5}\cos 5x - \cos x\right) dx + C$$

(3) $\tan\dfrac{x}{2}=t$ 로 놓으면, $\sin x = \dfrac{2t}{1+t^2},\ dx = \dfrac{2}{1+t^2}\, dt$ 이므로

$$\int \frac{1}{\sin x}\, dx = \int \frac{1}{\dfrac{2t}{1+t^2}} \cdot \frac{2}{1+t^2}\, dt = \int \frac{1+t^2}{2t} \cdot \frac{2}{1+t^2}\, dt = \ln|t| + C = \ln\left|\tan\frac{x}{2}\right| + C$$

(4) $\tan\dfrac{x}{2}=t$ 로 놓으면, $\cos x = \dfrac{1-t^2}{1+t^2},\ dx = \dfrac{2}{1+t^2}\, dt$ 이므로

$$\int \frac{1}{1+\cos x}\, dx = \int \frac{1}{1+\dfrac{1-t^2}{1+t^2}} \cdot \frac{2}{1+t^2}\, dt = \int \frac{1+t^2}{2} \cdot \frac{2}{1+t^2}\, dt = t + C = \tan\frac{x}{2} + C$$

2. 정적분

① 정적분의 뜻

1) 정적분의 뜻

함수 $f(x)$가 폐구간 $[a, b]$에서 연속일 때
그 구간을 n등분하여 양 끝점과 각 분점을
차례로 $x_0 (=a), x_1, x_2, \cdots, x_{n-1}, x_n (=b)$ 라
하고 소구간의 길이를 $\Delta x = \dfrac{b-a}{n}$ 라 하면,
극한값

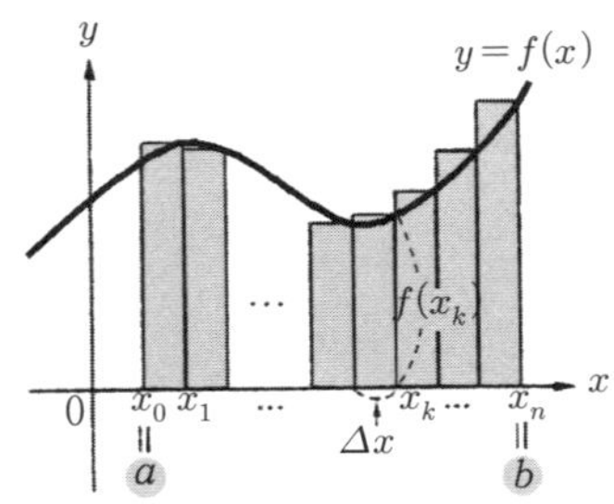

$$\lim_{n \to \infty} \sum_{k=1}^{n} f(x_k)\, \Delta x$$

의 값을 함수 $f(x)$의 a에서 b까지의 정적분이라고 하고 이것을

$\displaystyle\int_a^b f(x)\, dx$ 로 나타낸다. 즉,

$$\lim_{n \to \infty} \sum_{k=1}^{n} f(x_k)\, \Delta x = \int_a^b f(x)\, dx$$

여기서 a를 아래 끝, b를 위 끝이라고 한다.

> **참고** 부정적분은 함수를 나타내므로 $\displaystyle\int f(x)\, dx \neq \int f(t)\, dt$ 이다.
> 그러나 정적분의 값은 함수 $f(x)$와 상수 a, b 값에 따라 정해지므로, 적분변수를 다른 문자로
> 사용하여도 상관없다. 즉, $\displaystyle\int_a^b f(x)\, dx = \int_a^b f(t)\, dt = \int_a^b f(y)\, dy$

2) 정적분과 미분의 관계

함수 $y = f(t)$가 구간 $[a, b]$에서 연속이면

$$\frac{d}{dx}\int_a^x f(t)\, dt = f(x) \quad (\text{단, } a \leq x \leq b)$$

② 정적분의 계산

1) 정적분의 기본 정리

구간 $[a,\ b]$에서 연속인 함수 $f(x)$의 부정적분 중 하나를 $F(x)$라 하면

$$\int f(x)\, dx = F(x) + C \text{이면} \rightarrow \int_a^b f(x)\, dx = \left[F(x)\right]_a^b = F(b) - F(a)$$

이제까지는 $a < b$일 때, 정적분 $\displaystyle\int_a^b f(x)\, dx$ 를 정의하였다.

$a = b$, $a > b$일 때에는 다음과 같이 정의한다.

$$\int_a^a f(x)\, dx = 0, \quad \int_a^b f(x)\, dx = -\int_b^a f(x)\, dx$$

2) 정적분의 계산 공식

① $\displaystyle\int_a^b k f(x)\, dx = k \int_a^b f(x)\, dx$ (단, k는 상수)

② $\displaystyle\int_a^b \{f(x) \pm g(x)\}\, dx = \int_a^b f(x)\, dx \pm \int_a^b g(x)\, dx$ (복부호 동순)

③ $\displaystyle\int_a^b f(x)\, dx = \int_a^c f(x)\, dx + \int_c^b f(x)\, dx$

④ $\displaystyle\int_{-a}^a f(x)\, dx = \begin{cases} f(x)\text{가 기함수일 때} : 0 \\ f(x)\text{가 우함수일 때} : 2\displaystyle\int_0^a f(x)\, dx \end{cases}$

⑤ $\displaystyle\int_\alpha^\beta a(x-\alpha)(x-\beta)\, dx = -\frac{a}{6}(\beta-\alpha)^3$ (단, $a \neq 0$)

【예제 8】

다음 정적분을 구하라.

(1) $\displaystyle\int_2^1 4x^3\, dx$ (2) $\displaystyle\int_{-2}^1 (x^2 + 3x)\, dx$ (3) $\displaystyle\int_1^2 (x^2 - 5x)\, dx + \int_2^3 (x^2 - 5x)\, dx$

(4) $\displaystyle\int_{-1}^1 (x^5 - x^4 + x^3 - x^2 + x - 1)\, dx$ (5) $\displaystyle\int_2^3 (x^2 - 5x + 6)\, dx$

풀이 (1) $\displaystyle\int_2^1 4x^3\, dx = \left[x^4\right]_2^1 = 1^4 - 2^4 = -15$

$$\text{또는 } \int_{2}^{1} 4x^3\,dx = -\int_{1}^{2} 4x^3\,dx = -\left[x^4\right]_{1}^{2} = -(2^4 - 1^4) = -15$$

(2) $\displaystyle\int_{-2}^{1}(x^2+3x)\,dx = \int_{-2}^{1}x^2\,dx + 3\int_{-2}^{1}x\,dx = \left[\frac{1}{3}x^3\right]_{-2}^{1} + 3\left[\frac{1}{2}x^2\right]_{-2}^{1} = \left(\frac{1}{3}+\frac{8}{3}\right) + 3\left(\frac{1}{2}-2\right)$

$\displaystyle = -\frac{3}{2}$

(3) $\displaystyle\int_{1}^{2}(x^2-5x)\,dx + \int_{2}^{3}(x^2-5x)\,dx = \int_{1}^{3}(x^2-5x)\,dx = \left[\frac{1}{3}x^3 - \frac{5}{2}x^2\right]_{1}^{3} = \left(9-\frac{45}{2}\right) + \left(\frac{1}{3}-\frac{5}{2}\right)$

$\displaystyle = -\frac{34}{3}$

(4) $\displaystyle\int_{-1}^{1}(x^5-x^4+x^3-x^2+x-1)\,dx = \int_{-1}^{1}(-x^4-x^2-1)\,dx + \int_{-1}^{1}(x^5+x^3+x)\,dx$

$\displaystyle = 2\int_{0}^{1}(-x^4-x^2-1)\,dx + 0 = 2\left[-\frac{1}{5}x^5 - \frac{1}{3}x^3 - x\right]_{0}^{1} = 2\left(-\frac{1}{5}-\frac{1}{3}-1\right) = -\frac{46}{15}$

(5) $\displaystyle\int_{2}^{3}(x^2-5x+6)\,dx = \int_{2}^{3}(x-2)(x-3)\,dx = -\frac{1}{6}(3-2)^3 = -\frac{1}{6}$

③ 치환 적분법과 부분 적분법

1) 치환 적분법

함수 $x = g(t)$가 구간 $[\alpha,\,\beta]$에서 증가(또는 감소)하고 미분 가능할 때,
$a = g(\alpha),\; b = g(\beta)$ 이면

$$\int_{a}^{b} f(x)\,dx = \int_{\alpha}^{\beta} f(g(t))\,g'(t)\,dt$$

2) 부분 적분법

$$\int_{a}^{b} f'(x)\,g(x)\,dx = \left[f(x)\,g(x)\right]_{a}^{b} - \int_{a}^{b} f(x)\,g'(x)\,dx$$

【예제 9】

다음 정적분을 구하라.

(1) $\displaystyle\int_{1}^{2} x\,e^{x^2}\,dx$

(2) $\displaystyle\int_{0}^{1} x\,\sqrt{1-x^2}\,dx$

(3) $\displaystyle\int_{0}^{\frac{\pi}{2}}(1-\cos^2 x)\sin x\,dx$

(4) $\displaystyle\int_{0}^{\ln 3} x\,e^x\,dx$

(5) $\displaystyle\int_{1}^{4} x\ln x\,dx$

(6) $\displaystyle\int_{0}^{\frac{\pi}{2}} x\cos x\,dx$

풀이 (1) $x^2=t$ 로 놓으면 $2x\dfrac{dx}{dt}=1 \ \rightarrow \ dx=\dfrac{1}{2x}\,dt$

$x=1$ 일 때 $t=1$, $x=2$ 일 때 $t=4$ 이므로

$$\int_1^2 x\,e^{x^2}\,dx = \int_1^4 x\cdot e^t\cdot\frac{1}{2x}\,dt = \frac{1}{2}\int_1^4 e^t\,dt = \frac{1}{2}\big[e^t\big]_1^4 = \frac{1}{2}(e^4-e)$$

(2) $\sqrt{1-x^2}=t$ 로 놓으면 $1-x^2=t^2$, $x^2=1-t^2$, $2x\dfrac{dx}{dt}=-2t \ \rightarrow \ dx=-\dfrac{t}{x}\,dt$

$x=0$ 일 때 $t=1$, $x=1$ 일 때 $t=0$ 이므로

$$\int_0^1 x\,\sqrt{1-x^2}\,dx = \int_1^0 x\cdot t\cdot\left(-\frac{t}{x}\right)dt = -\int_1^0 t^2\,dt = \int_0^1 t^2\,dt = \left[\frac{1}{3}t^3\right]_0^1 = \frac{1}{3}$$

(3) $\cos x=t$ 로 놓으면 $-\sin x\dfrac{dx}{dt}=1 \ \rightarrow \ dx=-\dfrac{1}{\sin x}\,dt$

$x=0$ 일 때 $t=1$, $x=\dfrac{\pi}{2}$ 일 때 $t=0$ 이므로

$$\int_0^{\frac{\pi}{2}} (1-\cos^2 x)\sin x\,dx = \int_1^0 (1-t^2)\sin x\cdot\left(-\frac{1}{\sin x}\right)dt = \int_0^1 (1-t^2)\,dt = \left[t-\frac{1}{3}t^3\right]_0^1 = \frac{2}{3}$$

(4) $f'(x)=e^x$, $g(x)=x$ 로 놓으면 $f(x)=e^x$, $g'(x)=1$

$$\int_0^{\ln 3} x\,e^x\,dx = \big[x\,e^x\big]_0^{\ln 3} - \int_0^{\ln 3} e^x\cdot 1\,dx = (\ln 3)\cdot e^{\ln 3} - \big[e^x\big]_0^{\ln 3} = 3\ln 3-(e^{\ln 3}-1) = 3\ln 3-2$$

$[\leftarrow e^{\ln 3}=3]$

(5) $f'(x)=x$, $g(x)=\ln x$ 로 놓으면 $f(x)=\dfrac{1}{2}x^2$, $g'(x)=\dfrac{1}{x}$

$$\int_1^4 x\ln x\,dx = \left[\frac{1}{2}x^2\cdot\ln x\right]_1^4 - \int_1^4 \frac{1}{2}x^2\cdot\frac{1}{x}\,dx = 8\ln 4 - \left[\frac{1}{4}x^2\right]_1^4 = 8\ln 4 - \frac{1}{4}(15) = 16\ln 2 - \frac{15}{4}$$

(6) $f'(x)=\cos x$, $g(x)=x$ 로 놓으면 $f(x)=\sin x$, $g'(x)=1$

$$\int_0^{\frac{\pi}{2}} x\cos x\,dx = \big[x\sin x\big]_0^{\frac{\pi}{2}} - \int_0^{\frac{\pi}{2}} \sin x\cdot 1\,dx = \frac{\pi}{2} + \big[\cos x\big]_0^{\frac{\pi}{2}} = \frac{\pi}{2}-1$$

3. 정적분의 응용

1 넓이와 부피

1) 넓이

- 곡선과 x 축 사이의 넓이

  함수 $f(x)$가 구간 $[a,\,b]$ 에서 연속일 때,
  곡선 $y=f(x)$와 x축 및 두 직선 $x=a$, $x=b$로
  둘러싸인 도형의 넓이 S는

  $$S = \int_a^b |f(x)|\,dx$$

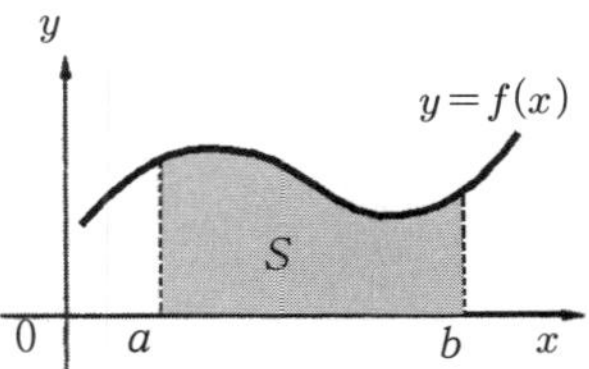

- 곡선과 y축 사이의 넓이

  구간 $[c, d]$에서 연속인 곡선 $x = f(y)$와
  y축 및 $y = c, y = d$로
  둘러싸인 도형의 넓이 S는

  $$S = \int_c^d |f(y)|\, dy$$

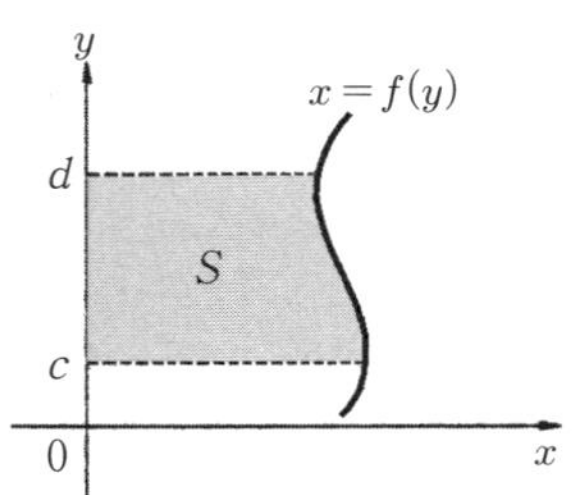

- 두 곡선 사이의 넓이

  두 곡선 $y = f(x)$와 $y = g(x)$ 및
  두 직선 $x = a, x = b\,(a < b)$로
  둘러싸인 도형의 넓이 S는

  $$S = \int_a^b |f(x) - g(x)|\, dx$$

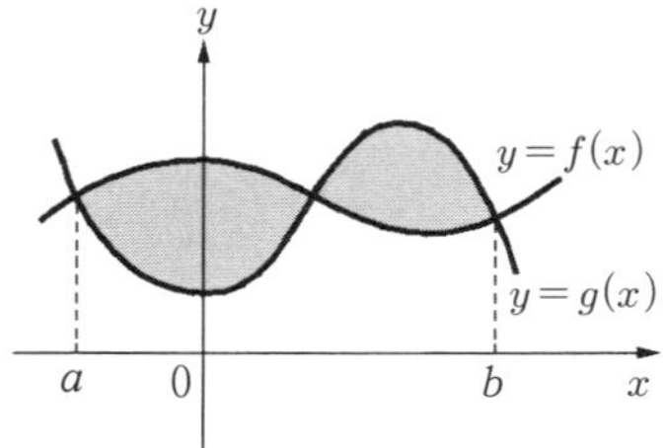

【예제 10】

다음 곡선과 x축으로 둘러싸인 도형의 넓이를 구하라.

(1) $y = x^2 - 4$ 　　　　　　　　　　(2) $y = x(x-1)(x-2)$

풀이 (1) 포물선 $y = x^2 - 4$와 x축과의 교점을 구하면

$$x^2 - 4 = 0 \rightarrow x = -2, +2$$

구간 $[-2, 2]$에서 $y \leq 0$이므로 도형의 넓이 S는

$$S = \int_{-2}^{2} (x^2 - 4)\, dx = -2 \int_0^2 (x^2 - 4)\, dx = -2 \left[\frac{1}{3} x^3 - 4x \right]_0^2$$

$$= -2 \left(\frac{1}{3} \cdot 8 - 4 \cdot 2 \right) = \frac{32}{3}$$

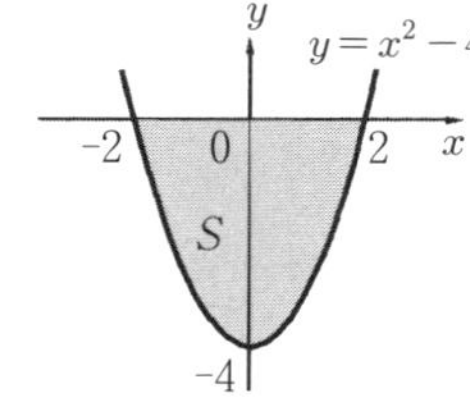

(2) 주어진 곡선 $y = x(x-1)(x-2)$과 x축과의 교점을 구하면

$$x(x-1)(x-2) = 0 \rightarrow x = 0, 1, 2$$

$\therefore\ 0 \leq x \leq 1$일 때 $y \geq 0$, $1 \leq x \leq 2$일 때 $y \leq 0$이므로
구하는 넓이 S는

$$S = \int_0^2 |x(x-1)(x-2)|\, dx = S_1 + S_2$$

$$= \int_0^1 x(x-1)(x-2)\, dx - \int_1^2 x(x-1)(x-2)\, dx$$

$$= \int_0^1 (x^3 - 3x^2 + 2x)\, dx - \int_1^2 (x^3 - 3x^2 + 2x)\, dx$$

$$= \left[\frac{1}{4} x^4 - x^3 + x^2 \right]_0^1 - \left[\frac{1}{4} x^4 - x^3 + x^2 \right]_1^2 = \frac{1}{2}$$

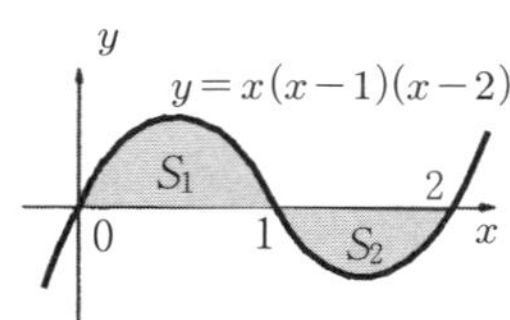

【예제 11】

곡선 $y=x^2-1$과 직선 $y=x+1$로 둘러싸인 도형의 넓이를 구하라.

풀이 곡선과 직선의 교점의 x좌표는

$x^2-1=x+1$에서 $x^2-x-2=0 \rightarrow x=-1,2$

구간 $[-1,2]$에서 직선이 곡선의 위쪽에 있으므로

구하는 넓이 S는

$$S=\int_{-1}^{2}\{(x+1)-(x^2-1)\}\,dx=\int_{-1}^{2}(-x^2+x+2)\,dx$$

$$=\left[-\frac{1}{3}x^3+\frac{1}{2}x^2+2x\right]_{-1}^{2}=\frac{9}{2}$$

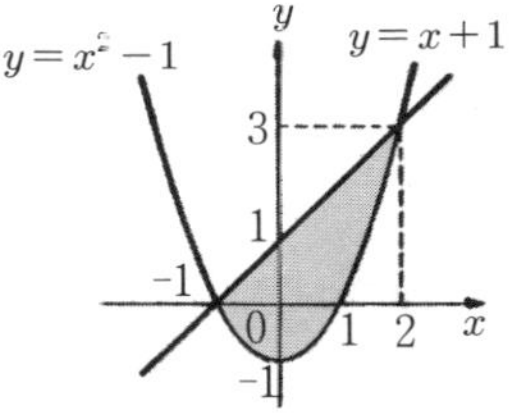

2) 부피

- **입체의 부피**

  구간 $[a,b]$의 임의의 점 x에서 x축에 수직인 평면으로 자른 단면의 넓이가 $S(x)$인 입체의 부피 V는

  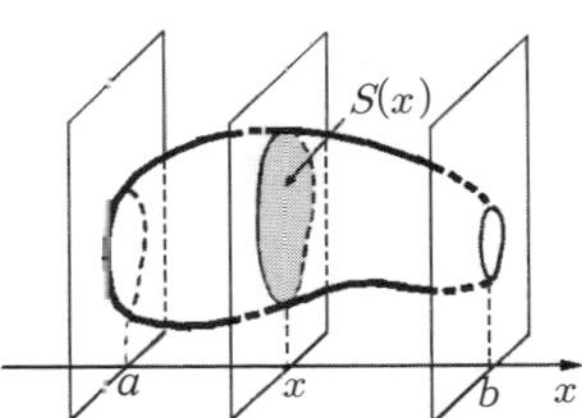

  $$V=\int_{a}^{b}S(x)\,dx$$

- **회전체의 부피**

  ① 곡선 $y=f(x)$와 x축 및 두 직선 $x=a$, $x=b\,(a<b)$로 둘러싸인 도형을 x축의 둘레로 회전시킬 때 생기는 회전체의 부피 V는

  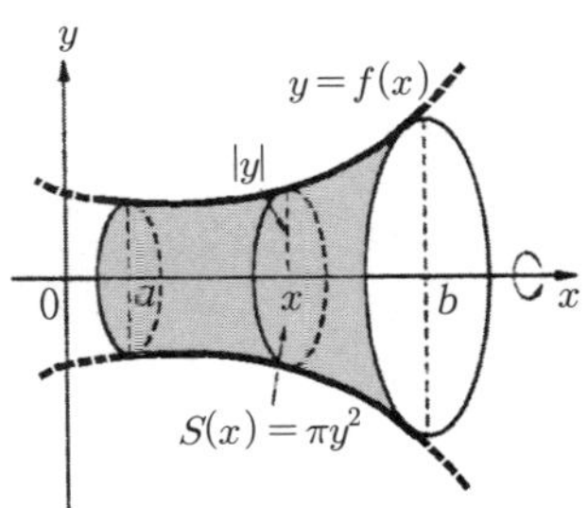

  $$V=\pi\int_{a}^{b}y^2\,dx=\pi\int_{a}^{b}\{f(x)\}^2\,dx$$

  ② 곡선 $x=g(y)$와 y축 및 두 직선 $y=c$, $y=d\,(c<d)$로 둘러싸인 도형을 y축의 둘레로 회전시킬 때 생기는 회전체의 부피 V는

  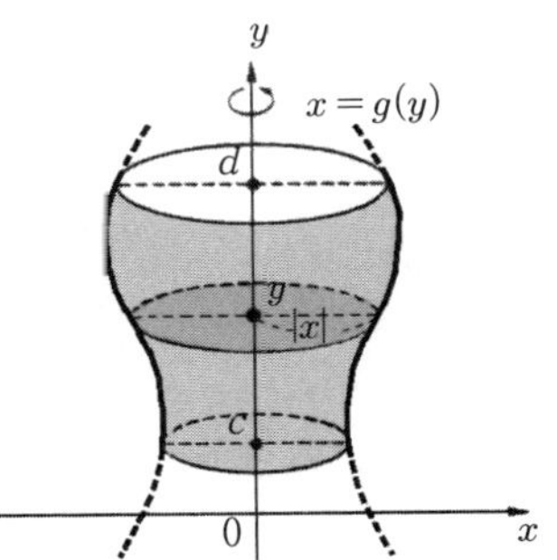

  $$V=\pi\int_{c}^{d}x^2\,dy=\pi\int_{c}^{d}\{g(y)\}^2\,dy$$

【예제 12】

밑면으로부터의 높이가 x 이고 밑면에 평행한 평면으로 자른 단면의 넓이가 $S(x) = 4x - x^2$ 일 때, 입체의 밑면으로부터 높이 5까지의 부피를 구하라.

풀이 $V = \int_0^5 (4x - x^2)\, dx = \left[2x^2 - \frac{1}{3} x^3 \right]_0^5 = \frac{25}{3}$

【예제 13】

곡선 $y = x^2$ 과 x 축 및 직선 $x = 2$ 로 둘러싸인 도형을 x 축의 둘레로 회전시킬 때 생기는 회전체의 부피를 구하라.

풀이 $V = \pi \int_a^b y^2\, dx = \pi \int_0^2 (x^2)^2\, dx = \pi \left[\frac{1}{5} x^5 \right]_0^2 = \frac{32}{5} \pi$

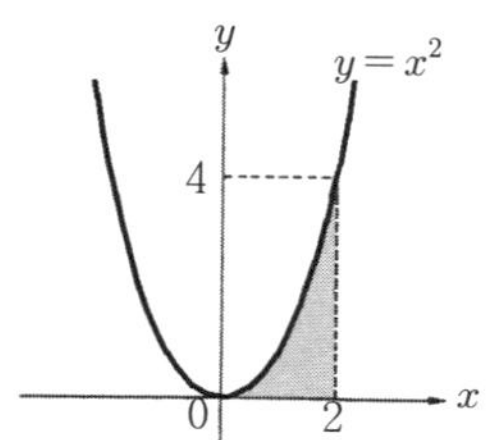

【예제 14】

타원 $\dfrac{x^2}{9} + \dfrac{y^2}{4} = 1$ 을 x 축을 회전축으로 하여 회전시켰을 때 생기는 회전체의 부피를 구하라.

풀이 $\dfrac{x^2}{9} + \dfrac{y^2}{4} = 1$, $4x^2 + 9y^2 = 36$, $9y^2 = 36 - 4x^2$ $\to$ $y^2 = \dfrac{1}{9}(36 - 4x^2)$

· x 축과의 교점은 $\dfrac{1}{9}(36 - 4x^2) = 0$ $\to$ $x = -3,\ 3$

$\therefore\ V = \pi \int_a^b y^2\, dx = \pi \int_{-3}^3 \dfrac{1}{9}(36 - 4x^2)\, dx = 2\pi \int_0^3 \dfrac{1}{9}(36 - 4x^2)\, dx$

$= 2\pi \left[\dfrac{1}{9}\left(36x - \dfrac{4}{3} x^3 \right) \right]_0^3 dx = 16\pi$

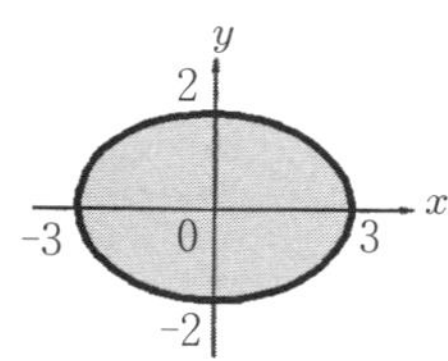

② 속도와 거리

1) 점의 위치

직선 위를 움직이는 점 P 의 시각 $t = a$ 에서의 위치를 $S(a)$ 라 하고, 시각 t 에서의 점 P 의 속도를 $v(t)$ 라고 하면, 시각 t 에서의 위치 $S(t)$ 는

$$S(t) = \int_a^t v(t)\,dt + S(a)$$

2) 실제로 움직인 거리(경과 거리)

직선 위를 움직이는 점 P의 시각 t에서의
속도를 $v(t)$라고 할 때,
시각 $t=a$에서 $t=b$까지 점 P가
실제로 움직인 거리 S는

$$S = \int_a^b |v(t)|\,dt$$

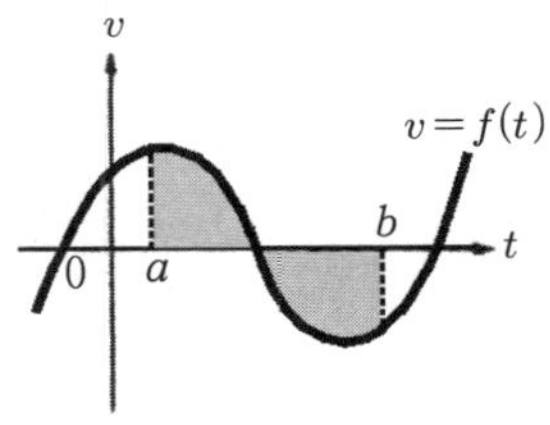

【예제 15】

원점을 출발하여 수직선 위를 움직이는 점 P의 시각 t에서의 속도
$v(t)$가 $v(t) = 2t - t^2$일 때, 다음을 구하라.

(1) 점 P의 $t=1$에서의 위치

(2) 점 P가 $t=3$까지 실제로 움직인 거리

풀이 (1) 점 P가 원점에서 출발하였으므로 $t=0$이면 $S(0)=0$

$\therefore$ $t=1$에서의 위치 $S(1)$은

$$S(1) = \int_0^1 v(t)\,dt + S(0) = \int_0^1 (2t - t^2)\,dt = \left[t^2 - \frac{1}{3}t^3 \right]_0^1 = \frac{2}{3}$$

(2) $v(t) = 2t - t^2 = t(2-t)$에서

$0 \leq t \leq 2$이면 $v(t) \geq 0$, $2 \leq t \leq 3$이면 $v(t) \leq 0$이므로

$\therefore$ 구하는 거리 S는

$$S = \int_a^b |v(t)|\,dt = \int_0^3 |2t - t^2|\,dt = \int_0^2 (2t - t^2)\,dt - \int_2^3 (2t - t^2)\,dt$$

$$= \left[t^2 - \frac{1}{3}t^3 \right]_0^2 - \left[t^2 - \frac{1}{3}t^3 \right]_2^3 = \frac{8}{3}$$

연습문제

1. 다음 부정적분을 구하라.

(1) $\displaystyle\int dx$

(2) $\displaystyle\int 3x^2\sqrt{x}\,dx$

(3) $\displaystyle\int \left(x+\frac{1}{x^2}\right)^2 dx$

(4) $\displaystyle\int (\tan x+3)\cos x\,dx$

(5) $\displaystyle\int (\tan x+\cot x)^2\,dx$

(6) $\displaystyle\int 10^{x+2}\,dx$

(7) $\displaystyle\int \frac{e^{2x}-4^x}{e^x+2^x}\,dx$

(8) $\displaystyle\int \sin(5x-2)\,dx$

(9) $\displaystyle\int (e^x+2)^2 e^x\,dx$

(10) $\displaystyle\int \frac{1}{x\ln x}\,dx$

(11) $\displaystyle\int (e^x-e^{-x})^2\,dx$

(12) $\displaystyle\int x\cos x\,dx$

(13) $\displaystyle\int x^2\ln x\,dx$

(14) $\displaystyle\int (\ln x)^2\,dx$

☞ (1) $\displaystyle\int 1dx$　(2) $\sqrt{x}=x^{\frac{1}{2}}$

(3) $\displaystyle\int \frac{1}{x}\,dx=\ln|x|+c$

(4) $\tan x=\dfrac{\sin x}{\cos x}$

(5) $\tan^2 x=\sec^2 x-1$

(6) $\displaystyle\int a^{x+k}\,dx=\frac{a^{x+k}}{\ln a}+c$

(7) $\displaystyle\int a^x\,dx=\frac{a^x}{\ln a}+c$

(8) $5x-2=t$

(9) $2x+1=t$　(10) $\ln x=t$

(11) $\displaystyle\int f(ax+b)\,dx$

$\qquad =\dfrac{1}{a}F(ax+b)+c$

(12) $f'(x)=\cos x,\,g(x)=x$

(13) $f'(x)=x^2,\,g(x)=\ln x$

(14) 부분적분법을 두번 적용

---

2. 다음 부정적분을 구하라.

(1) $\displaystyle\int \frac{(x-1)^2}{x^2}\,dx$

(2) $\displaystyle\int \frac{x}{x+3}\,dx$

(3) $\displaystyle\int \frac{x^3}{x-1}\,dx-\int \frac{1}{x-1}\,dx$

(4) $\displaystyle\int \frac{x^2+1}{x+1}\,dx$

(5) $\displaystyle\int \frac{x-1}{x^2-2x+2}\,dx$

(6) $\displaystyle\int \frac{1}{x^2-4}\,dx$

(7) $\displaystyle\int \frac{\sqrt{x}+\sqrt[3]{x}-1}{x}\,dx$

(8) $\displaystyle\int \sqrt{2x+3}\,dx$

(9) $\displaystyle\int \frac{3x-1}{\sqrt{x+1}}\,dx$

(10) $\displaystyle\int \frac{1}{\sqrt{x+2}+\sqrt{x}}\,dx$

(11) $\displaystyle\int \sin^3 x\,dx$

(12) $\displaystyle\int \sin 3x\,\sin 5x\,dx$

(13) $\displaystyle\int \tan x\,dx$

(14) $\displaystyle\int \frac{1}{1+\sin x}\,dx$

☞ (1) $(x-1)^2=x^2-2x+1$

(2) 분모의 차수=분자의 차수

(3) $x^3-1=(x-1)(x^2+x+1)$

(4) $x^2-1=(x+1)(x-1)$

(5) $\ln|f(x)|+c$

(6) $\dfrac{1}{AB}=\dfrac{1}{B-A}\left(\dfrac{1}{A}-\dfrac{1}{B}\right)$

(7) $\sqrt[3]{x}=x^{\frac{1}{3}}$

(8) $2x+3=t$ 로 놓는다.

(9) $\sqrt{x+1}=t$ 로 놓는다.

(10) 분모를 유리화한다.

(11) $\sin^3 x=\sin^2 x\,\sin x$

$\qquad =(1-\cos^2 x)\,\sin x$

(12) $\sin\alpha\,\sin\beta$

$\qquad =-\dfrac{1}{2}\{\cos(\alpha+\beta)$

$\qquad\quad -\cos(\alpha-\beta)\}$

(13) $\displaystyle\int \tan x\,dx$

(14) $\tan\dfrac{x}{2}=t,$

$\qquad \sin x=\dfrac{2t}{1+t^2}$

$\qquad dx=\dfrac{2}{1+t^2}\,dt$

3. 다음 정적분을 구하라.

(1) $\displaystyle\int_0^{\frac{\pi}{3}} \sin x \, dx$

(2) $\displaystyle\int_1^2 \frac{3x+2x^3}{x^2} \, dx$

(3) $\displaystyle\int_{-1}^2 (2x-x^3)\,dx - \int_3^2 (2x-x^3)\,dx$

(4) $\displaystyle\int_{-2}^2 (5x^4-6x^3+2x+1)\,dx$

(5) $\displaystyle\int_1^2 (3x^2-9x+6)\,dx$

(6) $\displaystyle\int_{-1}^2 \frac{x}{\sqrt{3-x}}\,dx$

(7) $\displaystyle\int_1^e \frac{(\ln x)^2}{x}\,dx$

(8) $\displaystyle\int_0^{\frac{\pi}{2}} \frac{\cos x}{1+\sin x}\,dx$

(9) $\displaystyle\int_0^e x\,e^{-x}\,dx$

(10) $\displaystyle\int_1^e (\ln x)^2\,dx$

(11) $\displaystyle\int_0^{\frac{\pi}{4}} x\cos 2x\,dx$

☞ (1) $F(b)-F(a)$

(2) $\displaystyle\int_a^b k\,f(x)\,dx$
$\quad = k\displaystyle\int_a^b f(x)\,dx$

(3) $\displaystyle\int_a^b f(x)\,dx$
$\quad = -\displaystyle\int_b^a f(x)\,dx$

(4) $x^4 \cdot$ 상수 : 우함수,
$\quad x^3 \cdot x$: 기함수

(5) $\displaystyle\int_\alpha^\beta a(x-\alpha)(x-\beta)\,dx$
$\quad = -\dfrac{a}{6}(\beta-\alpha)^3$

(6) $3-x=t$ 로 치환

(7) $\ln x=t$ 로 치환

(8) $1+\sin x=t$

(9) $f'(x)=e^{-x}, g(x)=x$

(10) $f'(x)=1, g(x)=(\ln x)^2$

(11) $f'(x)=\cos 2x, g(x)=x$

4. 다음 곡선과 x축으로 둘러싸인 도형의 넓이를 구하라.

(1) $y=-x^2+2x$

(2) $y=x(x-1)(x+2)$

☞ (1) $y=-x^2+2x$의 그래프를 그리고, x축과의 교점의 좌표를 구한다.

(2) $\displaystyle\int_{-2}^1 |x(x-1)(x+2)|\,dx$

5. 밑면으로부터의 높이가 x인 밑면에 평행한 평면으로 자른 단면이 한 변의 길이가 x^2인 정사각형으로 된 입체의 밑면으로부터 높이 9까지의 부피를 구하라.

☞ $S = \displaystyle\int_0^9 (x^2)^2 \, dx$

6. 직선 $y = x + 1$과 y축 및 두 직선 $y = 2$, $y = 4$로 둘러싸인 도형을 y축의 둘레로 회전시킬 때 생기는 회전체의 부피를 구하라.

☞ $V = \pi \displaystyle\int_c^d x^2 \, dy$
$= \pi \displaystyle\int_c^d \{g(y)\}^2 \, dy$

7. x축 위를 움직이는 물체 P가 있다. 원점을 출발한 순간부터 t초 후의 속도 $v(t)$가 $v(t) = t^2 - 9t + 6$일 때, 다음을 구하라.
(1) 3초 후의 P의 위치
(2) P가 1초에서 3초까지 실제로 움직인 거리

☞ (1) $t = a$에서의 위치 : $S(a)$
$= \displaystyle\int_0^a v(t) \, dt + S(0)$
(2) $t = a$에서 $t = b$까지 실제로 움직인 거리 :
$S = \displaystyle\int_a^b |v(t)| \, dt$

부록

1. 수학의 기호 및 용어

기 호	용 어	설 명
$\sqrt{}$	근호	'제곱근의 기호'를 줄인 것으로 '루트(Root)'라고 읽음
i	허수	$i^2 = -1 \rightarrow i = \sqrt{-1}$
π	원주율	지름의 길이에 대한 원둘레의 길이의 비율, 3.141592…
e	자연로그 밑으로 사용되는 기호	$e = \lim_{n \to \infty} \left(1 + \dfrac{1}{n}\right)^n$, 2.718281…
log	로그	$a^x = y$ 일 때 x 를 a 를 밑으로 하는 y 의 로그 $\rightarrow x = \log_a y$
ln	자연로그	e 를 밑으로 하는 로그
%	백분율	퍼센트(percent), 3할2푼5리=32.5% [‰ : 천분율(Permille)]
=	등호	= : 같다, ≠ : 같지 않다, ≒ : 거의 같다, ≈ : 근사적으로 같다
<, >	부등호	<, > : …보다 작다(크다) ≤, ≧ : …보다 작거나(크거나) 같다 ≪, ≫ : …보다 훨씬 작다(크다)
||	절대값 행렬식	$\|2\| = \pm 2$ $A = \begin{pmatrix} 1 & 2 \\ 3 & 4 \end{pmatrix} \rightarrow \|A\| = \begin{vmatrix} 1 & 2 \\ 3 & 4 \end{vmatrix}$, $\det(A)$
()	소괄호	항을 묶기 위한 기호, 개구간, 순서쌍
{}	중괄호	항을 묶기 위한 기호, 집합
[]	대괄호	항을 묶기 위한 기호, 폐구간
:	비	어떤 양이 다른 양의 몇 배에 해당하는가를 나타낼 때, 비(比)를 나타내는 기호
x	미지수	방정식이나 부등식에서 미지수를 나타내는 기호
a^n	거듭제곱(冪, 멱)	a^2 : a 의 제곱, a^3 : a 의 세제곱
Σ	수열 또는 급수의 합	$\displaystyle\sum_{k=1}^{n} a_k$: 수열 $\{a_n\}$ 의 첫째 항부터 제 n 항까지의 합 '시그마(Sigma)'라고 읽음
!	계승	$n!$: n 의 계승(1부터 n 까지의 연속된 n 개의 자연수의 곱) '팩토리얼(Factorral)'이라고 읽음
∞	무한대	
$f(x)$	함수	x 를 독립변수로 하는 함수
$f^{-1}(x)$	역함수	$y = f(x)$ 일 때 $x = g(y)$ 를 얻었다면 x 와 y 를 교환
$f'(x), f''(x), \cdots$	도함수	'함수에서 유도된 함수'라는 의미, $= y', y'', \cdots, \dfrac{dy}{dx}, \dfrac{d^2y}{dx^2}, \cdots$
$\dfrac{\partial f}{\partial x}, \dfrac{\partial^2 f}{\partial^2 x}$	편미분	$z = f(x, y)$ 에서 y 를 상수로 보고 z 를 x 만의 함수로 생각하여 x 로 미분하는 것
dx	미적분에서 사용되는 기호	매우 인접해 있는 x 사이의 (무한히 작은) 차

기 호	용 어	설 명
Δx	x 의 증분	x 의 증분을 나타내는 기호
$\lim$	수열 또는 급수의 극한(값)	$\displaystyle\lim_{n \to \infty} a_n$: 무한수열 $\{a_n\}$의 극한값. '리미트(Limit)'라고 읽음
$\int$	적분	$\displaystyle\int f(x)\,dx$: 함수 $f(x)$의 부정적분, $\displaystyle\int_a^b f(x)\,dx$: 함수 $f(x)$의 정적분 '인테그랄(Integral)'이라고 읽음
sin, cos, tan cosec, sec, cot	삼각함수	삼각형에서 세 변 사이의 비 '사인, 코사인, 탄젠트, 코시컨트, 시컨트, 코탄젠트'의 약자
$\sin^{-1},\ \cos^{-1}$ $\tan^{-1}$ $\mathrm{cosec}^{-1},\ \sec^{-1}$ $\cot^{-1}$	역삼각함수	$y = \sin\theta \rightarrow \theta = \sin^{-1} y,\ \cdots$ '아크 사인, 아크 코사인, 아크 탄젠트, 아크 코시컨트, 아크 시컨트, 아크 코탄젠트'라고 읽음
°, rad	각의 크기	°(도) : 육십분법에서 각의 크기, rad(라디안) : 호도법에서 각의 크기
$\vec{a}$	벡터	크기와 방향을 갖는 양
A^T	전치 행렬	행과 열을 바꾼 행렬
A^{-1}	역행렬	$AX = XA = E$일 때의 행렬 X
$\angle$	각	$\angle$AOB : 점 O에서 두 반직선 OA와 OB로 이루어진 각
$\triangle$	삼각형	$\triangle$ABC : 삼각형 ABC, $\square$ABCD : 사각형 ABCD
$\overline{AB}$	선분 AB	선분을 의미하는 동시에 선분 AB의 길이를 의미($\overleftrightarrow{AB}$: 직선 AB)
$\overgroup{AB}$	호 AB	호를 의미하는 동시에 호 AB의 길이를 의미
$A, B, C \cdots$	꼭지점	꼭지점을 나타낼 때 : 대문자 $A, B, C \cdots$
$a, b, c \cdots$	변	변을 나타낼 때 : 소문자 $a, b, c \cdots$
$\alpha, \beta, \gamma \cdots$	평면	평면을 나타낼 때 : 그리스어 알파벳의 소문자 $\alpha, \beta, \gamma \cdots$
$/\!/$	평행	$l \,/\!/\, m$: 두 직선 l, m이 평행한 것
$\perp$	수직	$l \perp m$: 두 직선 l, m이 수직인 것
∞	닮음	$\triangle$ABC ∞ $\triangle$DEF : 삼각형 ABC와 삼각형 DEF가 닮은 것
$\equiv$	합동	$\triangle$ABC $\equiv$ $\triangle$DEF : 삼각형 ABC와 삼각형 DEF가 합동인 것
$\in$	집합의 원소	$a \in A$: a가 집합 A에 속한다. $a \notin A$: a가 집합 A에 속하지 않는다.
$\supset, \subset$	부분 집합	$A \subset B$: 집합 A가 집합 B의 부분집합이다. $A \not\subset B$: 집합 A가 집합 B의 부분집합이 아니다.
$\therefore, \because$		그러므로, 왜냐하면

기 호	용 어	설 명	
문자의 사용		p : point 점 l : line, length 직선, 길이 V : Volume 부피 d : diameter 지름, distance 거리 g : gram 그램 a : are 아르	O : Origin 원점 S : Surface area 넓이 r : radius 반지름 m : meter 미터 L : Liter 리터

2. 그리스문자

대문자	소문자	이 름	읽는 법	사용 예
A	α	alpha	알 파	선팽창계수, 가속도
B	β	beta	베 타	가로변형도, 각종 계수
Γ	γ	gamma	감 마	전단 변형도, 복근비, 단위중량
Δ	δ	delta	델 타	처짐, 변위, 증분
E	ϵ	epsilon	엡시론	변형률, 세로변형도
Z	ζ	zeta	제 타	각종 계수
H	η	eta	이 타	효율
Θ	θ	theta	쎄 타	각도, 처짐각
I	ι	iota	이오타	
K	κ	kappa	카 파	곡률
Λ	λ	lambda	람 다	세장비, 장기 처짐계수, 변장비
M	μ	mu	뮤 우	마찰계수
N	ν	nu	뉴 우	프와송비, 각종 계수
Ξ	ξ	xi	크사이	
O	o	omicron	오미크론	
Π	π	pi	파 이	원주율
P	ρ	rho	로 오	밀도, 반경, 반지름
Σ	σ	sigma	시그마	응력도, 표준편차, 강도
T	τ	tau	타 우	전단 응력도, 전단강도
Y	υ	upsilon	웁실론	
Φ	ϕ	phi	파 이	강도감소계수, 원형철근의 지름, 각속도
X	χ	chi	카 이	
Ψ	ψ	psi	프사이	부재각, 크리프 계수
Ω	ω	omega	오메가	등분포하중, 각속도

3. 수에 관한 접두어

수	이 름	기호	수	이 름	기호
10^{12}	테라(tera)	T	10^{-1}	데시(deci)	d
10^9	기가(giga)	G	10^{-2}	센티(centi)	c
10^6	메가(mega)	M	10^{-3}	밀리(milli)	m
10^5	헥토킬로(hectokilo)	hk	10^{-4}	데시밀리(decimilli)	dm
10^4	미리아(myria)	ma	10^{-5}	센티밀리(centimilli)	cm
10^3	킬로(kilo)	k	10^{-6}	마이크로(micro)	μ
10^2	헥토(hecto)	h	10^{-9}	나노(nano)	n
10	데카(deca)	da	10^{-12}	피코(pico)	p
1	모노(mono)				

4. 단위표

	미터법	야드 파운드법	척관법
길이	1 옹스트롱(Å)=10^{-10} m 1 미크론(μ)=10^{-6} m 1 밀리미터(mm)=10^{-3} m 1 센티미터(cm)=10^{-2} m 1 미터(m)=3.28ft 1 킬로미터(km)=10^3 m	1 인치(in)=1/12ft 1 피트(ft)=0.3048m 1 야드(yd)=3ft 1 마일(mil)=1,760yd 1 해리 영=6,080ft 　　　미=6,086ft	1 리=0.1푼 1 푼=0.1치 1 치=0.1자 1 자=0.303m 1 간=6자 1 정=60간 1 리=36정
넓이	1 제곱미터(m²)=1m² 1 아르(a)=100m² 1 헥타르(ha)=100a	1 제곱야드=0.83613m² 1 에이커(acr)=40.468a 　　　=4,840제곱야드	1 홉=0.1평 1 평=3.30579m² 1 묘=30평
부피	1 세제곱센티미터=1cc 1 리터(l)=1,000cc 　　　=0.26418gal	1 쿼터(qt)=1/4gal 1 갤런(gal) 영=4.545 l 　　　미=3.785 l	1 작=0.1홉 1 홉=0.1되 1 되=1.804l 1 말=10되 1 섬=10말
질량	1 밀리그램(mg)=10^{-3} g 1 그램(g)=10^{-3} kg 1 킬로그램(kg)=2.2lb 1 톤(t)=1,000kg	1 그레인(gr)=1/7,000lb 1 온스(oz)=1/16lb 1 파운드(lb)=0.4536kg 1 톤(t) 영=2,240lb 　　　미=2,000lb	1 돈=10푼 1 냥=10돈 1 근=16냥=600g 1 관=3.75kg

5. 상용로그표

수	0	1	2	3	4	5	6	7	8	9	비례부분								
											1	2	3	4	5	6	7	8	9
1.0	.0000	.0043	.0086	.0128	.0170	.0212	.0253	.0294	.0334	.0374	4	8	12	17	21	25	29	33	37
1.1	.0414	.0453	.0492	.0531	.0569	.0607	.0645	.0682	.0719	.0755	4	8	11	15	19	23	26	30	34
1.2	.0792	.0828	.0864	.0899	.0934	.0969	.1004	.1038	.1072	.1106	3	7	10	14	17	21	24	28	31
1.3	.1139	.1173	.1206	.1239	.1271	.1303	.1335	.1367	.1399	.1430	3	6	10	13	16	19	23	26	29
1.4	.1461	.1492	.1523	.1553	.1584	.1614	.1644	.1673	.1703	.1732	3	6	9	12	15	18	21	24	27
1.5	.1761	.1790	.1818	.1847	.1875	.1903	.1931	.1959	.1987	.2014	3	6	8	11	14	17	20	22	25
1.6	.2014	.2068	.2095	.2122	.2148	.2175	.2201	.2227	.2253	.2279	3	5	8	11	13	16	18	21	24
1.7	.2304	.2330	.2355	.2380	.2405	.2430	.2455	.2480	.2504	.2529	2	5	7	10	12	15	17	20	22
1.8	.2553	.2577	.2601	.2625	.2648	.2672	.2695	.2718	.2742	.2765	2	5	7	9	12	14	16	19	21
1.9	.2788	.2810	.2833	.2856	.2878	.2900	.2923	.2945	.2967	.2989	2	4	7	9	11	13	16	18	20
2.0	.3010	.3032	.3054	.3075	.3096	.3118	.3139	.3160	.3181	.3201	2	4	6	8	11	13	15	17	19
2.1	.3222	.3243	.3263	.3284	.3304	.3324	.3345	.3365	.3385	.3404	2	4	6	8	10	12	14	16	18
2.2	.3424	.3444	.3464	.3483	.3502	.3522	.3541	.3560	.3579	.3598	2	4	6	8	10	12	14	15	17
2.3	.3617	.3636	.3655	.3674	.3692	.3711	.3729	.3747	.3766	.3784	2	4	6	7	9	11	13	15	17
2.4	.3802	.3820	.3838	.3856	.3874	.3892	.3909	.3927	.3945	.3962	2	4	5	7	9	11	12	14	16
2.5	.3979	.3997	.4014	.4031	.4048	.4065	.4082	.4099	.4116	.4133	2	3	5	7	9	10	12	14	15
2.6	.4150	.4166	.4183	.4200	.4216	.4232	.4249	.4265	.4281	.4298	2	3	5	7	8	10	11	13	15
2.7	.4314	.4330	.4346	.4362	.4378	.4393	.4409	.4425	.4440	.4456	2	3	5	6	8	9	11	13	14
2.8	.4472	.4487	.4502	.4518	.4533	.4548	.4564	.4579	.4594	.4609	2	3	5	6	8	9	11	12	14
2.9	.4624	.4639	.4654	.4669	.4683	.4698	.4713	.4728	.4742	.4757	1	3	4	6	7	9	10	12	13
3.0	.4771	.4786	.4800	.4814	.4829	.4843	.4857	.4871	.4886	.4900	1	3	4	6	7	9	10	11	13
3.1	.4914	.4928	.4942	.4955	.4969	.4983	.4997	.5011	.5024	.5038	1	3	4	6	7	8	10	11	12
3.2	.5051	.5065	.5079	.5092	.5105	.5119	.5132	.5145	.5159	.5172	1	3	4	5	7	8	9	11	12
3.3	.5185	.5198	.5211	.5224	.5237	.5250	.5263	.5276	.5289	.5302	1	3	4	5	6	8	9	10	12
3.4	.5315	.5328	.5340	.5353	.5366	.5378	.5391	.5403	.5416	.5428	1	3	4	5	6	8	9	10	11
3.5	.5441	.5453	.5465	.5478	.5490	.5502	.5514	.5527	.5539	.5551	1	2	4	5	6	7	9	10	11
3.6	.5563	.5575	.5587	.5599	.5611	.5623	.5635	.5647	.5658	.5670	1	2	4	5	6	7	8	10	11
3.7	.5682	.5694	.5705	.5717	.5729	.5740	.5752	.5763	.5775	.5786	1	2	3	5	6	7	8	9	10
3.8	.5798	.5809	.5821	.5832	.5843	.5855	.5866	.5877	.5888	.5899	1	2	3	5	6	7	8	9	10
3.9	.5911	.5922	.5933	.5944	.5955	.5966	.5977	.5988	.5999	.6010	1	2	3	4	5	7	8	9	10
4.0	.6021	.6031	.6042	.6053	.6064	.6075	.6085	.6096	.6107	.6117	1	2	3	4	5	7	8	9	10
4.1	.6128	.6138	.6149	.6160	.6170	.6180	.6191	.6201	.6212	.6222	1	2	3	4	5	6	7	8	9
4.2	.6232	.6243	.6253	.6263	.6274	.6284	.6294	.6304	.6314	.6325	1	2	3	4	5	6	7	8	9
4.3	.6335	.6345	.6355	.6365	.6375	.6385	.6395	.6405	.6415	.6425	1	2	3	4	5	6	7	8	9
4.4	.6435	.6444	.6454	.6464	.6474	.6484	.6493	.6503	.6513	.6522	1	2	3	4	5	6	7	8	9
4.5	.6532	.6542	.6551	.6561	.6571	.6580	.6590	.6599	.6609	.6618	1	2	3	4	5	6	7	8	9
4.6	.6628	.6637	.6646	.6656	.6665	.6675	.6684	.6693	.6702	.6712	1	2	3	4	5	6	7	7	8
4.7	.6721	.6730	.6739	.6749	.6758	.6767	.6776	.6785	.6794	.6803	1	2	3	4	5	5	6	7	8
4.8	.6812	.6821	.6830	.6839	.6848	.6857	.6866	.6875	.6884	.6893	1	2	3	4	4	5	6	7	8
4.9	.6902	.6911	.6920	.6928	.6937	.6946	.6955	.6964	.6972	.6981	1	2	3	4	4	5	6	7	8
5.0	.6990	.6998	.7007	.7016	.7024	.7033	.7042	.7050	.7059	.7067	1	2	3	3	4	5	6	7	8
5.1	.7076	.7084	.7093	.7101	.7110	.7118	.7126	.7135	.7143	.7152	1	2	3	3	4	5	6	7	8
5.2	.7160	.7168	.7177	.7185	.7193	.7202	.7210	.7218	.7226	.7235	1	2	2	3	4	5	6	7	7
5.3	.7243	.7251	.7259	.7267	.7275	.7284	.7292	.7300	.7308	.7316	1	2	2	3	4	5	6	6	7

수	0	1	2	3	4	5	6	7	8	9	비례부분								
											1	2	3	4	5	6	7	8	9
5.4	.7324	.7332	.7340	.7348	.7356	.7364	.7372	.7380	.7388	.7396	1	2	2	3	4	5	6	6	7
5.5	.7404	.7412	.7419	.7427	.7435	.7443	.7451	.7459	.7466	.7474	1	2	2	3	4	5	5	6	7
5.6	.7482	.7490	.7497	.7505	.7513	.7520	.7528	.7536	.7543	.7551	1	2	2	3	4	5	5	6	7
5.7	.7559	.7566	.7574	.7582	.7589	.7597	.7604	.7612	.7619	.7627	1	2	2	3	4	5	5	6	7
5.8	.7634	.7642	.7649	.7657	.7664	.7672	.7679	.7686	.7694	.7701	1	1	2	3	4	4	5	6	7
5.9	.7709	.7716	.7723	.7731	.7738	.7745	.7752	.7760	.7767	.7774	1	1	2	3	4	4	5	6	7
6.0	.7782	.7789	.7796	.7803	.7810	.7818	.7825	.7832	.7839	.7846	1	1	2	3	4	4	5	6	6
6.1	.7853	.7860	.7868	.7875	.7882	.7889	.7896	.7903	.7910	.7917	1	1	2	3	4	4	5	6	6
6.2	.7924	.7931	.7938	.7945	.7952	.7959	.7966	.7973	.7980	.7987	1	1	2	3	3	4	5	6	6
6.3	.7993	.8000	.8007	.8014	.8021	.8028	.8035	.8041	.8048	.8055	1	1	2	3	3	4	5	5	6
6.4	.8062	.8069	.8075	.8082	.8089	.8096	.8102	.8109	.8116	.8122	1	1	2	3	3	4	5	5	6
6.5	.8129	.8136	.8142	.8149	.8156	.8162	.8169	.8176	.8182	.8189	1	1	2	3	3	4	5	5	6
6.6	.8195	.8202	.8209	.8215	.8222	.8228	.8235	.8241	.8248	.8254	1	1	2	3	3	4	5	5	6
6.7	.8261	.8267	.8274	.8280	.8287	.8293	.8299	.8306	.8312	.8319	1	1	2	3	3	4	5	5	6
6.8	.8325	.8331	.8338	.8344	.8351	.8357	.8363	.8370	.8376	.8382	1	1	2	3	3	4	4	5	6
6.9	.8388	.8395	.8401	.8407	.8414	.8420	.8426	.8432	.8439	.8445	1	1	2	2	3	4	4	5	6
7.0	.8451	.8457	.8463	.8470	.8476	.8482	.8488	.8494	.8500	.8506	1	1	2	2	3	4	4	5	6
7.1	.8513	.8519	.8525	.8531	.8537	.8543	.8549	.8555	.8561	.8567	1	1	2	2	3	4	4	5	5
7.2	.8573	.8579	.8585	.8591	.8597	.8603	.8609	.8615	.8621	.8627	1	1	2	2	3	4	4	5	5
7.3	.8633	.8639	.8645	.8651	.8657	.8663	.8669	.8675	.8681	.8686	1	1	2	2	3	4	4	5	5
7.4	.8692	.8698	.8704	.8710	.8716	.8722	.8727	.8733	.8739	.8745	1	1	2	2	3	4	4	5	5
7.5	.8751	.8756	.8762	.8768	.8774	.8779	.8785	.8791	.8797	.8802	1	1	2	2	3	3	4	5	5
7.6	.8808	.8814	.8820	.8825	.8831	.8837	.8842	.8848	.8854	.8859	1	1	2	2	3	3	4	5	5
7.7	.8865	.8871	.8876	.8882	.8887	.8893	.8899	.8904	.8910	.8915	1	1	2	2	3	3	4	4	5
7.8	.8921	.8927	.8932	.8938	.8943	.8949	.8954	.8960	.8965	.8971	1	1	2	2	3	3	4	4	5
7.9	.8976	.8982	.8987	.8993	.8998	.9004	.9009	.9015	.9020	.9025	1	1	2	2	3	3	4	4	5
8.0	.9031	.9036	.9042	.9047	.9053	.9058	.9063	.9069	.9074	.9079	1	1	2	2	3	3	4	4	5
8.1	.9085	.9090	.9096	.9101	.9106	.9112	.9117	.9122	.9128	.9133	1	1	2	2	3	3	4	4	5
8.2	.9138	.9143	.9149	.9154	.9159	.9165	.9170	.9175	.9180	.9186	1	1	2	2	3	3	4	4	5
8.3	.9191	.9196	.9201	.9206	.9212	.9217	.9222	.9227	.9232	.9238	1	1	2	2	3	3	4	4	5
8.4	.9243	.9248	.9253	.9258	.9263	.9269	.9274	.9279	.9284	.9289	1	1	2	2	3	3	4	4	5
8.5	.9294	.9299	.9304	.9309	.9315	.9320	.9325	.9330	.9335	.9340	1	1	2	2	3	3	4	4	5
8.6	.9345	.9350	.9355	.9360	.9365	.9370	.9375	.9380	.9385	.9390	1	1	2	2	3	3	4	4	5
8.7	.9395	.9400	.9405	.9410	.9415	.9420	.9425	.9430	.9435	.9440	0	1	1	2	2	3	3	4	4
8.8	.9445	.9450	.9455	.9460	.9465	.9469	.9474	.9479	.9484	.9489	0	1	1	2	2	3	3	4	4
8.9	.9494	.9499	.9504	.9509	.9513	.9518	.9523	.9528	.9533	.9538	0	1	1	2	2	3	3	4	4
9.0	.9542	.9547	.9552	.9557	.9562	.9566	.9571	.9576	.9581	.9586	0	1	1	2	2	3	3	4	4
9.1	.9590	.9595	.9600	.9605	.9609	.9614	.9619	.9624	.9628	.9633	0	1	1	2	2	3	3	4	4
9.2	.9638	.9643	.9647	.9652	.9657	.9661	.9666	.9671	.9675	.9680	0	1	1	2	2	3	3	4	4
9.3	.9685	.9689	.9694	.9699	.9703	.9708	.9713	.9717	.9722	.9727	0	1	1	2	2	3	3	4	4
9.4	.9731	.9736	.9741	.9745	.9750	.9754	.9759	.9763	.9768	.9773	0	1	1	2	2	3	3	4	4
9.5	.9777	.9782	.9786	.9791	.9795	.9800	.9805	.9809	.9814	.9818	0	1	1	2	2	3	3	4	4
9.6	.9823	.9827	.9832	.9836	.9841	.9845	.9850	.9854	.9859	.9863	0	1	1	2	2	3	3	4	4
9.7	.9868	.9872	.9877	.9881	.9886	.9890	.9894	.9899	.9903	.9908	0	1	1	2	2	3	3	4	4
9.8	.9912	.9917	.9921	.9926	.9930	.9934	.9939	.9943	.9948	.9952	0	1	1	2	2	3	3	4	4
9.9	.9956	.9961	.9965	.9969	.9974	.9978	.9983	.9987	.9991	.9996	0	1	1	2	2	3	3	3	4

6. 삼각함수표

각	라디안	sin	cos	tan		각	라디안	sin	cos	tan
0°	0.0000	0.0000	1.0000	0.0000		46°	0.8029	0.7193	0.6947	1.0355
1°	0.0175	0.0175	0.9998	0.0175		47°	0.8203	0.7314	0.6820	1.0724
2°	0.0349	0.0349	0.9994	0.0349		48°	0.8378	0.7431	0.6691	1.1106
3°	0.0524	0.0523	0.9986	0.0524		49°	0.8552	0.7547	0.6561	1.1504
4°	0.0698	0.0628	0.9976	0.0699		50°	0.8727	0.7660	0.6428	1.1918
5°	0.0873	0.0872	0.9962	0.0875		51°	0.8901	0.7771	0.6293	1.2349
6°	0.1047	0.1045	0.9945	0.1051		52°	0.9076	0.7880	0.6157	1.2799
7°	0.1222	0.1219	0.9925	0.1228		53°	0.9250	0.7986	0.6018	1.3270
8°	0.1396	0.1392	0.9903	0.1405		54°	0.9425	0.8090	0.5878	1.3764
9°	0.1571	0.1564	0.9877	0.1584		55°	0.9599	0.8192	0.5736	1.4281
10°	0.1745	0.1736	0.9848	0.1763		56°	0.9774	0.8290	0.5592	1.4826
11°	0.1920	0.1908	0.9816	0.1944		57°	0.9948	0.8387	0.5446	1.5399
12°	0.2094	0.2079	0.9781	0.2126		58°	1.0123	0.8480	0.5299	1.6003
13°	0.2269	0.2250	0.9744	0.2309		59°	1.0297	0.8572	0.5150	1.6643
14°	0.2443	0.2419	0.9703	0.2493		60°	1.0472	0.8660	0.5000	1.7321
15°	0.2618	0.2588	0.9659	0.2679		61°	1.0647	0.8746	0.4848	1.8040
16°	0.2793	0.2756	0.9613	0.2867		62°	1.0821	0.8829	0.4695	1.8807
17°	0.2967	0.2924	0.9563	0.3057		63°	1.0996	0.8910	0.4540	1.9626
18°	0.3142	0.3090	0.9511	0.3249		64°	1.1170	0.8988	0.4384	2.0503
19°	0.3316	0.3256	0.9455	0.3443		65°	1.1345	0.9063	0.4226	2.1445
20°	0.3491	0.3420	0.9397	0.3640		66°	1.1519	0.9135	0.4067	2.2460
21°	0.3665	0.3584	0.9336	0.3839		67°	1.1694	0.9205	0.3907	2.3559
22°	0.3840	0.3746	0.9272	0.4040		68°	1.1869	0.9272	0.3746	2.4751
23°	0.4014	0.3907	0.9205	0.4245		69°	1.2043	0.9336	0.3584	2.6051
24°	0.4189	0.4067	0.9135	0.4452		70°	1.2217	0.9397	0.3420	2.7475
25°	0.4363	0.4226	0.9063	0.4663		71°	1.2392	0.9455	0.3256	2.9042
26°	0.4538	0.4384	0.8988	0.4877		72°	1.2566	0.9511	0.3090	3.0777
27°	0.4712	0.4540	0.8910	0.5095		73°	1.2741	0.9563	0.2924	3.2709
28°	0.4887	0.4695	0.8829	0.5317		74°	1.2915	0.9613	0.2756	3.4874
29°	0.5061	0.4848	0.8746	0.5543		75°	1.3090	0.9659	0.2588	3.7321
30°	0.5236	0.5000	0.8660	0.5774		76°	1.3265	0.9703	0.2419	4.0108
31°	0.5411	0.5150	0.8572	0.6009		77°	1.3439	0.9744	0.2250	4.3315
32°	0.5585	0.5299	0.8480	0.6249		78°	1.3614	0.9781	0.2079	4.7046
33°	0.5760	0.5446	0.8387	0.6494		79°	1.3788	0.9816	0.1908	5.1446
34°	0.5934	0.5592	0.8290	0.6745		80°	1.3963	0.9848	0.1736	5.6713
35°	0.6109	0.5736	0.8192	0.7002		81°	1.4137	0.9877	0.1564	6.3138
36°	0.6283	0.5878	0.8090	0.7265		82°	1.4312	0.9903	0.1392	7.1154
37°	0.6458	0.6018	0.7986	0.7536		83°	1.4486	0.9925	0.1219	8.1443
38°	0.6632	0.6157	0.7880	0.7813		84°	1.4661	0.9945	0.1045	9.5144
39°	0.6807	0.6293	0.7771	0.8098		85°	1.4835	0.9962	0.0872	11.4301
40°	0.6981	0.6428	0.7660	0.8391		86°	1.5010	0.9976	0.0698	14.3007
41°	0.7156	0.6561	0.7547	0.8693		87°	1.5184	0.9986	0.0523	19.0811
42°	0.7330	0.6691	0.7431	0.9004		88°	1.5359	0.9994	0.0349	28.6363
43°	0.7505	0.6820	0.7314	0.9325		89°	1.5533	0.9998	0.0175	57.2900
44°	0.7679	0.6947	0.7193	0.9657		90°	1.5708	1.0000	0.0000	∞
45°	0.7854	0.7071	0.7071	1.0000						

연 습 문 제 정 답

■ 1장

1. 【답】 $\dfrac{17}{4}$

2. 【답】 $1,040\text{m}^2$

3. 【답】 $-6x^6y^2$

4. 【답】 $2,\ -2$

5. 【답】 몫 : x^2+3x-9, 나머지 : 20

6. 【답】 (1) $(x+3y)^2$ (2) $(x^2+1)(x+1)(x-1)$ (3) $(x+2)(3x-1)$ (4) $(x+3)(x^2-3x+9)$

7. 【답】 최대 공약수 : $x(x+3)$, 최소 공배수 : $x^2(x+3)(x-2)(x-1)$

8. 【답】 (1) $\dfrac{-2}{(x-1)(x-2)}$ (2) $\dfrac{1}{(x+2)(x+3)}$

9. 【답】 (1) $\dfrac{x+1}{2x+1}$ (2) $\dfrac{(x-1)(x+2)}{x}$

10. 【답】 16분

11. 【답】 (1) $5-2\sqrt{6}$ (2) $-2x+1-2\sqrt{x^2-x}$

12. 【답】 (1) $\sqrt{7}-1$ (2) $3+\sqrt{2}$ (3) $\dfrac{\sqrt{14}-\sqrt{6}}{2}$

■ 2장

1. 【답】 $x=-5$

2. 【답】 (1) $x=-2$ 또는 $x=\dfrac{1}{2}$ (2) $x=-3\pm\sqrt{19}$

3. 【답】 $11-\sqrt{101}\,(\text{m})$

4. 【답】 $x=1$ 또는 $x=\dfrac{9\pm\sqrt{21}}{2}$

5. 【답】 (1) $x=1,\ y=0$ (2) $x=1,\ y=-1,\ z=-2$ (3) $\begin{cases} x=1 \\ y=3 \end{cases}$ 또는 $\begin{cases} x=3 \\ y=-1 \end{cases}$

6. 【답】 가로의 길이 6m, 세로의 길이 8m

7. 【답】 (1) $x=\dfrac{1}{2}$ 또는 $x=-\dfrac{1}{3}$ (2) $x=5$

8. 【답】 (1) $x\geqq-2$ (2) $x\leqq-4$ 또는 $x\geqq2$

9. 【답】 $-2<x\leqq7$

10. 【답】 (1) $\dfrac{3-\sqrt{5}}{2}\leqq x\leqq\dfrac{3+\sqrt{5}}{2}$ (2) $x>\dfrac{5}{4}$ 또는 $x<-\dfrac{2}{3}$

■ 3장

1. 【답】 $5\sqrt{2}$

2. 【답】 (1) $y=\dfrac{1}{2}x-4$　　(2) $y=-\dfrac{2}{3}x+\dfrac{1}{3}$　　(3) $y=-2x+5$

3. 【답】 $d=5$

4. 【답】 (1) $(x+3)^2+(y-1)^2=25$　　(2) $(x-3)^2+(y+2)^2=2$

5. 【답】 (1) $y^2=8x$　　(2) $\dfrac{x^2}{36}+\dfrac{y^2}{27}=1$　　(3) $\dfrac{x^2}{9}-\dfrac{y^2}{7}=1$

6. 【답】 $x=10$

7. 【답】 360m^2

8. 【답】 직각 이등변 삼각형

9. 【답】 $\overline{AB}=50\text{cm}$

10. 【답】 (1) 직사각형, 정사각형　　(2) 마름모, 정사각형

11. 【답】 $l=41.82\text{cm}, \ A=23.23\text{cm}^2$

12. 【답】 2배

13. 【답】 (1) 90cm^2　　(2) 770cm^2　　(3) 92.36cm^2　　(4) 19.72cm^2　　(5) 36cm^2

14. 【답】 (1) 50, 000　　(2) 17　　(3) 3,000,000　　(4) 24,000　　(5) 60

15. 【답】 2.076m^3

■ 4장

1. 【답】 $f^{-1}(x)=2x-6$

2. 【답】 기울기 : 1, y절편 : 4, $\theta=45°$

3. 【답】 본문 연습문제 참조

4. 【답】 (1) $x=1$일때 최소값은 2　　(2) $x=-2$일때 최대값 1

5. 【답】 본문 연습문제 참조

6. 【답】 (1) 1　　(2) $\dfrac{1}{25}$　　(3) 0.2　　(4) 2

7. 【답】 (1) $\dfrac{1}{2}$　　(2) $\dfrac{5}{4}$　　(3) 2　　(4) a^2

8. 【답】 본문 연습문제 참조

9. 【답】 (1) $\dfrac{4}{3}$　　(2) 1　　(3) $\dfrac{5}{4}\log_5 2$　　(4) $\dfrac{3}{4}$

10. 【답】 (1) 0.602　　(2) 2.778　　(3) 0.739　　(4) 0.631

11. 【답】 $x=8$

12. 【답】 10년 이후

■ 5장

1. 【답】 (1) $\dfrac{\pi}{3}$　　(2) $\dfrac{7}{6}\pi$　　(3) 45°　　(4) $-120°$

2. 【답】 호의 길이 : $l=\dfrac{\pi}{2}=1.57\text{cm}$, 호의 넓이 : $S=\dfrac{3}{4}\pi=2.36\text{cm}^2$

3. 【답】 지면에서 3.2m 높이, 건물벽에서 1.85m 되는 곳에 놓여 있다.

4. 【답】 $\sin\theta=-\dfrac{4}{5}$, $\tan\theta=-\dfrac{4}{3}$

5. 【답】 (1) $\dfrac{1}{2}$　(2) $\dfrac{1}{2}$　(3) $\dfrac{\sqrt{6}-\sqrt{2}}{4}$　(4) $\dfrac{\sqrt{6}-\sqrt{2}}{4}$

6. 【답】 $\sin 2a=-\dfrac{4\sqrt{2}}{9}$, $\cos 2a=-\dfrac{7}{9}$

7. 【답】 (1) $\dfrac{\sqrt{3}-1}{4}$　　(2) $\dfrac{\sqrt{2}}{2}$

8. 【답】 $x=60°$

9. 【답】 $c=10\sqrt{2}\,\text{m}$

10. 【답】 $T_1=\dfrac{\sqrt{3}}{2}t$, $T_2=\dfrac{1}{2}t$

11. 【답】 $a=\sqrt{13}\,\text{cm}$

12. 【답】 $S=\dfrac{\sqrt{3}}{4}a^2$

13. 【답】 $S=14\sqrt{3}+12\sqrt{14}\,\text{cm}^2$

■ 6장

1. 【답】 $\overrightarrow{AG}=\vec{a}+\vec{b}+\vec{c}$, $\overrightarrow{BH}=-\vec{a}+\vec{b}+\vec{c}$

2. 【답】 $\vec{a}+\vec{b}+\vec{c}=\dfrac{3}{2}\sqrt{2}$

3. 【답】 $\vec{a} \cdot \vec{b} = -9$

4. 【답】 $a = 82.1°$

5. 【답】 $\theta = 49.7°$(제2사분면)

6. 【답】 크기와 방향 : 25t($\downarrow$), 위치 : 8t에서부터 우측으로 5m

7. 【답】 $M_A = 47.32\text{t} \cdot \text{m}$

8. 【답】 $R_B = 3\text{t}(\uparrow)$

9. 【답】 $R_A = 1\text{t}(\uparrow)$

10. 【답】 (B)=-6t[압축]

■ 7장

1. 【답】 (1) $(1\ 4\ 2)$ (2) $\begin{pmatrix} 5 & 2 \\ 10 & 1 \\ -3 & 5 \end{pmatrix}$ (3) $\begin{pmatrix} 1 & 3 & 7 \\ 5 & 4 & 4 \\ 2 & 10 & 6 \end{pmatrix}$

2. 【답】 (1) $\begin{pmatrix} -2 & -4 \\ -4 & 2 \end{pmatrix}$ (2) $\begin{pmatrix} -12 & 9 \\ 21 & 9 \end{pmatrix}$ (3) $\begin{pmatrix} 3 & 6 \\ 6 & -3 \end{pmatrix}$

3. 【답】 $AB = \begin{pmatrix} 1 & 2 & 17 \\ 4 & -20 & -2 \\ -1 & 18 & 33 \end{pmatrix}$ [3×3 행렬]

4. 【답】 (1) $|A| = 1$ (2) $|B| = 9$

5. 【답】 (1) -4   (2) 0

6. 【답】 (1) $B^{-1} = \begin{pmatrix} \cos^2 & \sin\theta\cos\theta \\ -\sin\theta\cos\theta & \cos^2 \end{pmatrix}$ (2) $A^{-1} = \begin{pmatrix} 1 & 2 & 7 \\ 0 & 1 & -3 \\ 0 & 0 & 1 \end{pmatrix}$

7. 【답】 (1) $x = 1, y = 2$ (2) $x = -41, y = 4, z = 7$

8. 【답】 (1) $x = 1, y = -1$ (2) $x = 1, y = 2, z = 2$

■ 8장

1. 【답】 (1) 2   (2) 2   (3) 2   (4) $\dfrac{1}{2}$ (5) $\dfrac{3}{2}$ (6) -1   (7) $e^{\frac{1}{3}}$

2. 【답】 $a = \dfrac{1}{2}$

3. 【답】 $2p + 4$

4. 【답】 (1) $y' = -\dfrac{1}{x^2}$ (2) $y' = -\dfrac{4}{x^3} + \dfrac{9}{x^4} - \dfrac{10}{x^6} - \dfrac{7}{x^8}$ (3) $y' = 10x^4 + 3x^2 - 1$

(4) $y' = \dfrac{-x^2 + 2x + 1}{(x^2 + 1)^2}$ (5) $y' = -\dfrac{2x}{(x^2 + 5)^2}$ (6) $y' = 16(2x^2 + 3)^4 \cdot x$ (7) $y' = -\dfrac{1}{\sqrt{1-2x}}$

5. 【답】 (1) $y' = 3\sin^2 x \cdot \cos x$ (2) $y' = \sin x + \tan x \cdot \sec x$ (3) $y' = 3\sec(3x+2) \cdot \tan x(3x+2)$

(4) $y' = \dfrac{\cos x \cdot x - \sin x \cdot 1}{x^2}$ (5) $y' = e^x(\sin x + \cos x)$ (6) $y' = 4(\ln 3) \cdot 3^{4x}$

(7) $y' = \cot x$ (8) $y' = \dfrac{1}{x \cdot \ln 10}$ (9) $y' = \dfrac{1}{2\sqrt{x}} + \dfrac{2}{\sqrt{1-4x^2}}$ (10) $y' = \dfrac{-1}{2\sqrt{x(1-x)}}$

6. 【답】 (1) $y'' = \dfrac{2}{(x-1)^3}$ (2) $y'' = 2e^{-x}\sin x$

7. 【답】 $C = \dfrac{9}{4}$

8. 【답】 (1) $\dfrac{3}{5}$ (2) 0 (3) ∞

9. 【답】 $\sin x = \dfrac{1}{2} + \dfrac{\sqrt{3}}{2}(x - \dfrac{\pi}{6}) - \dfrac{1}{4}(x - \dfrac{\pi}{6})^2$

10. 【답】 $\sin x = x - \dfrac{x^3}{3!} + \dfrac{x^5}{5!} + \cdots + (-1)^n \dfrac{x^{2n-1}}{(2n+1)!} + \cdots$

11. 【답】 (1) 극대값 $f(1) = 6$, 극소값 $f(2) = 5$ (2) 극값은 없다.

12. 【답】 $x = \dfrac{10}{3}\,\text{cm}, V_{\max} = \dfrac{19,600}{27}\,\text{cm}^3$

13. 【답】 $5\sqrt{5}\,\text{m}$

14. 【답】 변곡점은 $(1, 0)$

15. 【답】 (1) $\dfrac{\delta z}{\delta x} = e^x \cos y, \ \dfrac{\delta z}{\delta y} = -e^x \sin y$ (2) $\dfrac{\delta z}{\delta x} = 2xy - ye^{xy}, \ \dfrac{\delta z}{\delta y} = x^2 - xe^{xy}$

(3) $\dfrac{\delta z}{\delta x} = \dfrac{y^2}{(x+y)^2}, \ \dfrac{\delta z}{\delta y} = \dfrac{x^2}{(x+y)^2}$

16. 【답】 (1) $f_y = x^3 + 2xye^{xy^2}$ (2) $f_{yy} = 2x \cdot e^{xy^2} + 4x^2y^2e^{xy^2}$ (3) $f_{yx} = 3x^2 + (2ye^{xy^2} + 2xye^{xy^2} \cdot y^2)$

17. 【답】 $(1+y)(1+x) = c$

18. 【답】 $y = \dfrac{1}{2}x^3 + 3x^2 - 2x\ln x + cx$

19. 【답】 (1) $y = c_1 e^{ax} + c_2 e^{\beta x} = c_1 e^x + c_2 e^{3x}$ (2) $y = (c_1 + c_2 x)e^{ax} = (c_1 + c_2 x)e^x$

(3) $y = e^{-\frac{1}{2}x}(c_1 \sin\dfrac{\sqrt{3}}{2}x + c_2 \cos\dfrac{\sqrt{3}}{2}x)$

■ 9장

1. 【답】 (1) $x + c$ (2) $\dfrac{6}{7}x^3\sqrt{3} + c$ (3) $\dfrac{1}{3}x^3 + 2\ln|x| + \dfrac{1}{-4+1}x^{-4+1} + c$

(4) $-\cos x + 3\sin x + c$ (5) $\tan x - \cot x + c$ (6) $\dfrac{10^{x+2}}{\ln 10} + c$ (7) $e^x - \dfrac{2^x}{\ln 2} + c$

(8) $-\dfrac{1}{5}\cos x(5x-2) + c$ (9) $\dfrac{1}{3}(e^x+2)^3 + c$ (10) $\ln(\ln x) + c$ (11) $\dfrac{1}{2}e^{2x} - 2x - \dfrac{1}{2}e^{-2x} + c$

(12) $x \cdot \sin x + \cos x + c$ (13) $\dfrac{1}{3}x^3 \ln x - \dfrac{1}{9}x^3 + c$ (14) $x(\ln x)^2 - 2x\ln x + 2x + c$

2. 【답】 (1) $x - 2\ln|x| - \dfrac{1}{x} + c$ (2) $x - 3\ln|x+3| + c$ (3) $\dfrac{1}{3}x^3 + \dfrac{1}{2}x^2 + x + c$

(4) $(\dfrac{1}{2}x^2 - x) + 2\ln|x+1| + c$ (5) $\dfrac{1}{2}\ln|x^2 - 2x + 2| + c$ (6) $\dfrac{1}{4}\{\ln|x-2| - \ln|x+2|\} + c$

(7) $2\sqrt{x} + 3\sqrt[3]{x} - \ln|x| + c$ (8) $\dfrac{1}{3}(2x+3)\sqrt{2x+3} + c$ (9) $2(x+1)\sqrt{x+1} - 8\sqrt{x+1} + c$

(10) $\dfrac{1}{3}\{(x+2)\sqrt{x+2} - x\sqrt{x}\} + c$ (11) $\dfrac{1}{5}\cos^3 x - \cos x + c$ (12) $\dfrac{1}{4}\sin 2x - \dfrac{1}{16}\sin 8x + c$

(13) $-\ln|\cos x| + c$ (14) $-2\dfrac{1}{1+\tan\dfrac{x}{2}} + c$

3. 【답】 (1) $\dfrac{1}{2}$ (2) $3\ln x^2 + 3$ (3) -12 (4) 68 (5) $-\dfrac{1}{2}$ (6) $\dfrac{4}{3}$ (7) $\dfrac{1}{3}$ (8) $\ln 2$

(9) $-(e+1)e^{-e} + 1$ (10) $e - 2$ (11) $\dfrac{\pi}{8} - \dfrac{1}{4}$

4. 【답】 (1) $\dfrac{4}{3}$ (2) $\dfrac{37}{12}$

5. 【답】 $\dfrac{9^5}{5}$

6. 【답】 $\dfrac{26}{3}\pi$

7. 【답】 (1) $\dfrac{9}{2}$ (2) 3

◈ 저자 소개 ◈

최 영 화
공학박사
대구대학교 건축공학과 교수

정 세 환
인하대학교 공과대학 건축공학과 졸업
인하대학교 대학원 건축공학과 졸업(공학박사)
현재 경복대학교 건축과 교수
저서 : 철근콘크리트구조, 한솔 아카데미

임 헌 욱
구조기술사(우림 E&C 대표)
대구대학교 건축공학과 겸임교수

공학기초수학

값 18,000원

저 자	최	영	화
	정	세	환
	임	헌	욱
발행인	문	형	진

2008년 3월   5일   제1판 제1쇄 발행
2011년 2월 15일   제1판 제2쇄 발행
2015년 3월 25일   제1판 제3쇄 발행
2016년 3월   9일   제1판 제4쇄 발행
2017년 3월 22일   제1판 제5쇄 발행

판 권
검 인

발행처 세 진 사

㈜02859 서울특별시 성북구 보문로 38 세진빌딩
TEL : 02)922-6371~3, 923-3422 / FAX : 02)927-2462
Homepage : www.sejinbook.com
〈등록. 1976. 9. 21 / 서울 제307-2009-22호〉